Mechanism and Prevention Strategy for
Fire Spread of Exterior Wall in High-rise Building

高层建筑外墙
火灾蔓延机理及防控策略

王宇　李闯　毕然　著

化学工业出版社

·北京·

内容简介

本书采用火灾动态模拟仿真软件 PyroSim 对多种形态高层建筑火灾进行数值模拟研究，分析了高层建筑外墙火灾蔓延机理及特点，提出了高层建筑外墙火灾蔓延新型防控策略。

书中对矩形平面高层建筑、凹形平面高层建筑、高层连体建筑、带连廊高层建筑、综合体建筑等的外墙火焰蔓延机理及防控策略进行了详细分析和探讨，力求突出先进性、实用性和可操作性，同时，首次提出了"外部蔓延阻隔区"的概念，丰富了高层建筑火灾外部蔓延的防控策略，对高层建筑的火灾防控具有较高的理论价值和实用价值。

本书适合从事高层建筑火灾研究、消防设计、消防设备开发和生产的专业技术人员、管理人员，以及相关领域的高等院校师生参考阅读。

图书在版编目（CIP）数据

高层建筑外墙火灾蔓延机理及防控策略/王宇，李闯，毕然著．—北京：化学工业出版社，2024.6
ISBN 978-7-122-45565-9

Ⅰ.①高…　Ⅱ.①王…②李…③毕…　Ⅲ.①高层建筑-墙-建筑火灾-灾害防治　Ⅳ.①TU998.1

中国国家版本馆 CIP 数据核字（2024）第 089055 号

责任编辑：彭明兰　　　　　　　　　　　文字编辑：李旺鹏
责任校对：边　涛　　　　　　　　　　　装帧设计：韩　飞

出版发行：化学工业出版社
　　　　　（北京市东城区青年湖南街 13 号　邮政编码 100011）
印　　装：北京科印技术咨询服务有限公司数码印刷分部
787mm×1092mm　1/16　印张 15½　字数 407 千字
2024 年 6 月北京第 1 版第 1 次印刷

购书咨询：010-64518888　　　　　　　　售后服务：010-64518899
网　　址：http://www.cip.com.cn
凡购买本书，如有缺损质量问题，本社销售中心负责调换。

定　　价：98.00 元　　　　　　　　　　版权所有　违者必究

前　言

高层建筑具有建筑体量大、纵向高度高、可燃物多等特点，若发生火灾，窗口溢出火焰将与外墙可燃物燃烧火焰融合形成立体燃烧火灾。外部蔓延引起的立体燃烧火灾主要有两个特点：一是蔓延速度异常之快，通常 10～20 分钟就会蔓延到高层建筑顶楼；二是燃烧规模异常之大，通常整个高层建筑内外同时燃烧。这两个特点导致消防队没有充分时间、没有楼内空间、没有有效设备来实施灭火救援，往往只能望火兴叹，救援工作十分困难，人民生命财产安全遭受严重威胁。

目前，防止火灾外部蔓延的技术措施主要分为两大类：第一类是窗口-窗口之间防控火灾蔓延的技术措施，如设置防火挑檐、加高窗槛墙、安装室内水喷淋设施等；第二类是保温材料中防控火灾蔓延的技术措施，如设置防火隔离带、进行防火分仓、添加阻燃材料等。这些方法的共同特点是"着眼局部，层层设防；力量分散，效果有限"，这些都还不足以有效防控高层建筑火灾外部蔓延。为此，本书作者循着"着眼整体，分而治之；允许燃烧，限制范围；集中力量，确保有效"的思路，另辟蹊径，提出了设置"外部蔓延阻隔区"的新型防控策略。"外部蔓延阻隔区"能否阻止火灾外部蔓延，取决于两个方面：一方面是普通区内的火焰，能否直接越过"外部蔓延阻隔区"而蔓延；另一方面是普通区内的火焰，能否逐个烧穿"外部蔓延阻隔区"内的玻璃门窗而蔓延。

基于上述认识，本书探究了多窗口燃烧火焰之间以及窗口火焰与保温材料火焰之间的相互作用与融合机制，揭示火焰融合后的燃烧特性，特别是火焰融合高度和火焰温度的变化规律，为判断普通区火灾能否直接越过"外部蔓延阻隔区"以及普通区火灾能否突破"外部蔓延阻隔区"提供科学依据。

本书是辽宁省自然科学基金项目"基于外部蔓延阻隔区的高层建筑重大火灾蔓延机理及防控理论研究"和辽宁省教育厅项目"超高层建筑外墙火蔓延机理及防控技术研究"的研究成果。鉴于我国高层建筑数量巨大，且处于飞速发展中，因此，"外部蔓延阻隔区"技术的应用前景十分广阔，在高层建筑中推广使用以后，将会大幅度降低高层建筑立体燃烧火灾的发生概率，从而带来较高的经济效益和社会效益。

本书是作者及其团队近十年来的研究工作总结，研究生李世鹏、张敬义、杨舜博、曲志鹏、邢佳、周盈彤、田佳鑫、王馨瑶、张强等参与了其中的研究工作。本书撰写过程中得到张娜、郑旭、毕一然、王楷、于兴宇、刘名公、贺悠源等研究生的大力协助，是他们的辛勤劳动才使得这项研究工作逐步深入，也使得本书内容丰富、翔实，在此表示衷心的感谢。

限于作者水平，书中难免存在一些不足之处，欢迎读者批评指正。

目　录

第1章

绪论

1.1 高层建筑火灾的危害

随着现代社会的快速发展，高层建筑在大中型城市中拔地而起，不仅数量众多、体量巨大，而且装修精美、造型优雅，使城市呈现出一派繁荣景象。近几十年来，我国在高层建筑方面取得了举世瞩目的成就，已成为世界高层建筑发展的中心，如图 1-1 所示。截至 2022 年底，我国高层建筑数量超过 20 万栋，超高层建筑超过 1300 栋。代表性建筑包括：2016

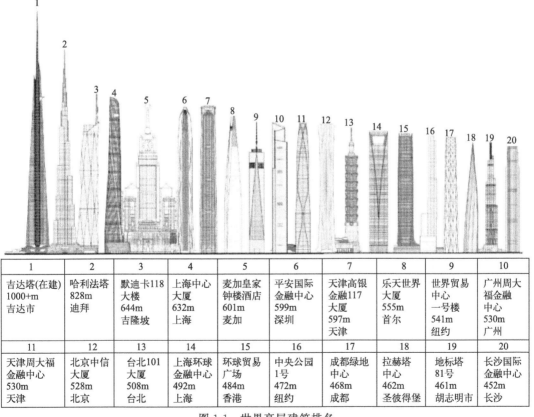

1	2	3	4	5	6	7	8	9	10
吉达塔(在建) 1000+m 吉达市	哈利法塔 828m 迪拜	默迪卡118 大楼 644m 吉隆坡	上海中心 大厦 632m 上海	麦加皇家 钟楼酒店 601m 麦加	平安国际 金融中心 599m 深圳	天津高银 金融117 大厦 597m 天津	乐天世界 大厦 555m 首尔	世界贸易 中心 一号楼 541m 纽约	广州周大 福金融 中心 530m 广州

11	12	13	14	15	16	17	18	19	20
天津周大福 金融中心 530m 天津	北京中信 大厦 528m 北京	台北101 大厦 508m 台北	上海环球 金融中心 492m 上海	环球贸易 广场 484m 香港	中央公园 1号 472m 纽约	成都绿地 中心 468m 成都	拉赫塔 中心 462m 圣彼得堡	地标塔 81号 461m 胡志明市	长沙国际 金融中心 452m 长沙

图 1-1 世界高层建筑排名

2019 年 CTBUH 统计 2020 年全球最高 20 栋超高层建筑，图中排名第 4、6、7、10、11、12、13、14、15、17、20 为中国的超高层建筑年建成的 127 层、高 632m 的上海中心大厦；2007 年建成的 118 层、高 599m 的平安国际金融中心；2015 年建成的 117 层、高 597m 的天津高银金融 117 大厦；2014 年建成的 116 层、高 530m 的广州周大福金融中心；2014 年建成的 108 层、高 528m 的北京中信大厦等。

古往今来，火灾是危害人民生命财产安全、社会稳定的重要因素。根据联合国"世界火灾统计中心"以及"国际消防技术委员会"资料显示，每年全球范围发生的火灾高达 600～700 万起，每年有 65000～75000 人死于火灾。另外，建筑火灾产生大量的有害气体，像烟雾、一氧化碳、碳氢化合物、氮氧化物等，这些气体直接向空气中排放，使人类赖以生存的自然环境受到污染。因此，火灾防治是人类社会发展过程中的长期重要任务。2000～2020 年我国火灾发生情况、死亡人数如图 1-2 所示。

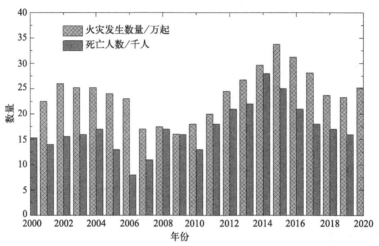

图 1-2 我国火灾发生情况、死亡人数统计

1.1.1 高层建筑火灾案例

高层建筑具有体量大、纵向高度高、可燃物多等特点，若发生火灾，火势更易迅速蔓延，救援工作困难，逃生概率大大降低。以下列举了国内外近年来的一些火灾事故。

1.1.1.1 央视新址北配楼火灾

2009 年 2 月 9 日晚，在建的中央电视台电视文化中心（又称央视新址北配楼）发生特大火灾，大火从顶部开始往下迅速蔓延。造成火灾的原因是礼花弹爆炸后的高温残片落入 TVCC 主体建筑顶部的擦窗机检修孔内，引燃检修通道内壁裸露的保温层、防水层和隔汽层等易燃材料，从而酿成火灾，如图 1-3 所示。

1.1.1.2 沈阳皇朝万鑫酒店火灾

2011 年 2 月 3 日凌晨，东北首家白金五星级酒店沈阳皇朝万鑫酒店突然发生火灾，造成火灾的原因是燃放烟花不慎引燃 B 座南侧室外平台地面上的塑料草坪，然后引燃铝塑板板缝结合处的可燃胶条、泡沫棒和内部的挤塑板，火势迅速蔓延扩大，并引起 B 座楼体外墙的燃烧，最后致使外窗破碎后引燃室内的可燃物，形成大面积的立体燃烧，如图 1-4 所示。

1.1.1.3 开封元宏锦江小区火灾

2019 年 3 月 14 日晚，河南开封禹王台区滨河路元宏锦江小区高层住宅楼突然起火。造成火灾的原因是露台堆放的可燃杂物被引燃，随后引燃二层至十七层部分外墙保温材料，火焰从大楼最底层燃起，且在两栋大楼之间，燃烧部位类似于一个一面敞开、三面封闭的垂直桶，从而在燃烧过程中产生了"烟囱效应"，只用了 2 分钟火势便迅速蔓延至顶楼，如图 1-5 所示。

图 1-3　央视新址北配楼火灾

图 1-4　沈阳皇朝万鑫酒店火灾

1.1.1.4　石家庄众鑫大厦火灾

2021 年 3 月 9 日上午，河北石家庄众鑫大厦突然发生火灾，造成火灾的原因是未熄灭的烟蒂等引燃底层平台西南角的纸质包装物、树叶等可燃物，进而引燃大厦外墙保温材料和外饰面铝塑板。大火迅速从底层烧到顶层，造成建筑外墙的部分立面过火，如图 1-6 所示。

图 1-5　开封元宏锦江小区火灾

图 1-6　石家庄众鑫大厦火灾

1.1.1.5　大连凯旋国际大厦火灾

2021 年 8 月 27 日下午，辽宁大连金普新区金马路西山入口处的凯旋国际大厦发生火灾，造成火灾的原因是电器故障，起火位置在该建筑上部，火势在突破窗口后引燃 B 座外幕墙铝塑板和保温材料，火苗沿着楼体迅速向上燃烧，造成火势蔓延扩大，如图 1-7 所示。

1.1.1.6　长沙电信大楼火灾

2023 年 9 月 16 日下午，长沙市区内的中国电信大楼发生火灾，造成火灾的原因是未熄灭的烟头引燃了电信枢纽楼北侧第 7 层室外平台的瓦楞纸、朽木、碎木、竹夹板等可燃物，这些物品随后引燃了建筑外墙装饰用的铝塑板，导致火灾的发生。幕墙结构在面层材料与内层材料或基层墙体之间存在的空腔，为火焰蔓延提供了通道和氧气，使得火灾蔓延异常迅速，如图 1-8 所示。

图 1-7　大连凯旋国际大厦火灾

图 1-8　长沙电信大楼火灾

1.1.1.7　伦敦格兰菲尔塔火灾

2017 年 6 月 14 日凌晨，英国伦敦西部一栋 24 层公寓大楼（格兰菲尔塔）发生大火，火势猛烈，几乎蔓延到所有楼层。造成火灾的原因是四层一房间内老冰箱自燃，火势在突破窗口后引燃建筑外立面覆盖层的聚乙烯材料，导致火势迅速蔓延，如图 1-9 所示。

1.1.1.8　迪拜"火炬塔"火灾

2017 年 8 月 4 日凌晨，阿拉伯联合酋长国迪拜著名的高层住宅楼——"火炬塔"发生火灾，造成火灾的原因是一根从楼上扔下来未熄灭的烟头引燃建筑外部可燃物，火势迅速蔓延至顶层，如图 1-10 所示。

图 1-9　伦敦格兰菲尔塔火灾

图 1-10　迪拜"火炬塔"火灾

1.1.2　高层建筑火灾特点

高层建筑火灾蔓延速度快，易形成烟囱效应，极易向上迅速蔓延，导致整个楼层同时燃烧，形成立体火灾，且热烟毒气危害严重。高层建筑火灾的特点主要包括以下四个方面。

1.1.2.1　火势蔓延途径多，速度快，危害严重

高层建筑火势可通过门、窗、吊顶、走廊等途径横向蔓延，也能通过竖向的孔洞、管道、电缆桥架蔓延。竖向管井、竖向孔洞、共享空间、玻璃幕墙缝隙等常常是高层建筑火势蔓延的主要途径。设计、施工或管理不当时，这些部位易产生烟囱效应。当火势突破外墙窗口时，能向上升腾、卷曲，甚至呈"跳跃"式向上蔓延，使外墙窗口也成为垂直蔓延途径。辐射强烈或风力很大时，火势还会向邻近建筑物蔓延。

试验证明：在火灾初期阶段，因空气对流而产生的烟气，在水平方向扩散速率为0.3m/s；在火灾燃烧猛烈阶段，由于高温的作用，热对流产生的烟气扩散速率为0.5～0.8m/s；烟气沿楼梯间等竖向管井的垂直扩散速率为3～4m/s。即一座高度为100m的高层建筑，在25～33s左右，烟气即能顺着垂直通道从底层扩散到顶层。

1.1.2.2　安全疏散困难，容易造成群死群伤事故

造成高层建筑疏散困难的原因可以概括为以下三个方面。

第一，高层建筑层数多，垂直疏散距离长。一般情况下，当高层建筑某层发生火灾时，人员疏散到封闭楼梯间内，即可认为到了安全地带。但是，高层建筑由于建筑高、建筑面积大，其疏散距离比较远，常常需要比较长的疏散时间。此外，若封闭楼梯间的疏散指示标志设置不明显，也会延长人员的疏散时间。再者，若楼梯间封闭效果不佳，火势将威胁到封闭楼梯间的安全，这种情况下遇险人员则需要从起火层通过楼梯向下疏散，如此便增加了疏散距离，延长了疏散时间。

第二，人员密集，拥挤问题严重。高层建筑发生火灾时，由于人员众多，疏散时容易出现拥挤梗阻情况，严重影响人员疏散速度。

第三，火灾发生时烟气和火势竖向蔓延较快，给安全疏散带来困难。高层建筑发生火灾时会产生大量烟雾，这些烟雾不仅浓度大，能见度低，而且流动扩散速度快，烟雾约在30s内即可蹿到一幢100m高的建筑物顶部，给人员逃生带来了极大困难。

1.1.2.3　空间和功能复杂，起火因素多

高层建筑是一个复杂的空间结构，其平面布置和立面形态日趋复杂，不仅平面形状多变，立面体型也各种各样，有矩形、圆形、塔形、阶梯形、凹形等。中心部位通常是垂直交通枢纽，主要设置电梯、安全扶梯等，外围则为供灵活分隔布置的空间及走道。有些高层建筑中部还设有很大的中庭。高层建筑的形式对火灾时消防人员铺设水带的方式有较大影响。

除整体结构外，大型高层建筑内的通道都比较复杂，如同迷宫，容易使人迷失方向。其中楼梯、电梯数量众多，高低不一，方向各异，有的比较隐蔽，有的无法直接到达，需要中转方可到达不同的楼层、不同的部位。人们初次进入这类建筑内，要熟悉了解其通道环境，往往需要花很长一段时间。有的高层建筑仅电梯就有几十部至上百部之多，如上海的金茂大厦有79部电梯，正大广场客梯、货梯、消防电梯有17部，自动扶梯有66部，纽约世界贸易中心安装有102部电梯。

高层建筑层数多、面积大，大多综合性较强，其使用功能复杂多样，包括餐饮、娱乐、宾馆、商店、办公等，使用单位多，人员密集，流动性大，各项管理制度不容易落到实处，容易造成火灾隐患和漏洞。高层建筑因具有复杂多样的功能，其使用的电器设备也多，用电

荷载大，如果管理不善，容易出现电器使用不当、乱拉乱接电线、随意增加负荷等现象，稍有疏忽就容易造成电线短路而引发火灾。使用明火部位也容易引发火灾。

1.1.2.4　灭火设施不够完备，扑救困难

现有消防车的供水能力和供水器材的耐压强度一般达不到高层建筑的高度要求，高层建筑的火灾扑救在设计上主要依靠其固定消防灭火设施。但现有固定消防灭火设施无论在研发、设计上，还是在施工管理方面，都存在一定的缺陷，无法做到100%有效。高层建筑消防灭火设施的研发、设计目前还不能完全满足灭火的需要，例如水喷淋在设计上仅能满足 $200m^2$ 的灭火需求。管理能力和经验的不足，常常导致一些高层建筑在发生火灾的紧急时刻，其固定消防灭火设施无法正常启动。同时高层建筑设计由于要考虑一定的综合经济因素，规定室内最大用水量为 $40L/s$，室外最大灭火用水量为 $30L/s$。但当火势较大或室内系统失效时，灭火用水将无法满足需求，此时室外灭火用水的需求将远远超过 $30L/s$。若着火楼层较高且用水带供水时，由于需要较高的压力，供水线路上的水带容易爆裂，造成供水中断。

综上所述，在高层建筑的防火设计上，应该贯彻"以防为主，以消为辅"的方针，针对高层建筑火势蔓延快等特点，采用先进的火灾防控技术，消除和减少起火因素，及时有效地扑救火灾。

1.2　我国规范相关规定

为预防建筑火灾、减少火灾危害，保障人民人身和财产安全，使建筑防火要求安全适用、技术先进、经济合理，国家出台了多部工程建设规范及标准，例如全文强制性工程建设规范有《建筑防火通用规范》（GB 55037—2022）、《消防设施通用规范》（GB 55036—2022）等，现行工程建设国家标准、行业标准有《建筑设计防火规范》（GB 50016—2014）、《建筑内部装修设计防火规范》（GB 50222—2017）、《汽车库、修车库、停车场设计防火规范》（GB 50067—2014）、《人民防空工程设计防火规范》（GB 50098—2009）、《石油化工企业设计防火标准》（GB 50160—2008）、《精细化工企业工程设计防火标准》（GB 51283—2020）、《飞机库设计防火规范》（GB 50284—2008）等，如图 1-11 所示，从多个层面提出了防火防

图 1-11　国内防火规范

控措施，体现了国家及各行业对建筑防火的高度重视。

1.2.1 《建筑设计防火规范》

我国现行标准《建筑设计防火规范》（GB 50016—2014），将民用建筑根据其建筑高度和层数分为单、多层民用建筑和高层民用建筑。高层民用建筑根据其建筑高度、使用功能和楼层的建筑面积可分为一类和二类，如表 1-1 所示。

表 1-1　民用建筑的分类标准

名称	高层民用建筑		单、多层民用建筑
	一类	二类	
住宅建筑	建筑高度大于 54m 的住宅建筑（包括设置商业服务网点的住宅建筑）	建筑高度大于 27m，但不大于 54m 的住宅建筑（包括设置商业服务网点的住宅建筑）	建筑高度不大于 27m 的住宅建筑（包括设置商业服务网点的住宅建筑）
公共建筑	1. 建筑高度大于 50m 的公共建筑； 2. 建筑高度 24m 以上部分任一楼层建筑面积大于 1000m² 的商店、展览、电信、邮政、财贸金融建筑和其他多种功能组合的建筑； 3. 医疗建筑、重要公共建筑； 4. 省级及以上的广播电视和防灾指挥调度建筑、网局级和省级电力调度建筑； 5. 藏书超过 100 万册的图书馆、书库	除一类高层公共建筑外的其他高层公共建筑	1. 建筑高度大于 24m 的单层公共建筑； 2. 建筑高度不大于 24m 的其他公共建筑

不同类别的建筑需采取相应的防火措施。建筑的防火需从多方面着手，比如控制防火间距，控制建筑结构耐火等级及建筑构件耐火极限，设置防火分区，进行防火分隔，控制建筑内外部建筑材料的燃烧性能，设置消防给水和灭火设施，设置防烟与排烟措施，设置火灾自动报警系统，设置通风和空气调节系统，注意电气防火，等等。

1.2.2 《建筑防火通用规范》

为保障人民人身和财产安全及人身健康，保障建筑的重要使用功能，保障生产、经营或重要设施运行的连续性，保护公共利益等，我国于 2023 年实施的全文强制性规范《建筑防火通用规范》（GB 55037—2022）提出了建筑外部防火的底线要求。其在基本规定中指出，内部和外部的防火分隔应能在设定时间内阻止火势蔓延至相邻建筑或建筑内的其他防火分隔区域，对外墙外保温系统、防火隔墙、建筑外部装修、幕墙等方面提出了性能化的底线要求。

1.2.2.1 外墙外保温系统

该规范对外墙外保温提出了普遍适用的要求，即建筑的外保温系统不应采用燃烧性能低于 B2 级的保温材料或制品。当采用 B1 级或 B2 级燃烧性能的保温材料或制品时，应采取防止火灾通过保温系统在建筑的立面或屋面蔓延的措施或构造。对于建筑的外围护结构采用保温材料与两侧不燃性结构构成无空腔复合保温结构体时，该复合保温结构体的耐火极限不应低于所在外围护结构的耐火性能要求。当保温材料的燃烧性能为 B1 级或 B2 级时，保温材料两侧不燃性结构的厚度均不应小于 50mm。人员密集场所的建筑外墙外保温材料的燃烧性能应为 A 级。建筑高度大于 100m 的住宅建筑及其他建筑高度大于 50m 的建筑，采用与基层墙体、装饰层之间无空腔的外墙外保温系统时，保温材料或制品的燃烧性能应为 A 级；采用与基层墙体、装饰层之间有空腔的外墙外保温系统，建筑高度大于 24m 时，保温材料或制品的燃烧性能应为 A 级；外墙外保温系统与基层墙体、装饰层之间的空腔，应在每层楼板处采取防火分隔与封堵措施。对于飞机库、老年人照料设施也有相关要求。

1.2.2.2　防火隔墙

（1）住宅分户墙、住宅单元之间的墙体、防火隔墙与建筑外墙、楼板、屋顶相交处，应采取防止火灾蔓延至另一侧的防火封堵措施。

（2）对于建筑外部火灾，建筑外墙上、下层开口之间应采取防止火灾沿外墙开口蔓延至建筑其他楼层内的措施。在建筑外墙上水平或竖向相邻开口之间用于防止火灾蔓延的墙体、隔板或防火挑檐等实体分隔结构，其耐火性能均不应低于该建筑外墙的耐火性能要求。住宅建筑外墙上相邻套房开口之间的水平距离或防火措施应满足防止火灾通过相邻开口蔓延的要求。

1.2.2.3　建筑外部装修

建筑的外部装修和户外广告牌的设置，应满足防止火灾通过建筑外立面蔓延的要求，不应妨碍建筑的消防救援或火灾时建筑的排烟与排热，不应遮挡或减小消防救援口。

1.2.2.4　幕墙

建筑幕墙应在每层楼板外沿处采取防止火灾通过幕墙空腔等构造竖向蔓延的措施。

1.2.2.5　外窗

避难区和避难间应采取防止火灾烟气进入或积聚的措施，并应设置可开启外窗。除外窗和疏散门外，避难间不应设置其他开口。

对于建筑外部火灾防范，《建筑防火通用规范》（GB 55037—2022）提出，建筑内部和外部的防火分隔应能在设定时间内阻止火势蔓延至相邻建筑或建筑内的其他防火分隔区域。以上种种是对建筑防火的性能化要求，但是如何真正防止火灾通过建筑外立面蔓延？其具体措施是非常值得思考并深入探讨的。高层建筑在火灾蔓延机制上较复杂，从外部蔓延的情况频频发生，并且给人民的生命和财产安全带来非常严重的威胁。目前，在建筑内部火灾的防控方面，可以采取的措施较多，具体办法也比较明晰。内部防控措施也是外部防控的有力助力，保障内部安全，是保障外部安全的前提，必须认真对待。相较来看，虽然现行规范标准给出了部分措施，但效果不甚理想。高层建筑一旦开始在外部蔓延，非常难以扑救。所以，建筑外部火灾的防控及优化措施亟待深入研究，并应出台一系列有效的具体措施，供实际实施和操作，从而进一步健全、完善国家工程建设消防标准体系，增强建设工程防火设计通用性规范的科学性、合理性和适应性，进一步提升建筑物防御火灾的能力，有效防范火灾事故。

1.3　高层建筑火灾蔓延的研究意义

高层建筑火灾蔓延方式主要有内部蔓延和外部蔓延两种。随着聚氨酯泡沫等有机保温材料以及铝塑板等有机饰面材料在高层建筑中的广泛应用，外部火灾蔓延引起的后果日趋严重。外部蔓延引起的立体燃烧火灾有两个主要特点：

（1）蔓延速度异常之快，通常 15～20min 就会蔓延到高层建筑顶楼；

（2）燃烧规模异常之大，通常整个高层建筑内外同时燃烧。

这两个特点经常导致消防队没有充分时间、没有楼内空间、没有有效设备来实施灭火救援，往往只能望火兴叹。

目前，防止火灾外部蔓延的技术措施主要分为两大类：

（1）防控窗口-窗口之间火灾蔓延的技术措施，如设置防火挑檐、加高窗槛墙、安装室内水喷淋设施等；

（2）防控保温材料中火灾蔓延的技术措施，如设置防火隔离带、进行防火分仓、添加阻燃材料等。这些方法的共同特点是"着眼局部，层层设防；力量分散，效果有限"，还不足以有效防控高层建筑火灾外部蔓延，为此，本书作者循着"着眼整体，分而治之；允许燃烧，限制范围；集中力量，确保有效"的思路，另辟蹊径，提出了设置"外部蔓延阻隔区"的新型防控策略。

所谓"外部蔓延阻隔区"（简称"阻隔区"），就是高层建筑外立面上由"不燃外墙材料"和"防火玻璃门窗"构成的区域，其余区域称为"普通区"。阻隔区中的外墙外保温材料及饰面材料均采用不燃材料；所有开口都采用防火玻璃门窗，且达到规定的耐火时间。阻隔区可以仅包含一层楼的外立面，也可以包含两层、三层甚至是四层的外立面，因此，高层建筑火灾外部蔓延的防控设计方案可以有很多种（见图 1-12），究竟采用哪一种，需要根据具体情况经过分析设计确定。

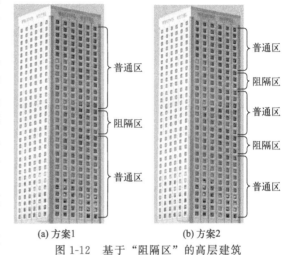

(a) 方案1　　　　(b) 方案2

图 1-12　基于"阻隔区"的高层建筑
火灾外部蔓延防控设计方案

外部蔓延阻隔区能否阻止火灾外部蔓延，取决于两个方面：

（1）普通区内的火焰，能否直接越过阻隔区而蔓延；

（2）普通区内的火焰，能否逐个烧穿阻隔区内的玻璃门窗而蔓延。

普通区火焰主要有四种：

（1）有机保温材料单独燃烧火焰；

（2）单个窗口溢流火焰；

（3）纵向连续多个窗口溢流融合后的火焰；

（4）多个窗口溢流与保温材料燃烧融合后的火焰。

为了方便，把后面两种火焰简称为"融合火焰"。由于气流之间相互作用等因素的影响，融合火焰的高度更大、温度更高，直接越过以及突破阻隔区的概率都很大，是需要重点考虑的场景。

因此，本书形成基于"外部蔓延阻隔区"的高层建筑重大火灾防控技术的完整理论体系和工程设计方法。鉴于我国高层建筑数量巨大，且处于飞速发展之中，因此，"外部蔓延阻隔区"技术的应用前景十分广阔，在高层建筑中推广使用以后，将会大幅度降低高层建筑立体燃烧火灾的发生概率，带来巨大的经济效益和社会效益。

1.4　高层建筑火灾蔓延的防控现状

1.4.1　火焰蔓延

火灾的发展过程一般由引燃、轰燃、全盛期、衰退期组成。图 1-13 是随时间变化的理想化温度曲线，描述了整个高层建筑火灾的发展过程。

高层建筑的火灾蔓延主要有两种方式：由室内火灾引起和由建筑外墙附近的高温火焰引起。在室内火灾发展到一定阶段后，高温火焰便会灼烧外墙上的开口（一般为窗玻璃），由于玻璃耐火性能较差，破裂形成通风口，高温火焰便会从破裂形成的通风口处溢出，灼烧通风口上一层的玻璃窗，窗玻璃破裂脱落、高温火焰进入上一层室内后，造成二次火灾的发生。当高层建筑附近的可燃物发生火灾后，高温将引燃高层建筑外墙的有机保温材料，高温火焰沿着高层建筑外墙燃烧，然后引发室内火灾，进而重复室内火灾的发展过程。图 1-14详细描述了这两种蔓延方式。

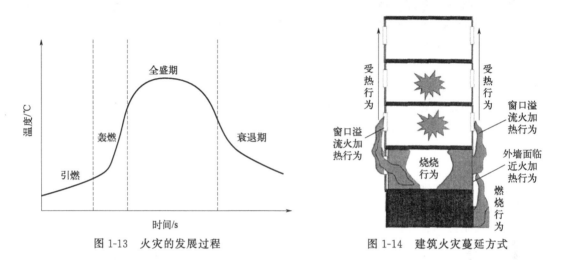

图 1-13　火灾的发展过程　　　　　图 1-14　建筑火灾蔓延方式

1.4.2　外立面结构和材料

欧美国家对外墙外保温技术的研究较早，外墙外保温系统和保温材料均有相应的测试方法和评价标准，欧洲的标准规范 ETAG 004 中对外墙外保温的防火测试有明确的要求，一是对保温材料的防火测试，看其是否满足规定的防火等级要求；二是对整个外保温系统的防火测试，判断整个系统是否满足规定的防火等级要求。不同高度或者不同防火等级的建筑外墙外保温，在保温材料的使用上均有相应的规定。德国明确规定只有在低于或等于 22m 的时候才可以使用可燃的保温材料，在高度超过 22m 的建筑外墙上禁止使用可燃的外保温材料。

我国开始使用外墙外保温技术的时间较短，因此对其研究也相应滞后，尤其外保温材料的防火研究工作更是起步较晚。相关研究表明，外立面材料被点燃后，不仅会对建筑物稳定性造成极大破坏，而且容易导致坍塌。火灾科学的根本目的在于探索火灾机理，从而抑制火灾规模的扩大，减少对人员财产造成的威胁。因此，研究建筑外立面可燃材料的火灾蔓延规律始终是火灾领域的热点、重点和难点。外立面保温材料一般是指导热系数小于 0.12W/(m·K) 的材料，通常按照成分组成划分为有机材料、无机材料和金属材料等。常见的保温材料有以下几种：

（1）挤塑聚苯乙烯泡沫板（XPS），由聚苯乙烯小球融合而成的气泡结构板，导热率只有 0.029W/(m·K)，抗压强度高，使用寿命长，同时性价比高，是目前使用最广的外保温材料。

（2）酚醛泡沫保温材料（PF），相比 XPS，其有无熔融滴落的优势，并且隔音效果出众，在 100℃ 以上也可以长期使用。

（3）硬质聚氨酯保温板（PU），热导率是目前常用保温材料里最低的，能在寒冷极端天气下使用且不丧失性能。

（4）聚甲基丙烯酸甲酯（PMMA），硬度高，无色透明，常被用来作为展柜玻璃、透明隔音门窗，装饰效果好、美观度高。

外立面可燃材料火蔓延不仅可以依据热解前锋方向与环境流动方向划分为顺流火和逆流火，还可以根据固体材料是否连续（空气间隔、开口间隔、防火隔离带）划分为连续火蔓延和非连续火蔓延。外立面保温层火灾受诸多因素影响，对此国内外火灾科学研究者针对材料尺寸、材料种类、环境氧浓度、压力、外立面结构等多因素结合火蔓延方向开展了大量研究。真实的外立面火灾不是单一因素决定，而是多因素耦合作用，任何环节都不可以忽视。

1.5　火灾模拟软件概述

火灾作为人们日常生活中破坏性最大的灾害之一，长久以来都是科研工作的重点。人们为了掌握火灾燃烧及其蔓延的规律，进行了大量的试验研究、数值模拟研究以及理论分析研究。火灾类试验具有很大的危险性，并且试验成本高、数据不易观测、受外界影响较大。而应用火灾模拟软件 PyroSim 可作为试验的替代，可以根据需要设置各种影响因素，模拟得到所需要的数据结果。计算机软件技术的发展，在节省成本的同时极大地方便了科学研究。由于高层建筑火灾的发展受火灾荷载密度、外墙窗口尺寸以及建筑物外立面形式等因素的影响，因此需要对这些影响因素加以详细分析。

1.5.1　软件简介

PyroSim 是由美国国家标准与技术研究院以计算流体力学为基础研发，专用于火灾动态仿真模拟的软件。PyroSim 在 FDS 的基础上进一步发展，将 FDS 与可视化程序 Smokeview 集成，适用于热驱动流与低速火灾场景的数值模拟研究。该软件可以通过建模，网格划分，设置边界条件、火源以及材料性质等，准确地预测火灾发展过程中的温度分布、烟气流动、有害气体浓度分布与人员逃生等数据。PyroSim 软件的模拟运行包括建立模型、运行求解与后处理三个基本过程。

1.5.2　模拟求解

PyroSim 软件默认使用国际单位制（SI），既可以直接利用软件程序自带的工具菜单创建模型，也可以导入事先绘制的 CAD 模型。数值模型的建立包括网格划分、选取材料、定义表面、创建构筑物、设置火源、添加探测设备与设置通风口边界条件等方面。完成数值模型的建立之后，就可以通过设置仿真参数进行求解计算，进而对模拟结果进行后处理，其模拟过程如图 1-15 所示。

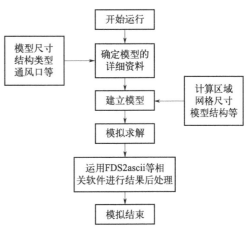

图 1-15　PyroSim 模拟过程

1.5.2.1 网格划分

网格划分是 PyroSim 软件对所建立模型进行计算的前提条件，可以根据具体分析的需要将网格划分为立方体网格、非立方体网格或使用多重网格。由于在模拟计算过程中必须运用傅里叶快速转换公式的泊松分布法，因此划分后的网格总数应符合 2^u、3^v、5^w 的相关模数，其中 u、v、w 都是正整数。为达到最佳的模拟精度，单元格尺寸在三个方向的长度最好接近，所以对于网格的划分首选正立方体网格，尽量避免采用非立方体网格与多重网格。前人通过对比研究发现，在 PyroSim 中划分的网格尺寸与火源特征直径 D^* 之间存在关联。当所划分的网格尺寸小于 $0.1D^*$ 时，软件能够很好地模拟火灾的温度分布情况，可以满足模拟所需的精度要求。其表达式为：

$$D^* = \left(\frac{\dot{Q}}{\rho_\infty c_p T_\infty \sqrt{g}} \right)^{\frac{2}{5}} \tag{1-1}$$

式中　$\dot{Q}$——热释放速率；

　　　ρ_∞——空气密度；

　　　c_p——空气比热容；

　　　T_∞——环境温度；

　　　g——重力加速度。

1.5.2.2 定义反应与材料

定义反应的主要目的在于设置火源的属性，确定燃烧类型以及热释放速率等相关参数。PyroSim 程序中自带有乙醇蒸气燃烧反应、庚烷燃烧反应、甲烷燃烧反应、聚氨酯燃烧反应以及丙烯燃烧反应等五种反应模式，用户可以根据需要选取合适的燃烧反应，也可以通过菜单命令自主添加新的反应模式。PyroSim 程序中提供了固体与液体两种类型的材料，用户在程序的资料库中可以直接导入模型所需的常用材料，也可以根据需要通过菜单命令新建材料。定义反应与材料菜单页面如图 1-16 所示。

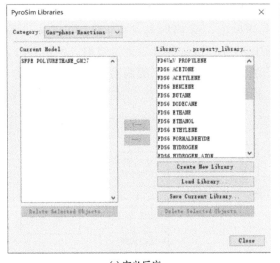
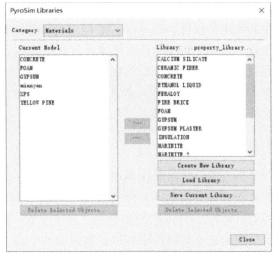

(a) 定义反应　　　　　　　　　　　　　　　　(b) 定义材料

图 1-16　定义反应与材料菜单页面

1.5.2.3 定义表面类型

定义表面可用来确定模型中的构筑物、通风口以及火源等实物的属性类型，程序中提供绝热表面、惰性表面、镜子表面和开放表面等四种基本表面类型，程序自带的四种基本表面不能进行修改，用户可以根据模拟需要自己创建新的表面类型。比较常用的表面类型有绝热表面、燃烧表面、分层表面、供气表面以及排气表面等，在创建新表面的同时，用户需要在编辑对话框中设置各表面相应的参数数据。在系统默认条件下，所有物体都属于惰性表面。用户需要将不同的表面类型赋予相应的反应或材料，再根据模型中实物的属性赋予其相应的表面类型。其中，开放表面表示非主动地对外开放，并且只应用在外部网格边界的通风口，燃烧表面用于设置火源，分层表面可以用来表达由多种材料组成的混合物。

1.5.2.4 创建构筑物与探测设备

完成以上工序之后，便可以开始着手创建模型中的构筑物，运用障碍物工具栏完成实体部分建模，并赋予实体部分相应的表面属性，以区分其燃烧特征。然后采用孔洞工具栏在实体结构上开凿门窗，为保证门窗能够形成，其厚度两侧必须略微超过墙壁等实体部分的厚度。定义表面类型与创建构筑物菜单页面如图 1-17 所示。

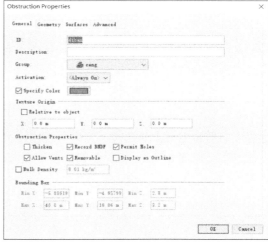

(a) 定义表面类型   (b) 创建构筑物

图 1-17 定义表面类型与创建构筑物菜单页面

为了确保能够得到所需要的数据，必须在相应的位置设置相关的探测设备。常用的探测设备有热电偶、切片、等值面、热释放速率监测设备、流量测量设备和感烟探测设备等。其中，热电偶用于直接测量其所在位置的温度数据。切片可以在轴对称平面上监测数据，数据类型根据需要进行设置，并且能够运用 Smokeview 生成动画演示。设置热电偶与温度切片菜单页面如图 1-18 所示。

切片所记录下来的数据可以与 FDS2ascii 和 Tecplot10 等软件相结合绘制火灾过程中的纵向温度分布等温线图形。模拟运算之前，可以通过使用激活命令来对某些探测设备、输出设备和门窗构件等进行操作，使之在计算过程达到某一时间或温度时，即被激活或者停用。PyroSim 软件是以空气动力学原理为基础进行求解运算的，因此必须通过设置通风口来保持模型空间的正常空气流通，以此作为边界条件，其根据所定义表面类型的不同，可以产生排气、供气与火焰流通等通风效果。

1.5.3 火灾发展的重要影响因素

1.5.3.1 火灾荷载与火灾荷载密度

房间室内的可燃物种类、数量乃至分布情况严重影响火灾发展的速度和程度，在分析的

(a) 设置热电偶　　　　　　　　　　　(b) 设置温度切片

图 1-18　设置热电偶与温度切片菜单页面

过程中，通常把火灾所在房间室内可燃物在完全燃烧时所产生的热量总值称为火灾荷载。火灾荷载也可以表示为室内可燃物燃烧产生的总热量与木材燃烧产生热量的比值，其表达式为：

$$P = \frac{\sum G_i \cdot \Delta H_i}{\Delta H_v} \tag{1-2}$$

式中　P——火灾荷载；

　　　G_i——可燃物的质量；

　　　ΔH_i——可燃物燃烧时产生的热量；

　　　ΔH_v——木材燃烧时产生的热量。

火灾荷载通常可分为固定火灾荷载、活动火灾荷载和临时火灾荷载三种类型。分析火灾时，一般忽略临时火灾荷载的影响。然而，在具有相同火灾荷载的不同开间尺寸的房间内，火灾的发展程度是不同的。因此，需要采用火灾荷载密度来作为衡量影响火灾发展的重要因素。所谓火灾荷载密度，即火灾所在房间室内可燃物在完全燃烧时所产生的热量总值与房间开间面积之比，其代表单位面积可燃物燃烧时产生的热量。

1.5.3.2　火源热释放速率

火源的热释放速率是指在规定的试验条件下，单位时间内可燃物燃烧所释放的热量，其表达了火源释放热量的快慢和大小，体现了火源释放热量的能力。

对于数值模拟研究来说，适当假设是确定火源热释放速率曲线的主要方法。目前，常用的假设有稳态火灾发展和非稳态火灾发展两种模式。稳态火灾发展，即在整个火灾的发展过程当中，火源的热释放速率始终为定值保持不变。对于要求形成窗口羽流火焰的数值模拟，稳态火灾发展的火源热释放速率可以根据下列公式确定：

$$Q = m \cdot h_c \tag{1-3}$$

式中　Q——火源的热释放速率；

　　　m——可燃物的燃烧速率；

h_c——可燃物的热值。

稳态火灾发展假设，其设置目的在于简化模拟计算，然而与真实的火灾发展过程并不相符合。非稳态火灾发展的 t^2 假设能够真实体现火灾的火势发展过程，其火源的热释放速率随着时间变化。非稳态火灾发展的火源热释放速率可以参考《建筑防烟排烟系统技术标准》（GB 51251—2017）中的建议，根据火灾模型的具体建筑类型取值。非稳态火灾发展的 t^2 假设由 Heshestad 提出，其表达式为：

$$Q = \alpha \cdot t^2 \tag{1-4}$$

式中　Q——火源热释放速率；

　　　α——火灾增长系数；

　　　t——火势有效增长时间。

根据《建筑防烟排烟系统技术标准》（GB 51251—2017），火灾达到稳态时的热释放速率如表 1-2 所示，火灾增长系数 α 是衡量火势发展速度的重要参数，其取值如表 1-3 所示，本书所建立的火灾类型属于快速火。

表 1-2 《建筑防烟排烟系统技术标准》相关参数

建筑类别或场所	喷淋设置情况	热释放速率 Q/MW
办公室、教室、客房、走道	无喷淋	6.0
	有喷淋	1.5
商店、展览	无喷淋	10.0
	有喷淋	3.0
其他公共场所	无喷淋	8.0
	有喷淋	2.5
中庭	无喷淋	4.0
	有喷淋	1.0
汽车库	无喷淋	3.0
	有喷淋	1.5
厂房	无喷淋	8.0
	有喷淋	2.5
仓库	无喷淋	20.0
	有喷淋	4.0

表 1-3 火灾增长系数 α 取值

火灾类别	典型的可燃材料	火灾增长系数 α/(kW/s^2)
慢速火	硬木家具	0.00278
中速火	棉质、聚酯垫子	0.011
快速火	装满的邮件袋、木制货架托盘、泡沫塑料	0.044
超快速火	池火、快速燃烧的装饰家具、轻质窗帘	0.178

第2章

矩形平面高层建筑外墙火焰蔓延机理及防控策略

2.1 风影响下的外墙火焰蔓延数值分析

矩形平面高层建筑是一种常见的高层建筑形式，本研究采用火灾动态仿真模拟软件 PyroSim，研究矩形平面高层建筑在不同风向，不同基准风速条件下的纵向连续多窗口羽流火焰融合高度及其变化规律，为外部蔓延阻隔区的设置提供参考。本书将 $T=540℃$、$T_1=350℃$ 及 $T_2=250℃$ 定义为危险温度，其对应的影响高度即为达到危险温度时的火焰融合高度。其中 T 为羽流火焰高度的判定温度，T_1 为常用建筑外墙保温材料的点燃温度，T_2 为普通窗口玻璃破碎的耐火极限温度。

本节以某一实际高层建筑为原型建立高层建筑模型，外立面保温材料采用 XPS 保温板，共33层，总高度为 99m，层高 3m，窗口尺寸为 1.5m×1.6m，其中 1.5m 为窗口宽度，1.6m 为窗口高度；起火房间为卧室，位于5层，房间尺寸均为 3.0m×3.9m。矩形平面高层建筑模型与详细测点布置图如图 2-1 所示，每个测点均位于每层窗口中心，分别为 THCP1.1～THCP1.17，分别探测得到矩形平面高层建筑外立面窗口的温度曲线。图 2-1 (b) 为矩形平面高层建筑温度切片位置示意图，切片与窗宽方向垂直，穿过火源所在房间窗口中心，获取绘制温度分布等温线的数据。

火源房间位于第五层，窗口尺寸为 1.5m(宽)×1.6m(高)，火灾荷载密度为 0.51MW/m²。

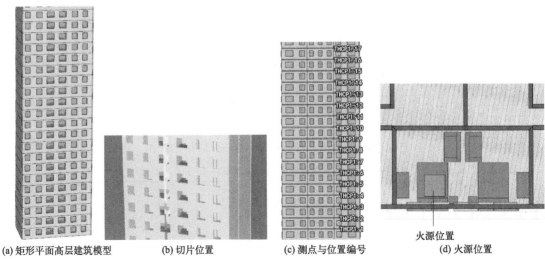

(a) 矩形平面高层建筑模型　　(b) 切片位置　　(c) 测点与位置编号　　(d) 火源位置

图 2-1　矩形平面高层建筑模型与详细测点布置图

以矩形平面高层建筑室内起火为例，达到一定时间后，从窗口蹿出火焰点燃外部可燃材料引起外立面火蔓延，设定危险温度为 540℃。

为研究风向、基准风速和连续燃烧窗口数量对窗口羽流火焰的影响，考虑火源位置所在房间的建筑外立面，共设置迎风、背风、侧风和纵向风四种风向。其中，纵向风主要指垂直于地面向上的风，而对于纵向向下的风向，显而易见，此种风向抑制纵向火焰融合。风向示意如图 2-2 所示。

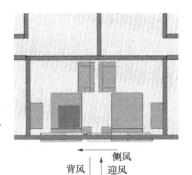

图 2-2　风向示意图

根据中国气象站统计，沈阳市近十年年平均风速为 2～3 级，而最大持续风速为 4 级，根据《风力等级》（GB/T 28591—2012），3 级风风速最大值为 3.3m/s，4 级风风速最大值为 7.9m/s。因此，本书设置三种基准风速，包括 0m/s、3.3m/s、7.9m/s，且自然风速随高度升高而升高，基准风速为 3.3m/s 和 7.9m/s 时，截断高度以上每层风速如表 2-1、表 2-2 所示。纵向连续窗口数量设定为纵向连续两窗口、三窗口、四窗口（分别代表纵向连续二、三、四窗口同时燃烧）。

表 2-1　基准风速为 3.3m/s 时不同高度的风速

高度/m	风速/(m/s)	高度/m	风速/(m/s)
15	3.30	60	4.48
18	3.44	63	4.53
21	3.55	66	4.57
24	3.66	69	4.62
27	3.76	72	4.66
30	3.84	75	4.70
33	3.93	78	4.74
36	4.00	81	4.78
39	4.07	84	4.82
42	4.14	87	4.86
45	4.20	90	4.89
48	4.26	93	4.93
51	4.32	96	4.96
54	4.37	99	5.00
57	4.43	—	—

表 2-2　基准风速为 7.9m/s 时不同高度的风速

高度/m	风速/(m/s)	高度/m	风速/(m/s)
15	7.90	36	9.58
18	8.22	39	9.75
21	8.51	42	9.91
24	8.76	45	10.06
27	8.99	48	10.21
30	9.20	51	10.34
33	9.40	54	10.47

续表

高度/m	风速/(m/s)	高度/m	风速/(m/s)
57	10.60	81	11.45
60	10.72	84	11.54
63	10.83	87	11.63
66	10.94	90	11.72
69	11.05	93	11.80
72	11.16	96	11.88
75	11.26	99	11.97
78	11.35	—	—

2.1.1 迎风

使用有限元软件 PyroSim 建立建筑模型进行数值模拟,并运用得出的数据结合 FDS2ascii 及 Tecplot10 等分析软件分析得出火灾的温度分布和温度曲线的情况,从而探究多窗口羽流火焰之间的作用以及融合规律。

下述温度分布等温线图中,横坐标 Y 表示建筑矩形平面高层建筑外立面横向宽度,纵坐标 Z 表示建筑纵向高度;下述温度曲线图中,横坐标代表火灾燃烧持续时间,纵坐标表示窗口温度。

2.1.1.1 基准风速 0m/s

通过模拟计算可知,在迎风且基准风速为 0m/s 时,矩形平面高层建筑外立面纵向连续二、三、四窗口燃烧的温度分布等温线如图 2-3 所示,温度曲线如图 2-4 所示。

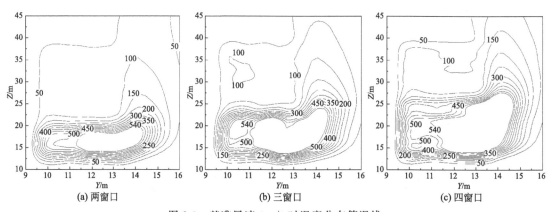

(a) 两窗口　　　　　　(b) 三窗口　　　　　　(c) 四窗口

图 2-3　基准风速 0m/s 时温度分布等温线

分析图 2-3 及图 2-4 可知,当温度达到 540℃时,纵向连续二、三、四窗口燃烧情况下,火焰总高度分别是 21.4m、25.65m、28.65m,位于 7 层、9 层、10 层;窗口温度最高的测点分别为 THCP1.6、THCP1.7 和 THCP1.8,由此说明最危险的楼层为 6 层、7 层和 8 层;火焰最高温度均接近 1200℃。

经数据分析,当达到设定危险温度 540℃,火焰融合高度(火焰融合高度为达到 540℃时的火焰总高度减去火源高度的值)分别为:6.4m(两窗口),9.15m(三窗口),10.65m(四窗口)。

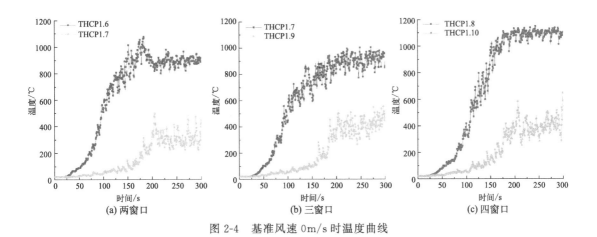

图 2-4　基准风速 0m/s 时温度曲线

2.1.1.2　基准风速 3.3m/s

通过模拟计算可知，在迎风且基准风速为 3.3m/s 时，矩形平面高层建筑外立面纵向连续二、三、四窗口燃烧的温度分布等温线如图 2-5 所示，温度曲线如图 2-6 所示。

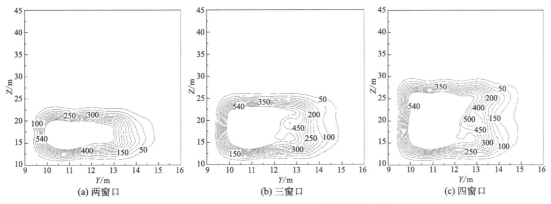

图 2-5　基准风速 3.3m/s 时温度分布等温线

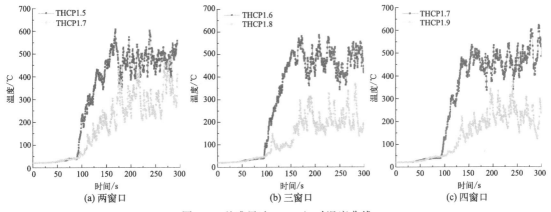

图 2-6　基准风速 3.3m/s 时温度曲线

分析图 2-5 及图 2-6 可知，当温度达到 540℃时，纵向连续二、三、四窗口燃烧情况下，火焰总高度分别是 20.65m、23.65m、26.90m，位于 7 层、8 层、9 层；窗口温度最高的测点分别为 THCP1.5、THCP1.6 和 THCP1.7，由此说明最危险的楼层为 5 层、6 层和 7 层。火焰最高温度均接近 700℃。

经数据分析，当达到设定危险温度 540℃，火焰融合高度分别为：5.65m（两窗口），7.15m（三窗口），8.90m（四窗口）。

2.1.1.3　基准风速 7.9m/s

通过模拟计算可知，在迎风且基准风速为 7.9m/s 时，矩形平面高层建筑外立面纵向连续二、三、四窗口燃烧的温度分布等温线如图 2-7 所示，温度曲线如图 2-8 所示。

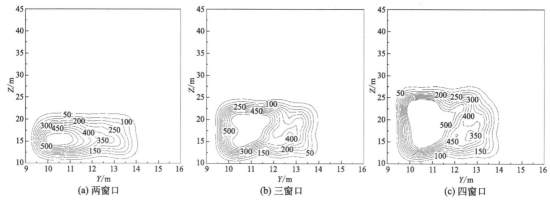

图 2-7　基准风速 7.9m/s 时温度分布等温线

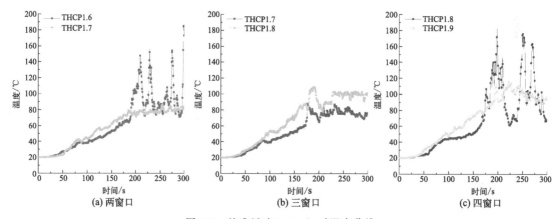

图 2-8　基准风速 7.9m/s 时温度曲线

分析图 2-7 及图 2-8 可知，纵向连续二、三、四窗口燃烧情况下，窗口温度均未达到危险温度 540℃，火焰最高温度均接近 200℃。

根据分析本小节可知，矩形平面高层建筑在窗口迎风条件下，随着基准风速的增加，达到 540℃时的火焰融合高度逐渐降低；随着纵向连续燃烧窗口个数的增多，达到 540℃时的火焰融合高度逐渐提升。

2.1.2　背风

2.1.2.1　基准风速 3.3m/s

通过模拟计算可知，在背风且基准风速为 3.3m/s 时，矩形平面高层建筑外立面纵向连续二、三、四窗口燃烧的温度分布等温线如图 2-9 所示，温度曲线如图 2-10 所示。

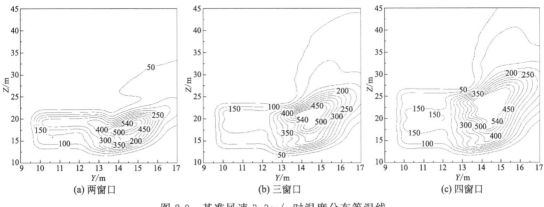

图 2-9　基准风速 3.3m/s 时温度分布等温线

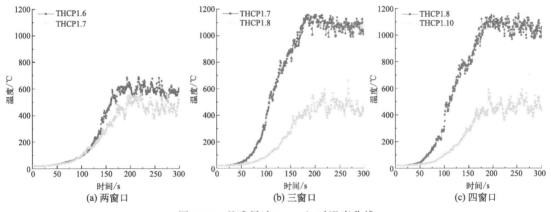

图 2-10　基准风速 3.3m/s 时温度曲线

分析图 2-9 及图 2-10 可知，达到 540℃时，纵向连续二、三、四窗口燃烧情况下，火焰总高度分别是 20.65m、24.15m、27.65m，位于 7 层、8 层、10 层；窗口温度最高的测点分别为 THCP1.6、THCP1.7 和 THCP1.8，说明最危险的楼层为 6 层、7 层和 8 层。火焰最高温度均接近 1200℃。

经数据分析，火焰融合高度分别为：两窗口达到 540℃时为 5.65m，三窗口达到 540℃时为 7.65m，四窗口达到 540℃时为 9.65m。

2.1.2.2　基准风速 7.9m/s

通过模拟计算可知，在背风且基准风速为 7.9m/s 时，矩形平面高层建筑外立面纵向连续二、三、四窗口燃烧的温度分布等温线如图 2-11 所示，温度曲线如图 2-12 所示。

分析图 2-11 及图 2-12 可知，达到 540℃时，纵向连续二、三、四窗口燃烧情况下，火焰总高度分别是 18.25m、22.65m、25.40m，位于 7 层、8 层、9 层；窗口温度最高的测点分别为 THCP1.6、THCP1.7 和 THCP1.8，说明最危险的楼层为 6 层、7 层和 8 层。火焰最高温度均接近 1200℃。

经数据分析，火焰融合高度分别为：两窗口达到 540℃时为 3.25m，三窗口达到 540℃时为 6.15m，四窗口达到 540℃时为 7.40m。矩形平面高层建筑在窗口背风条件下，随着基准风速的增加，达到 540℃时的火焰融合高度逐渐降低；随着纵向连续燃烧窗口个数的增多，达到 540℃时的火焰融合高度逐渐提升。

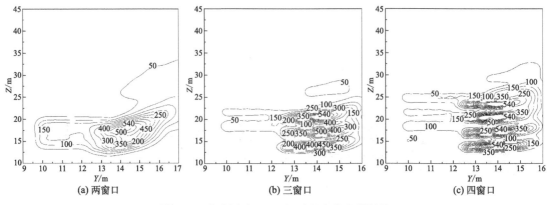

图 2-11　基准风速 7.9m/s 时温度分布等温线

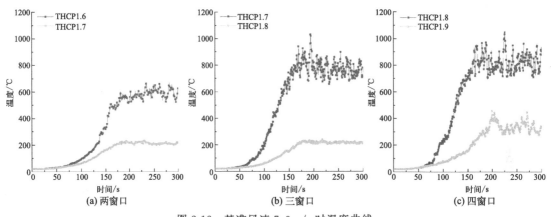

图 2-12　基准风速 7.9m/s 时温度曲线

2.1.3　侧风

2.1.3.1　基准风速 3.3m/s

通过模拟计算可知，基准风速为 3.3m/s 时，矩形平面高层建筑外立面纵向连续二、三、四窗口燃烧的温度分布等温线如图 2-13 所示，温度曲线如图 2-14 所示。

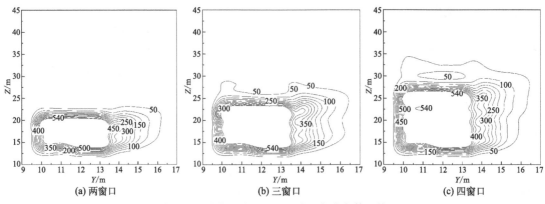

图 2-13　基准风速 3.3m/s 时温度分布等温线

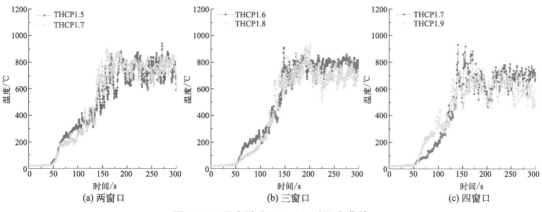

图 2-14　基准风速 3.3m/s 时温度曲线

分析图 2-13 及图 2-14 可知，达到 540℃时，纵向连续二、三、四窗口燃烧情况下，火焰总高度分别是 20.65m、23.65m、26.90m，位于 7 层、8 层、9 层；窗口温度最高的测点分别为 THCP1.5、THCP1.6 和 THCP1.7，说明最危险的楼层为 5 层、6 层和 7 层。火焰最高温度均接近 1000℃。

经数据分析，火焰融合高度分别为：两窗口达到 540℃时为 5.65m，三窗口达到 540℃时为 7.15m，四窗口达到 540℃时为 8.90m。

2.1.3.2　基准风速 7.9m/s

通过模拟计算可知，基准风速为 7.9m/s 时，矩形平面高层建筑外立面纵向连续二、三、四窗口燃烧的温度分布等温线如图 2-15 所示，温度曲线如图 2-16 所示。

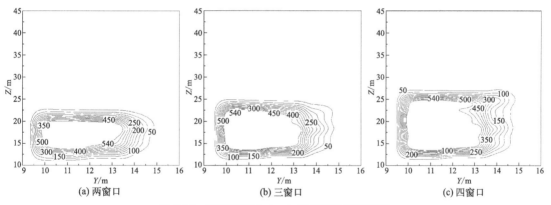

图 2-15　基准风速 7.9m/s 时温度分布等温线

分析图 2-15 及图 2-16 可知，达到 540℃时，纵向连续二、三、四窗口燃烧情况下，火焰总高度分别是 20.40m、23.15m、25.15m，位于 7 层、8 层、9 层；窗口温度最高的测点分别为 THCP1.5、THCP1.6 和 THCP1.7，说明最危险的楼层为 5 层、6 层和 7 层。火焰最高温度均接近 800℃。

经数据分析，火焰融合高度分别为：两窗口达到 540℃时为 5.40m，三窗口达到 540℃时为 6.65m，四窗口达到 540℃时为 8.15m。矩形平面高层建筑在侧风条件下，随着基准风速的增加，达到 540℃时的火焰融合高度逐渐降低；随着纵向连续燃烧窗口个数的增多，达到 540℃时的火焰融合高度逐渐提升。

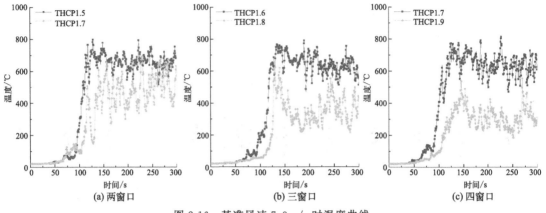

图 2-16　基准风速 7.9m/s 时温度曲线

2.1.4　纵向风

2.1.4.1　基准风速 3.3m/s

通过模拟计算可知，在纵向风，基准风速为 3.3m/s 时，矩形平面高层建筑外立面纵向连续二、三、四窗口燃烧的温度分布等温线如图 2-17 所示，温度曲线如图 2-18 所示。

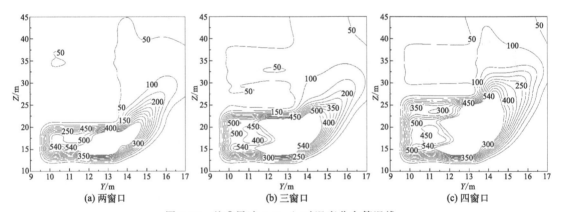

图 2-17　基准风速 3.3m/s 时温度分布等温线

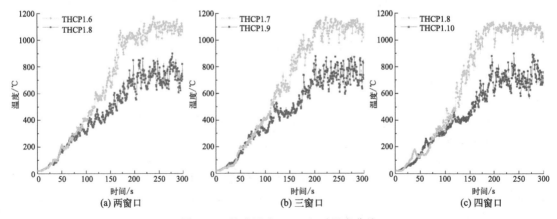

图 2-18　基准风速 3.3m/s 时温度曲线

分析图 2-17 及图 2-18 可知，达到 540℃时，纵向连续二、三、四窗口燃烧情况下，火焰总高度分别是 22.15m、26.15m、29.15m，位于 8 层、9 层、10 层；窗口温度最高的测点分别为 THCP1.6、THCP1.7 和 THCP1.8，说明最危险的楼层为 6 层、7 层和 8 层。火焰最高温度均接近 1200℃。

经数据分析，火焰融合高度分别为：两窗口达到 540℃时为 7.15m，三窗口达到 540℃时为 9.65m，四窗口达到 540℃时为 11.15m。

2.1.4.2　基准风速 7.9m/s

通过模拟计算可知，在纵向风，基准风速为 7.9m/s 时，矩形平面高层建筑外立面纵向连续二、三、四窗口燃烧的温度分布等温线如图 2-19 所示，温度曲线如图 2-20 所示。

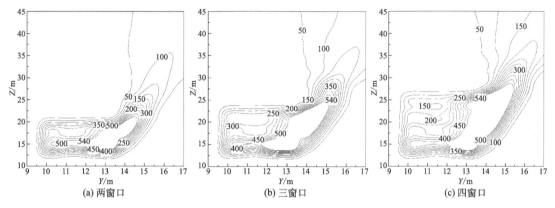

图 2-19　基准风速 7.9m/s 时温度分布等温线

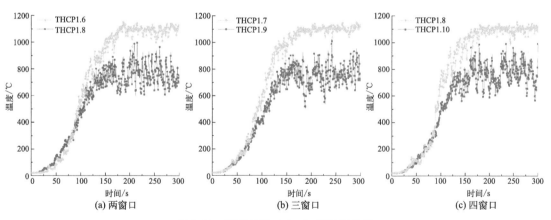

图 2-20　基准风速 7.9m/s 时温度曲线

分析图 2-19、图 2-20 可知，达到 540℃时，纵向连续二、三、四窗口燃烧情况下，火焰总高度分别是 22.65m、26.8m、29.65m，位于 8 层、9 层、10 层；窗口温度最高的测点分别为 THCP1.6、THCP1.7 和 THCP1.8，说明最危险的楼层为 6 层、7 层和 8 层。火焰最高温度均接近 1200℃。

经数据分析，火焰融合高度分别为：两窗口达到 540℃时为 7.65m，三窗口达到 540℃时为 9.90m，四窗口达到 540℃时为 11.65m。

矩形平面高层建筑在纵向风条件下，随着基准风速的增加，达到 540℃时的火焰融合高度逐渐提升；随着纵向连续燃烧窗口个数的增多，达到540℃时的火焰融合高度逐渐提升。

2.1.5　结果分析

接下来分别分析窗口迎风、背风、侧风和纵向风时连续燃烧不同窗口数量下的火焰融合高度变化规律。

窗口迎风时连续燃烧不同窗口数量下的火焰融合高度如表2-3所示。

表 2-3　迎风时 540℃ 对应的火焰融合高度　　　　　　　　　单位：m

连续燃烧窗口数量	基准风速 0m/s 时 火焰融合高度	基准风速 3.3m/s 时 火焰融合高度	基准风速 7.9m/s 时 火焰融合高度
两窗口	6.40	5.65	—
三窗口	9.15	7.15	—
四窗口	10.65	8.90	—

分析表2-3可知，迎风时，火焰融合高度变化为：纵向连续二到四窗口情况下燃烧火焰未发生融合；基准风速为0m/s时比3.3m/s时分别上升了0.75m、2.00m、1.75m。

当窗口迎风条件下燃烧，基准风速为0m/s和3.3m/s时，火焰融合高度变化为：纵向连续燃烧三窗口比两窗口分别提升了2.75m、1.50m；纵向连续燃烧四窗口比三窗口分别上升了1.50m、1.75m。

根据以上计算分析可知，矩形平面高层建筑在窗口迎风条件下，随着基准风速的提升，达到540℃时的火焰融合高度逐渐下降；随着纵向连续燃烧窗口个数的增多，达到540℃时的火焰融合高度逐渐提升。

窗口背风时连续燃烧不同窗口数量下的火焰融合高度如表2-4所示。

表 2-4　背风时 540℃ 对应的火焰融合高度　　　　　　　　　单位：m

连续燃烧窗口数量	基准风速 0m/s 时 火焰融合高度	基准风速 3.3m/s 时 火焰融合高度	基准风速 7.9m/s 时 火焰融合高度
两窗口	6.40	5.65	3.25
三窗口	9.15	7.65	6.15
四窗口	10.65	9.65	7.40

由表2-4分析可知，背风时，纵向连续燃烧二到四窗口温度达到540℃时，火焰融合高度变化为：基准风速3.3m/s时比7.9m/s时分别上升了2.40m、1.50m、2.25m；基准风速为0m/s时比3.3m/s时分别上升了0.75m、1.50m、1.00m。

当窗口背风条件下燃烧，基准风速为0m/s、3.3m/s和7.9m/s时，火焰融合高度变化为：纵向连续燃烧三窗口比两窗口分别提升了2.75m、2.00m、2.90m；纵向连续燃烧四窗口比三窗口分别上升了1.50m、2.00m、1.25m。

根据以上计算分析可知，矩形平面高层建筑在窗口背风条件下，随着基准风速的提升，达到540℃时的火焰融合高度逐渐下降；随着纵向连续燃烧窗口个数的增多，达到540℃时的火焰融合高度逐渐提升。

窗口侧风时连续燃烧不同窗口数量下的火焰融合高度如表2-5所示。

表 2-5　侧风时 540℃ 对应的火焰融合高度　　　　　　　单位：m

连续燃烧窗口数量	基准风速 0m/s 时 火焰融合高度	基准风速 3.3m/s 时 火焰融合高度	基准风速 7.9m/s 时 火焰融合高度
两窗口	6.40	5.65	5.40
三窗口	9.15	7.15	6.65
四窗口	10.65	8.90	8.15

由表 2-5 分析可知，侧风时，纵向连续燃烧二到四窗口温度达到 540℃ 时，火焰融合高度变化为：基准风速为 3.3m/s 时比 7.9m/s 时分别上升了 0.25m、0.50m、0.75m；基准风速为 0m/s 时比 3.3m/s 时分别上升了 0.75m、2.00m、1.75m。

当侧风条件下燃烧，基准风速为 0m/s、3.3m/s 和 7.9m/s 时，火焰融合高度变化为：纵向连续燃烧三窗口比两窗口分别提升了 2.75m、1.50m、1.25m；纵向连续燃烧四窗口比三窗口分别上升了 1.50m、1.75m、1.50m。

根据以上计算分析可知，矩形平面高层建筑在侧风条件下，随着基准风速的提升，达到 540℃ 时的火焰融合高度逐渐下降；随着纵向连续燃烧窗口个数的增多，达到 540℃ 时的火焰融合高度逐渐提升。

窗口在纵向风时连续燃烧不同窗口数量下的火焰融合高度如表 2-6 所示。

表 2-6　纵向风时 540℃ 对应的火焰融合高度　　　　　　　单位：m

连续燃烧窗口数量	基准风速 0m/s 时 火焰融合高度	基准风速 3.3m/s 时 火焰融合高度	基准风速 7.9m/s 时 火焰融合高度
两窗口	6.40	7.15	7.65
三窗口	9.15	9.65	9.90
四窗口	10.65	11.15	11.65

由表 2-6 分析可知，当为纵向风，纵向连续燃烧二到四窗口温度达到 540℃ 时，火焰融合高度变化为：基准风速 3.3m/s 时比 7.9m/s 时分别下降了 0.50m、0.25m、0.50m；基准风速为 0m/s 时比 3.3m/s 时分别下降了 0.75m、0.50m、0.50m。

当在纵向风条件下燃烧，基准风速为 0m/s、3.3m/s 和 7.9m/s 时，火焰融合高度变化为：纵向连续燃烧三窗口比两窗口分别提升了 2.75m、2.5m、2.25m；纵向连续燃烧四窗口比三窗口分别上升了 1.50m、1.50m、1.75m。

根据以上计算分析可知，矩形平面高层建筑在纵向风条件下，随着基准风速的提升，达到 540℃ 时的火焰融合高度逐渐提升；随着纵向连续燃烧窗口个数的增多，达到 540℃ 时的火焰融合高度逐渐提升。

图 2-21～图 2-24 分别为迎风、背风、侧风、纵向风条件下的多窗口连续燃烧火焰融合高度对比图。

当风向为窗口迎风、背风、侧风时，火焰融合高度随着基准风速的增大而降低；当风向为纵向风时，火焰融合高度随着基准风速的增大而提升。任意风向条件下，纵向连续燃烧窗口个数越多，火焰融合高度越高。

设基准风速 3.3m/s 与基准风速 0m/s 的火焰融合高度相比增长幅度为 a，基准风速 7.9m/s 与基准风速 3.3m/s 的火焰融合高度相比增长幅度为 b，计算结果汇总于表 2-7 和表 2-8 中。

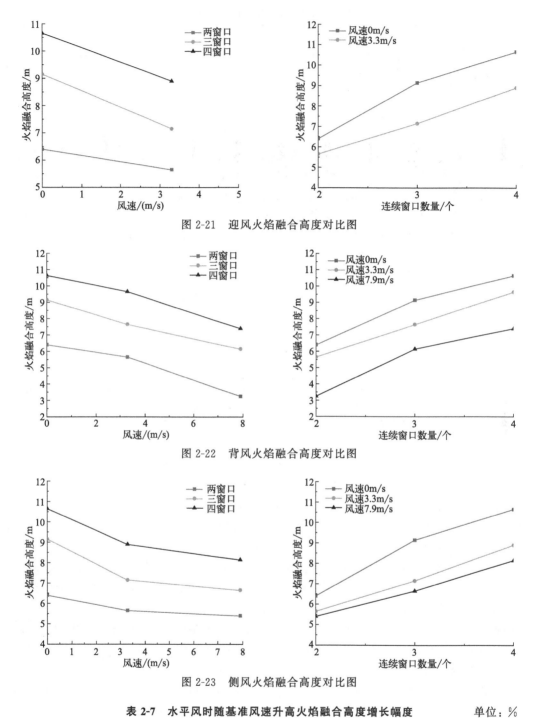

图 2-21　迎风火焰融合高度对比图

图 2-22　背风火焰融合高度对比图

图 2-23　侧风火焰融合高度对比图

表 2-7　水平风时随基准风速升高火焰融合高度增长幅度　　　　单位：%

风向		竖向两窗口	竖向三窗口	竖向四窗口
迎风	a	−11.72	−21.86	−16.43
	b	—	—	—
背风	a	−11.72	−16.39	−9.39
	b	−42.48	−19.61	−23.32

续表

风向		竖向两窗口	竖向三窗口	竖向四窗口
侧风	a	−11.72	−21.86	−16.43
	b	−4.42	−6.99	−8.43

表 2-8　纵向风时随基准风速升高火焰融合高度增长幅度　　　单位：%

风向		竖向两窗口	竖向三窗口	竖向四窗口
纵向风	a	10.49	5.18	4.48
	b	6.54	2.53	4.29

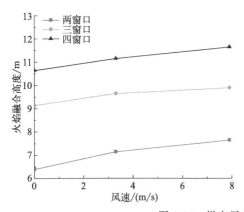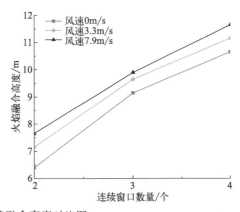

图 2-24　纵向风时火焰融合高度对比图

表 2-7 中，以背风、两窗口为例，对于火焰融合高度，基准风速 3.3m/s 比 0m/s、7.9m/s 比 3.3m/s 分别降低了 11.72%、42.48%。

表 2-8 中，以纵向风，两窗口为例，对于火焰融合高度，基准风速 3.3m/s 比 0m/s、7.9m/s 比 3.3m/s 增长了 10.49%、6.54%。基准风速为 3.3m/s 时，不同风向对应的二到四窗口火焰融合高度如表 2-9 所示。

表 2-9　基准风速 3.3m/s 时 540℃ 对应的火焰融合高度　　　单位：m

连续燃烧窗口数量	迎风火焰融合高度	背风火焰融合高度	侧风火焰融合高度	纵向风火焰融合高度
两窗口	5.65	5.65	5.65	7.15
三窗口	7.15	7.65	7.15	9.65
四窗口	8.90	9.65	8.90	11.15

由表 2-9 可知，基准风速为 3.3m/s、纵向连续燃烧二到四窗口温度达到 540℃ 时，火焰融合高度的变化分别为：纵向风比侧风的火焰融合高度分别提升了 1.50m、2.50m、2.25m；侧风比背风的火焰融合高度分别下降了 0m、0.50m、0.75m；背风比迎风的火焰融合高度分别上升了 0m、0.50m、0.75m。

基准风速为 3.3m/s 时，四种风向条件下多窗口火焰融合高度变化分别为：纵向连续燃烧三窗口比两窗口的火焰融合高度分别提升了 1.50m、2.00m、1.50m、2.50m；纵向连续燃烧四窗口比三窗口火焰融合高度分别提升了 1.75m、2.00m、1.75m、1.50m。

综合以上分析可知，基准风速为 3.3m/s 时，迎风和侧风条件下的火焰融合高度最小，纵向风条件下火焰融合高度最大；随着纵向连续燃烧窗口数量的增多，达到540℃时的火焰融合高度逐渐提升。

基准风速为7.9m/s时，不同风向对应的二到四窗口火焰融合高度如表2-10所示。

表2-10 基准风速7.9m/s时540℃对应的火焰融合高度 单位：m

连续燃烧窗口数量	迎风火焰融合高度	背风火焰融合高度	侧风火焰融合高度	纵向风火焰融合高度
两窗口	—	3.25	5.40	7.65
三窗口	—	6.15	6.65	9.90
四窗口	—	7.40	8.15	11.65

由表2-10可知，基准风速为7.9m/s、纵向连续燃烧二到四窗口温度达到540℃时，火焰融合高度的变化分别为：纵向风比侧风分别提升了2.25m、3.25m、3.5m；侧风比背风的火焰融合高度分别提升了2.15m、0.50m、0.75m；基准风速7.9m/s条件下迎风火焰未发生融合。

基准风速为7.9m/s时，四种风向条件下多窗口火焰融合高度变化分别为：纵向连续燃烧三窗口比两窗口分别提升了2.90m、1.25m、2.25m；纵向连续燃烧四窗口比三窗口火焰融合高度分别提升了1.25m、1.50m、1.75m。

综合以上分析可知，基准风速为7.9m/s时，迎风火焰未发生融合，背风条件下的火焰融合高度最小，纵向风条件下火焰融合高度最大；随着纵向连续燃烧窗口个数的增多，达到540℃的火焰融合高度逐渐提升。

令不同风速下背风相比迎风的火焰融合高度增长幅度为a，侧风相比背风的火焰融合高度增长幅度为b，计算结果汇总于表2-11。

表2-11 不同风速条件下火焰融合高度增长幅度 单位：%

基准风速		竖向两窗口	竖向三窗口	竖向四窗口
基准风速3.3m/s	a	0	6.54	7.77
	b	0	−6.99	−8.43
基准风速7.9m/s	a	—	—	—
	b	39.81	7.52	9.20

表2-11中，以基准风速3.3m/s，纵向连续燃烧两窗口为例，其背风比迎风、侧风比背风条件下火焰融合高度均无增长。

设纵向连续燃烧四窗口时与连续燃烧三窗口时火焰融合高度相比增长幅度为a，纵向连续燃烧三窗口时与连续燃烧两窗口时的火焰融合高度相比增长幅度为b，其火焰融合高度增长幅度汇总如表2-12所示。

表2-12 连续燃烧多窗口火焰融合高度增长幅度 单位：%

风向		基准风速0m/s	基准风速3.3m/s	基准风速7.9m/s
迎风	a	14.08	24.48	—
	b	30.05	16.85	—
背风	a	14.08	26.14	20.33
	b	30.05	20.73	39.19

续表

风向		基准风速 0m/s	基准风速 3.3m/s	基准风速 7.9m/s
侧风	a	14.08	24.48	22.56
	b	30.05	16.85	15.34
纵向风	a	14.08	15.54	17.68
	b	30.05	22.42	19.31

表 2-12 中，以基准风速 0m/s、迎风为例，对于火焰融合高度，纵向连续燃烧四窗口比三窗口、三窗口比两窗口分别增长了 14.08%、30.05%。

根据表 2-11 分析可知，基准风速 0m/s 到 7.9m/s、纵向连续燃烧两窗口到四窗口且达到危险温度 540℃ 时，背风条件下的火焰融合高度比迎风条件下分别提高了 0%、6.54%、7.77%；侧风条件下的火焰融合高度比背风条件下分别提高了 0%～39.81%、-6.99%～7.52%、-8.43%～9.20%。

根据表 2-6 分析可知，当风向条件为纵向风，达到危险温度 540℃ 时，基准风速 3.3m/s 相比于基准风速 0m/s，纵向连续燃烧多窗口的火焰融合高度变化情况为：纵向连续两窗口上升了 0.75m，纵向连续三窗口上升了 0.50m，纵向连续四窗口上升了 0.50m；基准风速 7.9m/s 相比于基准风速 3.3m/s，纵向连续燃烧多窗口的火焰融合高度变化为：纵向连续两窗口上升了 0.50m，纵向连续三窗口上升了 0.25m，纵向连续四窗口上升了 0.50m。

根据表 2-8 分析可知，当风向条件为纵向风，达到危险温度 540℃ 时，基准风速 3.3m/s 相比于基准风速 0m/s，纵向连续燃烧多窗口的火焰融合高度变化情况为：纵向连续两窗口提高了 10.49%，纵向连续三窗口提高了 5.18%，纵向连续四窗口提高了 4.48%；基准风速 7.9m/s 相比于基准风速 3.3m/s，纵向连续燃烧多窗口的火焰融合高度变化为：纵向连续两窗口提高了 6.54%，纵向连续三窗口提高了 2.53%，纵向连续四窗口提高了 4.29%。

当风向条件为迎风、背风、侧风及纵向风，达到危险温度 540℃ 时，在基准风速为 3.3m/s 条件下，纵向连续燃烧四窗口比纵向连续燃烧三窗口的火焰融合高度增加了 1.50～2.00m，纵向连续燃烧三窗口比纵向连续燃烧两窗口的火焰融合高度增加了 1.50～2.50m；在基准风速为 7.9m/s 条件下，纵向连续燃烧四窗口比纵向连续燃烧三窗口的火焰融合高度增加了 1.25～1.75m，纵向连续燃烧三窗口比纵向连续燃烧两窗口的火焰融合高度增加了 1.25～2.90m。

当风向条件为迎风、背风、侧风及纵向风，达到危险温度 540℃ 时，在基准风速为 0m/s 时，纵向连续燃烧四窗口比纵向连续燃烧三窗口的火焰融合高度增加了 14.08%，纵向连续燃烧三窗口比纵向连续燃烧两窗口的火焰融合高度提升了 30.05%；在基准风速为 3.3m/s 条件下，纵向连续燃烧四窗口比纵向连续燃烧三窗口的火焰融合高度增加了 15.54%～26.14%，纵向连续燃烧三窗口比纵向连续燃烧两窗口的火焰融合高度提升了 16.85%～22.42%；在基准风速为 7.9m/s 条件下，纵向连续燃烧四窗口比纵向连续燃烧三窗口的火焰融合高度增加了 17.68%～22.56%，纵向连续燃烧三窗口比纵向连续燃烧两窗口的火焰融合高度提升了 15.34%～39.19%。

综合以上分析可知，不论是迎风、背风、还是侧风，只要是水平风向，基准风速的提升均对矩形平面高层建筑的火焰融合高度有抑制作用，而且随着基准风速的提升，达到 540℃ 时的火焰融合高度逐渐下降。达到 540℃ 时，纵向风会使矩形平面高层建筑的火焰融合高度提高，随着基准风速的增加，火焰融合高度也会提升。基准风速和风向均对高层建筑火焰融合高度有较大影响。随着纵向连续燃烧窗口数量的增加，火焰融合高度逐渐升高。

2.2 窗口参数影响下的外墙火焰蔓延数值分析

2.2.1 温度时间历程曲线

无侧墙的矩形平面建筑是目前最常被采用的高层建筑类型，为探究此类高层建筑纵向多窗口羽流火焰的融合机理，分别对单窗口、纵向相邻两窗口以及纵向相邻三窗口的羽流火焰融合进行了数值模拟研究，并通过改变外墙窗口尺寸、火灾荷载密度等，分析纵向连续燃烧窗口数量、外墙窗口尺寸、火灾荷载密度等影响因素对窗口羽流火焰的作用效果。通过参考前人的研究成果，结合模拟所得数据，拟合出危险温度对应的火焰融合高度与各影响因素之间的实用计算公式。

本书中的火灾类型属于快速火，因此火灾增长系数为 $\alpha = 0.04689$。根据火灾发展的非稳定 t^2 假设，火源热释放速率达到 6MW 所需要的时间约为 355s，相应的火灾荷载密度约为 $0.47MW/m^2$；火源热释放速率达到 7MW 所需要的时间约为 385s，相应的火灾荷载密度约为 $0.54MW/m^2$；火源热释放速率达到 8MW 所需要的时间约为 415s，相应的火灾荷载密度约为 $0.62MW/m^2$。本书分别设置了 2.1m×1.5m、2.1m×1.8m、2.4m×1.5m 和 2.4m×1.8m 四种窗口尺寸，同时在每层窗口的中心位置设置热电偶用以收集各层窗口的温度数据。

通过数值模拟计算，得到火灾荷载密度分别为 $0.47MW/m^2$、$0.54MW/m^2$、$0.62MW/m^2$ 时，2.1m×1.5m、2.1m×1.8m、2.4m×1.5m 和 2.4m×1.8m 四种窗口尺寸的单窗口羽流火焰、纵向相邻两窗口羽流火焰以及纵向相邻三窗口羽流火焰温度时间历程曲线分别如图 2-25～图 2-27 所示。

图中横坐标为模拟的火灾时间，纵坐标为温度，THCP1.2 至 THCP1.6 分别代表窗口尺寸为 2.1m×1.5m 模型的第二层至第六层窗口温度时间历程曲线，THCP2.2 至 THCP2.6 分别代表窗口尺寸为 2.1m×1.8m 模型的第二层至第六层窗口温度时间历程曲线，THCP3.2 至 THCP3.6 分别代表窗口尺寸为 2.4m×1.5m 模型的第二层至第六层窗口温度时间历程曲线，THCP4.2 至 THCP4.6 分别代表窗口尺寸为 2.4m×1.8m 模型的第二层至第六层窗口温度时间历程曲线。

2.2.2 纵向温度分布等温线

通过可视化程序 Smokeview 观察纵向温度切片在火灾发展过程中的温度变化云图，并结合相应的窗口温度时间历程曲线，能够得到各工况下的窗口羽流火焰在纵向出现极限高度的时间范围。将此时间段的切片数据通过 FDS2ascii 和 Tecplot10 等软件整合，可以得到火灾荷载密度为 $0.47MW/m^2$、$0.54MW/m^2$ 及 $0.62MW/m^2$ 时窗口尺寸为 2.1m×1.5m、2.1m×1.8m、2.4m×1.5m、2.4m×1.8m 的单窗口羽流火焰、纵向相邻两窗口羽流火焰以及纵向相邻三窗口羽流火焰的纵向温度分布等温线，如图 2-28～图 2-31 所示。图中的纵坐标代表模型沿纵向的高度距离，横坐标代表模型房间进深方向的长度距离，等高线分布曲线为温度分布等温线。

2.2.3 危险温度高度

2.2.3.1 火灾荷载密度为 $0.47MW/m^2$

通过分析窗口温度时间历程曲线和纵向温度分布等温线可知：

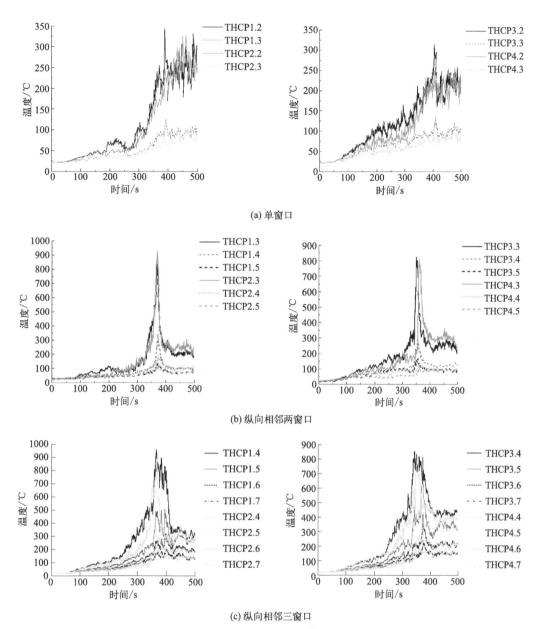

(a) 单窗口

(b) 纵向相邻两窗口

(c) 纵向相邻三窗口

图 2-25 火灾荷载密度为 $0.47MW/m^2$ 时温度时间历程曲线

(1) 窗口尺寸为 $2.1m×1.5m$ 时的单窗口羽流火焰，其 $T(540℃)$ 的对应高度达到 $2.5m$，$T_1(350℃)$ 的对应高度达到 $2.8m$，$T_2(250℃)$ 的对应高度达到 $3.75m$；对于纵向相邻两窗口羽流火焰，其 T 的对应高度达到 $5.75m$，T_1 的对应高度达到 $5.95m$，T_2 的对应高度达到 $6.75m$；对于纵向相邻三窗口羽流火焰，其 T 的对应高度达到 $5.75m$，T_1 的对应高度达到 $6.4m$，T_2 的对应高度达到 $6.95m$。

(2) 窗口尺寸为 $2.1m×1.8m$ 时的单窗口羽流火焰，其 T 的对应高度达到 $2.7m$，T_1 的对应高度达到 $2.85m$，T_2 的对应高度达到 $3.75m$；对于纵向相邻两窗口羽流火焰，其 T 的对应高度达到 $6.5m$，T_1 的对应高度达到 $6.05m$，T_2 的对应高度达到 $6.85m$；对于纵向相邻三窗口羽流火焰，其 T 的对应高度达到 $6.6m$，T_1 的对应高度达到 $6.8m$，T_2 的对应

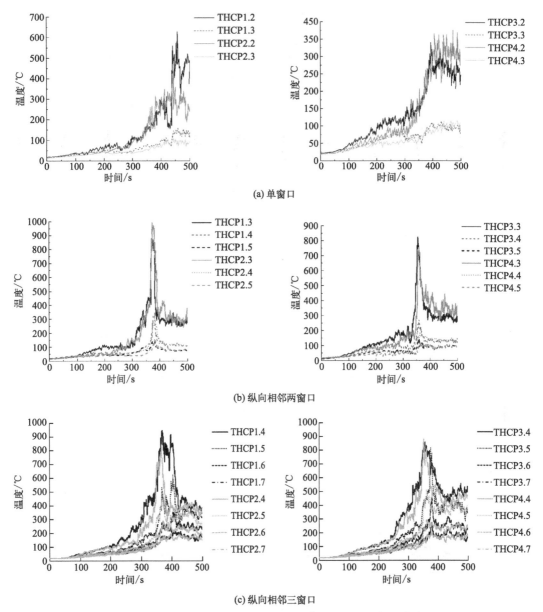

(a) 单窗口

(b) 纵向相邻两窗口

(c) 纵向相邻三窗口

图 2-26 火灾荷载密度为 $0.54MW/m^2$ 时温度时间历程曲线

高度达到 7.25m。

（3）窗口尺寸为 2.4m×1.5m 时的单窗口羽流火焰，其 T 的对应高度达到 1.75m，T_1 的对应高度达到 2.4m，T_2 的对应高度达到 3.6m；对于纵向相邻两窗口羽流火焰，其 T 的对应高度达到 4.75m，T_1 的对应高度达到 5.95m，T_2 的对应高度达到 6.8m；对于纵向相邻三窗口羽流火焰，其 T 的对应高度达到 5.25m，T_1 的对应高度达到 6.0m，T_2 的对应高度达到 7.1m。

（4）窗口尺寸为 2.4m×1.8m 时的单窗口羽流火焰，其 T 的对应高度达到 2.0m，T_1 的对应高度达到 2.1m，T_2 的对应高度达到 3.0m；对于纵向相邻两窗口羽流火焰，其 T 的对应高度达到 4.9m，T_1 的对应高度达到 6.1m，T_2 的对应高度达到 6.9m；对于纵向相邻三窗口羽流火焰，其 T 的对应高度达到 6.0m，T_1 的对应高度达到 6.25m，T_2 的对应高度

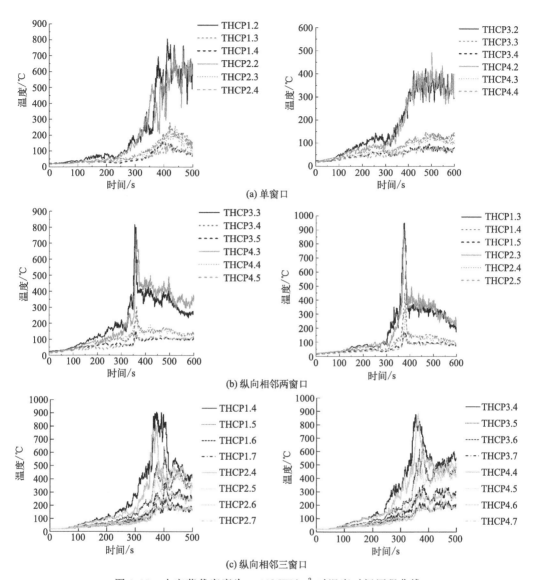

图 2-27　火灾荷载密度为 0.62MW/m² 时温度时间历程曲线

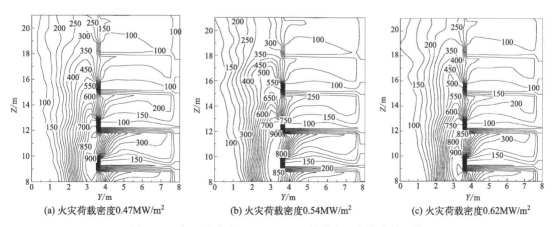

图 2-28　窗口尺寸为 2.1m×1.5m 的纵向温度分布等温线

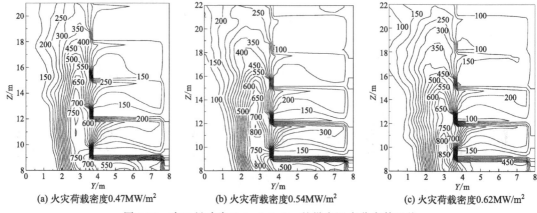

图 2-29 窗口尺寸为 2.1m×1.8m 的纵向温度分布等温线

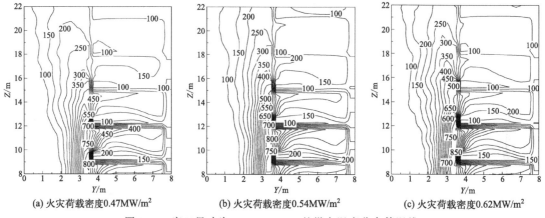

图 2-30 窗口尺寸为 2.4m×1.5m 的纵向温度分布等温线

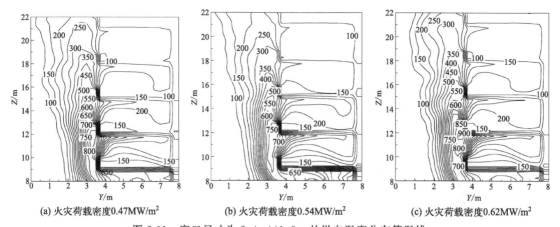

图 2-31 窗口尺寸为 2.4m×1.8m 的纵向温度分布等温线

达到 7.2m。

2.2.3.2 火灾荷载密度为 0.54MW/m²

通过分析窗口温度时间历程曲线和纵向温度分布等温线可知：

（1）窗口尺寸为 2.1m×1.5m 时的单窗口羽流火焰，其 T 的对应高度达到 3.75m，T_1

的对应高度达到 3.9m，T_2 的对应高度达到 4.25m；对于纵向相邻两窗口羽流火焰，其 T 的对应高度达到 5.25m，T_1 的对应高度达到 6.1m，T_2 的对应高度达到 6.9m；对于纵向相邻三窗口羽流火焰，其 T 的对应高度达到 5.75m，T_1 的对应高度达到 6.7m，T_2 的对应高度达到 7.7m。

（2）窗口尺寸为 2.1m×1.8m 时的单窗口羽流火焰，其 T 的对应高度达到 3.1m，T_1 的对应高度达到 3.3m，T_2 的对应高度达到 4.0m；对于纵向相邻两窗口羽流火焰，其 T 的对应高度达到 6.6m，T_1 的对应高度达到 6.2m，T_2 的对应高度达到 7.05m；对于纵向相邻三窗口羽流火焰，其 T 的对应高度达到 7.6m，T_1 的对应高度达到 6.8m，T_2 的对应高度达到 7.55m。

（3）窗口尺寸为 2.4m×1.5m 时的单窗口羽流火焰，其 T 的对应高度达到 2.15m，T_1 的对应高度达到 2.65m，T_2 的对应高度达到 3.95m；对于纵向相邻两窗口羽流火焰，其 T 的对应高度达到 4.75m，T_1 的对应高度达到 6.2m，T_2 的对应高度达到 6.95m；对于纵向相邻三窗口羽流火焰，其 T 的对应高度达到 6.75m，T_1 的对应高度达到 6.75m，T_2 的对应高度达到 7.55m。

（4）窗口尺寸为 2.4m×1.8m 时的单窗口羽流火焰，其 T 的对应高度达到 2.5m，T_1 的对应高度达到 2.8m，T_2 的对应高度达到 4.0m；对于纵向相邻两窗口羽流火焰，其 T 的对应高度达到 5.1m，T_1 的对应高度达到 6.25m，T_2 的对应高度达到 7.1m；对于纵向相邻三窗口羽流火焰，其 T 的对应高度达到 7.1m，T_1 的对应高度达到 6.55m，T_2 的对应高度达到 7.9m。

2.2.3.3 火灾荷载密度为 0.62MW/m²

通过分析窗口温度时间历程曲线和纵向温度分布等温线可知：

（1）窗口尺寸为 2.1m×1.5m 时的单窗口羽流火焰，其 T 的对应高度达到 5.05m，T_1 的对应高度达到 4.1m，T_2 的对应高度达到 4.65m；对于纵向相邻两窗口羽流火焰，其 T 的对应高度达到 6.25m，T_1 的对应高度达到 6.2m，T_2 的对应高度达到 7.05m；对于纵向相邻三窗口羽流火焰，其 T 的对应高度达到 10.25m，T_1 的对应高度达到 6.3m，T_2 的对应高度达到 7.2m。

（2）窗口尺寸为 2.1m×1.8m 时的单窗口羽流火焰，其 T 的对应高度达到 5.1m，T_1 的对应高度达到 3.75m，T_2 的对应高度达到 5.05m；对于纵向相邻两窗口羽流火焰，其 T 的对应高度达到 6.6m，T_1 的对应高度达到 6.35m，T_2 的对应高度达到 7.2m；对于纵向相邻三窗口羽流火焰，其 T 的对应高度达到 9.1m，T_1 的对应高度达到 6.7m，T_2 的对应高度达到 7.65m。

（3）窗口尺寸为 2.4m×1.5m 时的单窗口羽流火焰，其 T 的对应高度达到 3.05m，T_1 的对应高度达到 3.25m，T_2 的对应高度达到 4.15m；对于纵向相邻两窗口羽流火焰，其 T 的对应高度达到 4.75m，T_1 的对应高度达到 6.25m，T_2 的对应高度达到 7.15m；对于纵向相邻三窗口羽流火焰，其 T 的对应高度达到 7.05m，T_1 的对应高度达到 6.3m，T_2 的对应高度达到 7.75m。

（4）窗口尺寸为 2.4m×1.8m 时的单窗口羽流火焰，其 T 的对应高度达到 3.1m，T_1 的对应高度达到 3.25m，T_2 的对应高度达到 4.15m；对于纵向相邻两窗口羽流火焰，其 T 的对应高度达到 4.6m，T_1 的对应高度达到 6.4m，T_2 的对应高度达到 7.3m；对于纵向相邻三窗口羽流火焰，其 T 的对应高度达到 5.9m，T_1 的对应高度达到 6.5m，T_2 的对应高度达到 7.95m。

2.3 危险温度高度的计算公式

在窗口尺寸与火灾荷载密度都相同的条件下，纵向相邻两窗口与纵向相邻三窗口的危险温度 T_1 及 T_2 对应的高度相似。因此，对于纵向相邻多窗口羽流火焰及其融合的研究，出于对最不利条件的考虑，仅需探讨纵向相邻两窗口的危险温度高度与窗口尺寸、火灾荷载密度等影响因素之间的变化规律。

前人的相关研究大多停留在单窗口羽流火焰方面，而在纵向相邻多窗口羽流火焰及其融合的研究，尤其是危险温度高度与纵向连续燃烧窗口数量、火灾荷载密度、外墙窗口尺寸等影响因素之间变化规律的研究则鲜有提及。结合模拟所得数据，分析得到危险温度 T_1 及 T_2 对应高度与各影响因素之间的实用计算公式为：

$$Z_{1s} = \frac{0.34t^2 \cdot g \cdot \rho \cdot \sqrt[3]{\alpha^2} + 3.16l^2 \cdot \rho_0 \cdot c_0 \cdot T_0}{\rho_0 \cdot c_0 \cdot T_0 \cdot l} \tag{2-1}$$

$$Z_{2s} = \frac{0.47t^2 \cdot g \cdot \rho \cdot \sqrt[3]{\alpha^2} + 3.27l^2 \cdot \rho_0 \cdot c_0 \cdot T_0}{\rho_0 \cdot c_0 \cdot T_0 \cdot l} \tag{2-2}$$

其中： $t = 10s$ 且 $l = (A \cdot \sqrt{H})^{2/5}$ (2-3)

$$\alpha = L/B \tag{2-4}$$

式中 Z_{1s}——危险温度 T_1 对应高度；

Z_{2s}——危险温度 T_2 对应高度；

t——模拟过程中危险温度在纵向出现极限高度的时间选取范围；

g——重力加速度；

ρ——火灾荷载密度；

α——结构因子；

l——窗口特征长度；

ρ_0——空气密度；

c_0——空气比热容；

T_0——室内环境温度；

A——窗口面积；

H——窗口高度；

L——侧墙长度；

B——内面墙宽度。

为弥补纵向相邻三窗口与纵向相邻两窗口危险温度高度的微小差异，在计算得到的危险温度高度的基础上需要乘以一个大于 1.0 的系数，该系数即安全因子。其中与 Z_1 相对应的安全因子 $n_1 \geqslant 1.17$，与 Z_2 相对应的安全因子 $n_2 \geqslant 1.21$。

2.4 矩形平面高层建筑外部蔓延阻隔区布置建议

本章对矩形平面建筑的单窗口、纵向相邻两窗口、纵向相邻三窗口以及纵向相邻四窗口的羽流火焰进行了数值模拟研究，分析了危险温度高度与纵向连续燃烧窗口数量、风向、外墙窗口尺寸、火灾荷载密度等影响因素之间的变化规律。通过参考前人的研究成果，结合数值模拟所得数据，拟合得到危险温度高度与各影响因素之间的实用计算公式，并引入安全因子，为同类型高层建筑的外部蔓延阻隔区的设置提供理论依据。总体结论及建议如下：

（1）对于矩形高层建筑火灾，水平风向条件下，达到 540℃ 时的火焰融合高度随着基准风速的增加，逐渐下降；在纵向风条件下，达到 540℃ 时的火焰融合高度随着基准风速的增加，逐渐上升。水平风向会抑制火焰融合高度的升高，而纵向风会加剧火焰蔓延。

（2）对于矩形高层建筑外立面火灾，多窗口纵向连续燃烧时，基准风速和风向对高层建筑火焰融合高度的影响基本相同，7.9m/s 基准风速下的迎风多窗口火焰未发生融合，因此影响最大的水平风向是迎风。纵向风对高层建筑火焰融合高度的影响较小。

（3）由于窗口羽流火焰的温度由内而外呈梯度分布状态，且高层建筑外墙窗口玻璃的耐火极限温度与聚苯乙烯泡沫保温材料的点燃温度并不相同。因此仅以 540℃ 外轮廓线确定羽流火焰高度进行高层建筑外部火焰蔓延分析具有片面性，本书将 $T=540℃$、$T_1=350℃$ 及 $T_2=250℃$ 定义为危险温度，其对应的影响高度即为危险温度高度。其中 T 为羽流火焰高度的判定温度，T_1 为目前常用建筑外墙保温材料聚苯乙烯泡沫的点燃温度，T_2 为普通窗口玻璃破碎的耐火极限温度。

（4）对于无侧墙的矩形平面高层建筑，纵向相邻多窗口羽流火焰出现了融合现象。对于对高层建筑外部火焰蔓延起到主导作用的危险温度 T_1 和 T_2 的对应高度，纵向相邻两窗口比单窗口提升了 2.1～4.0m，纵向相邻三窗口比纵向相邻两窗口提升了 0.05～0.8m。因此，纵向相邻两窗口 T_1 和 T_2 的对应高度与纵向相邻三窗口 T_1 和 T_2 的对应高度相似，对于同类型的高层建筑外部火焰蔓延的防控措施，考虑纵向相邻两窗口的危险温度分布即可满足要求。

（5）无侧墙建筑的窗口羽流火焰可卷吸窗口正面及两侧空气以供其燃烧，而侧墙的存在阻隔了羽流火焰从窗口两侧卷吸空气的能力，致使羽流火焰对窗口上方空气的卷吸力度增大，即产生烟囱效应。对于此类高层建筑外部火焰蔓延的防控，需要综合考虑纵向连续燃烧窗口数量等因素对 T_1 和 T_2 对应高度的影响。

（6）在一定连续燃烧窗口数量范围内，火焰融合高度随着连续燃烧窗口数量增加而提高。矩形平面高层建筑在 7.9m/s 基准风速，纵向风条件下，火焰融合高度最大，稳定在 19.90m，故外部蔓延阻隔区高度可设置为 20.00m。

第 3 章

凹形平面高层建筑外墙火焰蔓延机理及防控策略

3.1 风影响下的外墙火焰蔓延数值分析

凹形平面高层建筑外立面作为半封闭式结构易产生烟囱效应，而自然风会加剧烟囱效应。因此，对于不同风向和基准风速下的高层建筑火灾蔓延机理进行研究有着重要意义。本节对图 3-1 所示的高层建筑模型进行数值模拟研究，并对研究结果进行比较分析，探究凹形平面高层建筑在不同风向、不同基准风速条件下的纵向连续多窗口羽流火焰融合高度及其变化规律，为外部蔓延阻隔区的设置提供参考。

本小节以某一实际高层建筑为原型建立高层建筑模型，外立面保温材料采用 XPS 保温板，共 33 层，总高度为 99m，层高 3m，窗口尺寸为 1.5m×1.6m，其中 1.5m 为窗口宽度，1.6m 为窗口高度。凹形平面高层建筑模型如图 3-1(a) 所示；图 3-1(b) 为凹形平面高层建筑温度切片位置示意图，切片垂直于窗口，穿过火源所在房间窗口中心，温度切片用于获取绘制温度分布等温线的数据；图 3-1(c) 为凹形平面高层建筑温度探测点布置图，所有探测点均位于窗口中心，用于获取绘制窗口温度曲线的数据；火源房间位于第五层卧室，窗口尺寸为 1.5m(宽)×1.6m(高)，凹形平面高层建筑火源位置和室内布置如图 3-1(d) 所示，

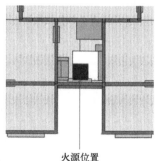

| (a) 凹形高层建筑模型 | (b) 切片位置 | (c) 测点位置与编号 | (d) 火源位置 |

图 3-1　凹形平面高层建筑模型

火灾荷载密度为 $0.51\text{MW}/\text{m}^2$。当达到一定时间后，从窗口蹿出火焰点燃外部可燃材料引起外立面火蔓延，设定危险温度为 540℃。

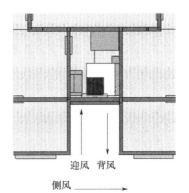

图 3-2　风向示意图

为研究风向、基准风速和连续燃烧窗口数量对窗口羽流火的影响，考虑火源位置所在房间的建筑外立面，共设置迎风、背风、侧风和纵向风四种风向。其中纵向风主要指垂直于地面向上的风，其余三种风向如图 3-2 所示。

根据中国气象站统计，沈阳市近十年平均风速为 2～3 级，而最大持续风速为 4 级，根据《风力等级》（GB/T 28591—2012），3 级风风速最大值为 3.3m/s，4 级风风速最大值为 7.9m/s。因此，本书设置三种基准风速，包括 0m/s、3.3m/s、7.9m/s，且自然风速随高度的升高而升高，根据公式 $\dfrac{v(z)}{v_0} = \left(\dfrac{z}{z_0}\right)^{\alpha}$ 计算，基准风速为 3.3m/s 和 7.9m/s 时，截断高度以上每层风速如表 3-1、表 3-2 所示。上式中，z_0 为基准高度，也称为截断高度；v_0 为 z_0 处的平均风速；$v(z)$ 为任意高度 z 处的平均风速；α 为地面粗糙度指数。纵向连续燃烧窗口数量定为纵向连续二、三、四窗口，分别代表外立面纵向连续二、三、四窗口同时燃烧。

表 3-1　基准风速为 3.3m/s 时不同高度的风速

高度/m	风速/(m/s)	高度/m	风速/(m/s)
15	3.30	60	4.48
18	3.44	63	4.53
21	3.55	66	4.57
24	3.66	69	4.62
27	3.76	72	4.66
30	3.84	75	4.70
33	3.93	78	4.74
36	4.00	81	4.78
39	4.07	84	4.82
42	4.14	87	4.86
45	4.20	90	4.89
48	4.26	93	4.93
51	4.32	96	4.96
54	4.37	99	5.00
57	4.43	—	—

表 3-2　基准风速为 7.9m/s 时不同高度的风速

高度/m	风速/(m/s)	高度/m	风速/(m/s)
15	7.90	24	8.76
18	8.22	27	8.99
21	8.51	30	9.20

高度/m	风速/(m/s)	高度/m	风速/(m/s)
33	9.40	69	11.05
36	9.58	72	11.16
39	9.75	75	11.26
42	9.91	78	11.35
45	10.06	81	11.45
48	10.21	84	11.54
51	10.34	87	11.63
54	10.47	90	11.72
57	10.60	93	11.80
60	10.72	96	11.88
63	10.83	99	11.97
66	10.94	—	—

凹形平面高层建筑详细工况设置如表 3-3 所示。

表 3-3 凹形平面高层建筑工况设置

风向	基准风速/(m/s)	连续燃烧窗口数量
无风	0	2
		3
		4
迎风	3.3	2
		3
		4
	7.9	2
		3
		4
背风	3.3	2
		3
		4
	7.9	2
		3
		4
侧风	3.3	2
		3
		4
	7.9	2
		3
		4

风向	基准风速/(m/s)	连续燃烧窗口数量
纵向风	3.3	2
		3
		4
	7.9	2
		3
		4

3.1.1　迎风

温度分布等温线图的横坐标 Y 表示建筑凹形平面高层建筑外立面横向宽度，纵坐标 Z 表示建筑纵向高度；温度曲线图中横坐标代表火灾燃烧持续时间，纵坐标表示窗口温度。

3.1.1.1　基准风速 0m/s

通过模拟计算可知，迎风且基准风速为 0m/s 时，凹形平面高层建筑外立面纵向连续燃烧二、三、四窗口的温度分布等温线如图 3-3 所示，温度曲线如图 3-4 所示。

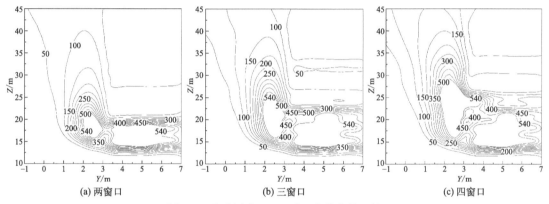

图 3-3　基准风速 0m/s 时温度分布等温线

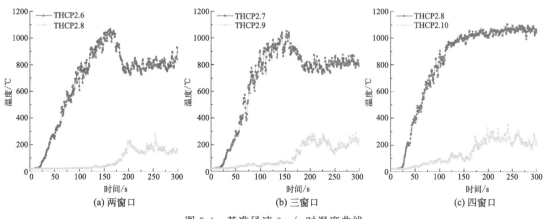

图 3-4　基准风速 0m/s 时温度曲线

分析图 3-3 及图 3-4 可知，当温度达到 540℃时，纵向连续燃烧二、三、四窗口情况下，火焰总高度分别是 22.65m、26.40m、30.15m，位于 8 层、9 层、10 层；窗口温度最高的测点分别为 THCP2.6、THCP2.7 和 THCP2.8，由此说明最危险的楼层为 6 层、7 层、8 层；火焰最高温度均接近 1200℃。

经数据分析，当达到设定危险温度 540℃，火焰融合高度分别为：7.65m（两窗口），9.90m（三窗口），12.15m（四窗口）。

3.1.1.2 基准风速 3.3m/s

通过模拟计算可知，在迎风且基准风速为 3.3m/s 时，凹形平面高层建筑外立面纵向连续燃烧二、三、四窗口的温度分布等温线如图 3-5 所示，温度曲线如图 3-6 所示。

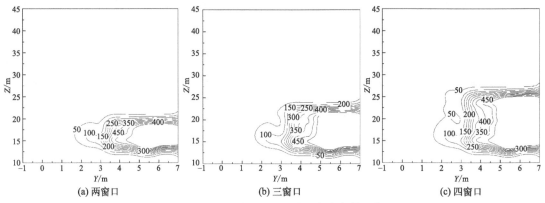

图 3-5 基准风速 3.3m/s 时温度分布等温线

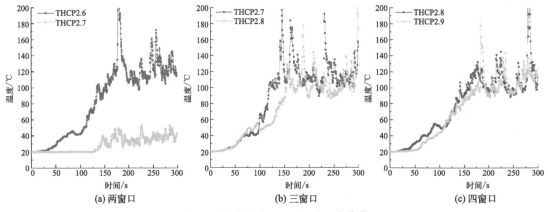

图 3-6 基准风速 3.3m/s 时温度曲线

分析图 3-5 及图 3-6 可知，纵向连续燃烧二、三、四窗口情况下，火焰均未发生融合，火焰最高温度均接近 200℃。

3.1.1.3 基准风速 7.9m/s

通过模拟计算可知，在迎风且基准风速为 7.9m/s 时，凹形平面高层建筑外立面纵向连续燃烧二、三、四窗口的温度分布等温线如图 3-7 所示，温度曲线如图 3-8 所示。

分析图 3-7 及图 3-8 可知，纵向连续燃烧二、三、四窗口情况下，火焰均未发生融合，火焰最高温度均接近 100℃。

根据本小节分析可知，凹形平面高层建筑在窗口迎风条件下，随着基准风速的增加，达到 540℃ 时的火焰融合高度逐渐降低；随着纵向连续燃烧窗口个数的增多，达到 540℃ 时的

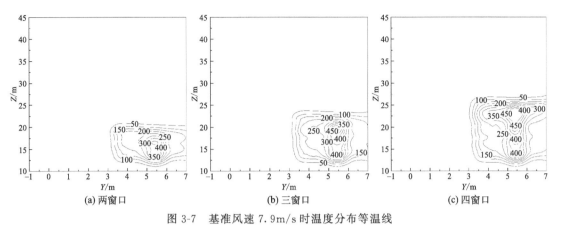

图 3-7　基准风速 7.9m/s 时温度分布等温线

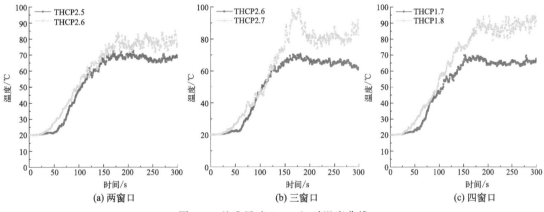

图 3-8　基准风速 7.9m/s 时温度曲线

火焰融合高度逐渐提升。

3.1.2　背风

3.1.2.1　基准风速 3.3m/s

通过模拟计算可知，背风且基准风速为 3.3m/s 时，凹形平面高层建筑外立面纵向连续燃烧二、三、四窗口的温度分布等温线如图 3-9 所示，温度曲线如图 3-10 所示。

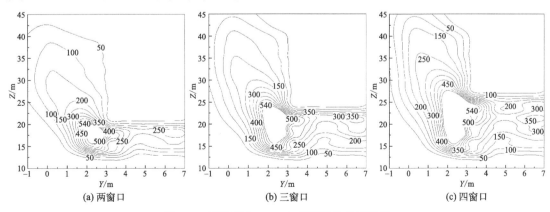

图 3-9　基准风速 3.3m/s 时温度分布等温线

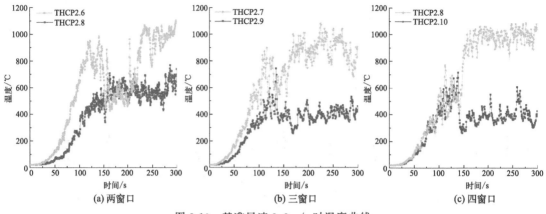

图 3-10　基准风速 3.3m/s 时温度曲线

分析图 3-9 及图 3-10 可知，当温度达到 540℃ 时，纵向连续燃烧二、三、四窗口情况下，火焰总高度分别是 21.90m、25.15m、28.65m，位于 8 层、9 层、10 层；窗口温度最高的测点分别为 THCP2.6、THCP2.7 和 THCP2.8，由此说明最危险的楼层为 6 层、7 层、8 层；火焰最高温度均接近 1200℃。

经数据分析，当达到设定危险温度 540℃，火焰融合高度分别为：6.90m（两窗口），8.65m（三窗口），10.65m（四窗口）。

3.1.2.2　基准风速 7.9m/s

通过模拟计算可知，在背风且基准风速为 7.9m/s 时，凹形平面高层建筑外立面纵向连续燃烧二、三、四窗口的温度分布等温线如图 3-11 所示，温度曲线如图 3-12 所示。

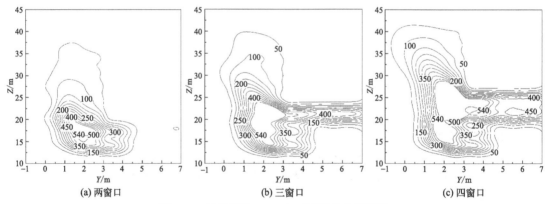

图 3-11　基准风速 7.9m/s 时温度分布等温线

分析图 3-11 及图 3-12 可知，当温度达到 540℃ 时，纵向连续燃烧二、三、四窗口情况下，火焰总高度分别是 21.15m、24.90m、28.40m，位于 7 层、9 层、10 层；窗口温度最高的测点分别为 THCP2.6、THCP2.7 和 THCP2.8，由此说明最危险的楼层为 6 层、7 层、8 层；火焰最高温度均接近 1200℃。

经数据分析，当达到设定危险温度 540℃，火焰融合高度分别为：6.15m（两窗口），8.40m（三窗口），10.40m（四窗口）。

根据本小节分析可知，凹形平面高层建筑在窗口背风条件下，随着基准风速的增加，达到 540℃ 时的火焰融合高度逐渐降低；随着纵向连续燃烧窗口个数的增多，达到 540℃ 时的火焰融合高度逐渐提升。

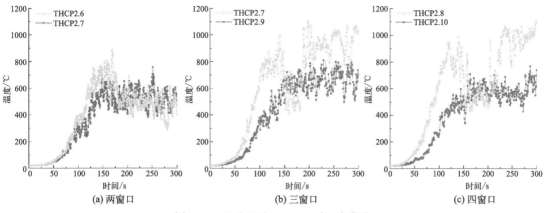

(a) 两窗口　　(b) 三窗口　　(c) 四窗口

图 3-12　基准风速 7.9m/s 时温度曲线

3.1.3　侧风

3.1.3.1　基准风速 3.3m/s

通过模拟计算可知，侧风且基准风速为 3.3m/s 时，凹形平面高层建筑外立面纵向连续燃烧二、三、四窗口的温度分布等温线如图 3-13 所示，温度曲线如图 3-14 所示。

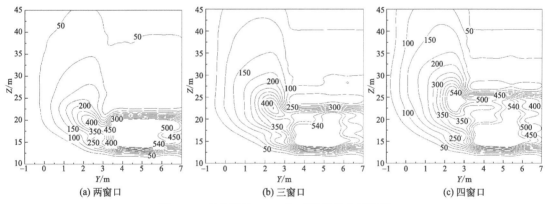

(a) 两窗口　　(b) 三窗口　　(c) 四窗口

图 3-13　基准风速 3.3m/s 时温度分布等温线

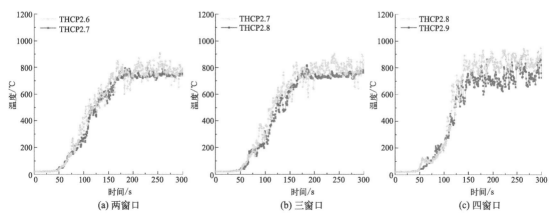

(a) 两窗口　　(b) 三窗口　　(c) 四窗口

图 3-14　基准风速 3.3m/s 时温度曲线

分析图 3-13 及图 3-14 可知，当温度达到 540℃ 时，纵向连续燃烧二、三、四窗口情况下，火焰总高度分别是 20.90m、24.40m、27.40m，位于 7 层、8 层、9 层；窗口温度最高的测点分别为 THCP2.6、THCP2.7 和 THCP2.8，由此说明最危险的楼层为 6 层、7 层、8 层；火焰最高温度均接近 1200℃。

经数据分析，当达到设定危险温度 540℃，火焰融合高度分别为：5.90m（两窗口），7.90m（三窗口），9.40m（四窗口）。

3.1.3.2 基准风速 7.9m/s

通过模拟计算可知，在侧风且基准风速为 7.9m/s 时，凹形平面高层建筑外立面纵向连续二、三、四燃烧窗口的温度分布等温线如图 3-15 所示，温度曲线如图 3-16 所示。

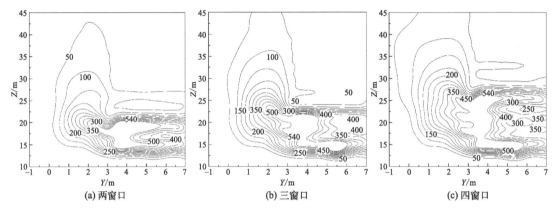

图 3-15   基准风速 7.9m/s 时温度分布等温线

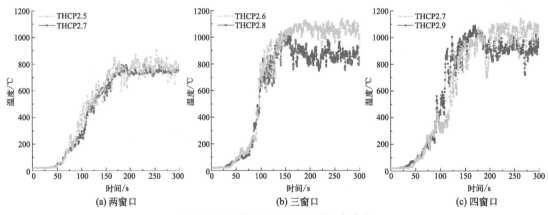

图 3-16   基准风速 7.9m/s 时温度曲线

分析图 3-15 及图 3-16 可知，当温度达到 540℃ 时，纵向连续燃烧二、三、四窗口情况下，火焰总高度分别是 20.65m、24.15m、26.90m，位于 7 层、8 层、9 层；窗口温度最高的测点分别为 THCP2.5、THCP2.6 和 THCP2.7，由此说明最危险的楼层为 5 层、6 层、7 层；火焰最高温度均接近 1200℃。

经数据分析，当达到设定危险温度 540℃，火焰融合高度分别为：5.65m（两窗口），7.65m（三窗口），8.90m（四窗口）。

根据本小节分析可知，凹形平面高层建筑在侧风条件下，随着基准风速的增加，达到 540℃ 时的火焰融合高度逐渐降低；随着纵向连续燃烧窗口个数的增多，达到 540℃ 时的火焰融合高度逐渐提升。

3.1.4　纵向风

3.1.4.1　基准风速 3.3m/s

通过模拟计算可知，纵向风且基准风速为 3.3m/s 时，凹形平面高层建筑外立面纵向连续燃烧二、三、四窗口的温度分布等温线如图 3-17 所示，温度曲线如图 3-18 所示。

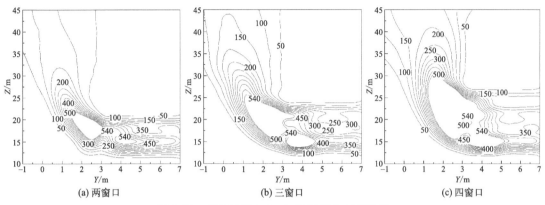

图 3-17　基准风速 3.3m/s 时温度分布等温线

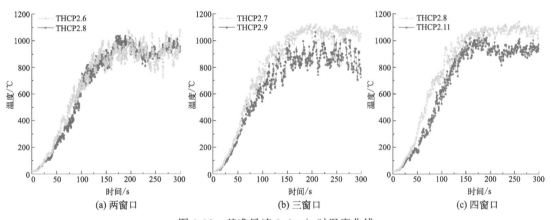

图 3-18　基准风速 3.3m/s 时温度曲线

分析图 3-17 及图 3-18 可知，当温度达到 540℃时，纵向连续燃烧二、三、四窗口情况下，火焰总高度分别是 23.15m、27.15m、31.15m，位于 8 层、9 层、11 层；窗口温度最高的测点分别为 THCP2.6、THCP2.7 和 THCP2.8，由此说明最危险的楼层为 6 层、7 层、8 层；火焰最高温度均接近 1200℃。

经数据分析，当达到设定危险温度 540℃，火焰融合高度分别为：8.15m（两窗口），10.65m（三窗口），13.15m（四窗口）。

3.1.4.2　基准风速 7.9m/s

通过模拟计算可知，纵向风且基准风速为 7.9m/s 时，凹形平面高层建筑外立面纵向连续燃烧二、三、四窗口的温度分布等温线如图 3-19 所示，温度曲线如图 3-20 所示。

分析图 3-19、图 3-20 可知，当温度达到 540℃时，纵向连续燃烧二、三、四窗口情况下，火焰总高度分别是 23.15m、27.40m、31.40m，位于 8 层、9 层、11 层；窗口温度最

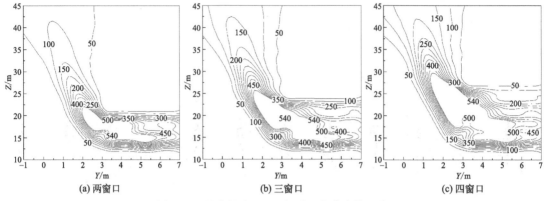

图 3-19　基准风速 7.9m/s 时温度分布等温线

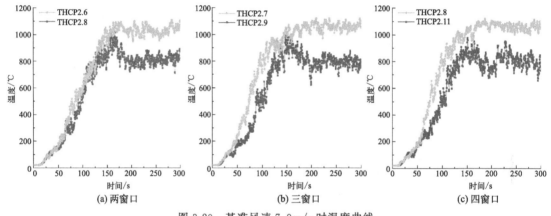

图 3-20　基准风速 7.9m/s 时温度曲线

高的测点分别为 THCP2.6、THCP2.7 和 THCP2.8，由此说明最危险的楼层为 6 层、7 层、8 层；火焰最高温度均接近 1200℃。

　　经数据分析，当达到设定危险温度 540℃，火焰融合高度分别为：8.15m（两窗口），10.90m（三窗口），13.40m（四窗口）。

　　根据本小节分析可知，凹形平面高层建筑在纵向风条件下，随着基准风速的增加，达到 540℃时的火焰融合高度逐渐提升；随着纵向连续燃烧窗口个数的增多，达到 540℃时的火焰融合高度逐渐提升。

3.1.5　结果分析

　　(1) 基准风速为 0m/s 到 7.9m/s，纵向连续燃烧二、三、四窗口达到 540℃时，背风条件下的火焰融合高度比侧风条件下分别上升了 0.50~1.00m、0.75~1.25m、1.25~2.75m；纵向风条件下的火焰融合高度比背风条件下分别上升了 1.25~2.00m、2.00~2.50m、2.50~3.00m。

　　(2) 基准风速为 0m/s 到 7.9m/s，纵向连续燃烧二、三、四窗口达到 540℃时，背风条件下的火焰融合高度比侧风条件下分别提高了 8.13%~14.49%、8.67%~8.93%、11.74%~14.42%；纵向风条件下的火焰融合高度比背风条件下分别提高了 15.34%~24.54%、18.78%~22.94%、19.01%~22.39%。

（3）当风向条件为侧风、背风，达到危险温度 540℃时，基准风速 0m/s 相比于基准风速 3.3m/s 情况下的纵向连续燃烧多窗口的火焰融合高度变化为：纵向连续两窗口上升了 0.75～1.75m，纵向连续三窗口上升了 1.25～2.00m，纵向连续四窗口上升了 1.50～2.75m；基准风速 3.3m/s 相比于基准风速 7.9m/s 情况下的纵向连续燃烧多窗口的火焰融合高度变化为：纵向连续两窗口上升了 0.25～0.75m，纵向连续三窗口上升了 0.25m，纵向连续四窗口上升了 0.25～0.50m。

（4）当风向条件为纵向风，达到危险温度 540℃时，基准风速 3.3m/s 相比于基准风速 0m/s 情况下的纵向连续燃烧多窗口的火焰融合高度变化为：纵向连续两窗口上升了 0.50m，纵向连续三窗口上升了 0.75m，纵向连续四窗口上升了 1.00m；基准风速 7.9m/s 相比于基准风速 3.3m/s 情况下的纵向连续燃烧多窗口的火焰融合高度变化为：纵向连续两窗口上升了 0m，纵向连续三窗口上升了 0.25m，纵向连续四窗口上升了 0.25m。

（5）当风向条件为侧风、背风，即水平风向，达到危险温度 540℃时，基准风速 0m/s 相比于基准风速 3.3m/s 情况下的纵向连续燃烧多窗口的火焰融合高度变化为：纵向连续两窗口提高了 9.80%～22.88%，纵向连续三窗口提高了 12.63%～20.20%，纵向连续四窗口提高了 12.35%～22.63%；基准风速 3.3m/s 相比于基准风速 7.9m/s 情况下的纵向连续燃烧多窗口的火焰融合高度变化为：纵向连续两窗口提高了 4.24%～10.87%，纵向连续三窗口提高了 2.89%～3.16%，纵向连续四窗口提高了 2.35%～5.32%。

（6）当风向条件为纵向风，达到危险温度 540℃时，基准风速 3.3m/s 相比于基准风速 0m/s 情况下的纵向连续燃烧多窗口的火焰融合高度变化为：纵向连续两窗口提高了 6.13%，纵向连续三窗口提高了 7.04%，纵向连续四窗口提高了 7.60%；基准风速 7.9m/s 相比于基准风速 3.3m/s 情况下的纵向连续燃烧多窗口的火焰融合高度变化为：纵向连续两窗口提高了 0%，纵向连续三窗口提高了 2.29%，纵向连续四窗口提高了 1.87%。

（7）当风向为侧风、背风及纵向风，达到 540℃且基准风速为 0m/s 时，纵向连续燃烧多窗口的火焰融合高度变化为：纵向连续四窗口比三窗口增加了 2.25m，纵向连续三窗口比两窗口增加了 2.25m；在基准风速为 3.3m/s 条件下，纵向连续燃烧多窗口的火焰融合高度变化为：纵向连续四窗口比三窗口增加了 1.50～2.50m，纵向连续三窗口比两窗口增加了 1.75～2.50m；在基准风速为 7.9m/s 条件下，纵向连续燃烧多窗口的火焰融合高度变化为：纵向连续四窗口比三窗口增加了 1.25～2.50m，纵向连续三窗口比两窗口增加了 2.00～2.75m。当风向为侧风、背风及纵向风，达到 540℃且基准风速为 0m/s 时，纵向连续燃烧多窗口的火焰融合高度变化为：纵向连续四窗口比三窗口增加了 18.52%，纵向连续三窗口比两窗口提升了 22.73%；在基准风速为 3.3m/s 条件下，纵向连续燃烧多窗口的火焰融合高度变化为：纵向连续四窗口比三窗口增加了 15.96%～19.01%，纵向连续三窗口比两窗口提升了 20.23%～25.32%；在基准风速为 7.9m/s 条件下，纵向连续燃烧多窗口的火焰融合高度变化为：纵向连续四窗口比三窗口增加了 14.04%～19.23%，纵向连续三窗口比两窗口提升了 25.23%～26.79%。

综合以上分析可知，不论是迎风、背风、还是侧风，只要是水平风向，均对凹形平面高层建筑的火焰融合高度有抑制作用，而且随着基准风速的提升，达到 540℃时的火焰融合高度逐渐下降。达到危险温度时，从侧风到背风，火焰融合高度降低了 8.13%～14.49%；随着基准风速的增加，火焰融合高度降低了 2.35%～22.88%。但纵向风会提高凹形平面高层建筑的火焰融合高度，随着基准风速的增加，火焰融合高度提升了 0%～7.60%。基准风速和风向均对高层建筑火焰融合高度有较大影响，随着纵向连续燃烧窗口数量的增加，火焰融合高度逐渐升高。

3.2 温度和湿度影响下的外墙火焰蔓延数值分析

凹形平面高层建筑在发生火灾时，受凹槽内外气压的影响，会产生烟囱效应，对火势的蔓延有较大影响。烟囱效应是由建筑物内外空气的温度差引起的，当室内温度高于室外气温时，热烟气因密度低而向上移动，通过顶部开口排出，但室外冷空气因密度高而通过下部开口补充形成烟囱效应，故研究室内外温度差对研究烟囱效应作用及火焰蔓延有着重要意义。空气湿度不同，导致可燃材料中的含水量也不相同，将影响火势发展。因此，研究不同温湿度环境条件对于高层建筑火灾的研究有着重要意义。

本节拟研究凹形平面高层建筑在不同空气湿度、室外气温（室内外温差）、自然风速等因素共同影响下竖向连续多窗口羽流火的火焰融合高度及其变化规律，为外部蔓延阻隔区的设置提供参考依据。

本节研究的火灾情形为凹形平面高层建筑室内着火，从窗口蹿出火焰点燃外部可燃装饰材料而引起外部火焰蔓延。将火焰融合温度 540℃ 作为危险温度进行研究，窗口尺寸为 2.4m（宽）×1.8m（高），火荷载密度为 0.28MW/m²。为探究空气湿度、室内外温度差、连续燃烧窗口数量对窗口羽流火焰的影响，设置四种空气湿度，分别为 20%、40%、60%、80%；室内温度恒定为 20℃，设置四种室外气温分别为 -25℃、0℃、20℃、35℃，即四种室内外气温差为 -45.0℃、-20℃、0℃、15℃，温差为负数代表室外气温低于室内温度，正数代表室内温度低于室外气温；高层建筑连续燃烧窗口数量为竖向连续两窗口、三窗口、四窗口，分别表示竖向连续两、三、四窗口同时燃烧；风速为 4m/s。凹形平面高层建筑燃烧模型如图 3-21 所示，其中图 3-21(a) 是凹形平面高层建筑温度切片布置图，用来获取绘制温度分布等温线的数据；图 3-21(b) 是凹形平面高层建筑温度探测点布置图，用来获取绘制窗口温度曲线的数据。

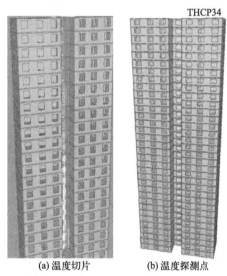

THCP34

(a) 温度切片   (b) 温度探测点

图 3-21 凹形平面高层建筑燃烧模型

3.2.1 温度 -25℃

温度分布等温线图中横坐标 Y 表示高层建筑的横向宽度，纵坐标 Z 表示高层建筑的纵向高度；温度曲线图中横向坐标表示火灾燃烧持续时间，纵向坐标表示窗口温度。在温度曲线图中，THCP16～THCP26 表示相关曲线为高层建筑 16～26 层窗口温度曲线。

3.2.1.1 空气湿度 20%

通过数值计算可得在室外气温为 -25℃ 且室内温度为 20℃（室内外温差为 -45℃）、空气湿度为 20%、风速为 4m/s 条件下，高层建筑竖向连续两窗口、三窗口、四窗口燃烧的温度分布等温线和窗口温度曲线，如图 3-22、图 3-23 所示。

分析图 3-22、图 3-23 可知，在达到危险温度 540℃ 时，竖向连续两窗口、三窗口、四窗口燃烧的火焰总高度分别为 56.68m、63.54m、72.86m，分别在 19 层、21 层、24 层；火焰最高温度均接近 1200℃；最危险的楼层位置分别在 16 层、17 层、18 层。

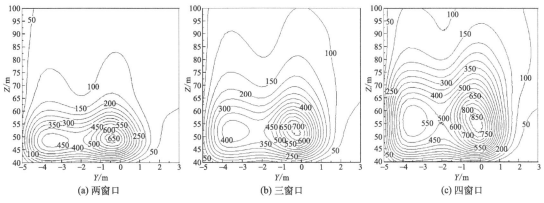

图 3-22　空气湿度 20% 时温度分布等温线

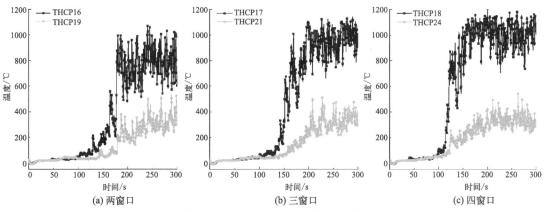

图 3-23　空气湿度 20% 时温度曲线

通过计算可得，在达到危险温度 540℃ 时，竖向连续两窗口燃烧的火焰融合高度为 11.68m；竖向连续三窗口燃烧的火焰融合高度为 15.54m；竖向连续四窗口燃烧的火焰融合高度为 21.86m。

3.2.1.2　空气湿度 40%

通过数值计算可得在室外气温为 -25℃ 且室内温度为 20℃（室内外温差为 -45℃）、空气湿度为 40%、风速为 4m/s 条件下，高层建筑竖向连续两窗口、三窗口、四窗口燃烧的温度分布等温线和窗口温度曲线，如图 3-24、图 3-25 所示。

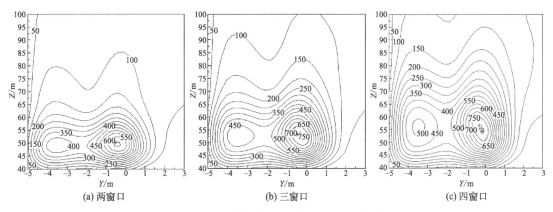

图 3-24　空气湿度 40% 时温度分布等温线

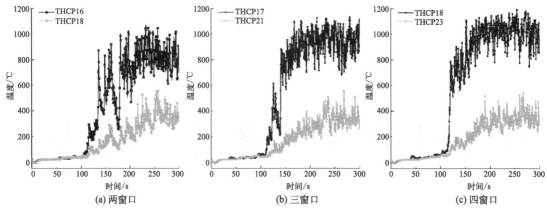

图 3-25 空气湿度 40％时温度曲线

在达到危险温度 540℃时，竖向连续两窗口、三窗口、四窗口燃烧的火焰总高度分别为 56.31m、62.88m、68.98m，分别在 18 层、21 层、23 层；火焰最高温度均接近 1200℃；最危险的楼层位置分别在 16 层、17 层、18 层。

通过计算得，在达到危险温度 540℃时，竖向连续两窗口燃烧的火焰融合高度为 11.31m；竖向连续三窗口燃烧的火焰融合高度为 14.88m；竖向连续四窗口燃烧的火焰融合高度为 17.98m。

3.2.1.3 空气湿度 60％

通过数值计算可得在室外气温为 -25℃且室内温度为 20℃（室内外温差为 -45℃）、空气湿度为 60％、风速为 4m/s 条件下，高层建筑竖向连续两窗口、三窗口、四窗口燃烧的温度分布等温线和窗口温度曲线，如图 3-26、图 3-27 所示。

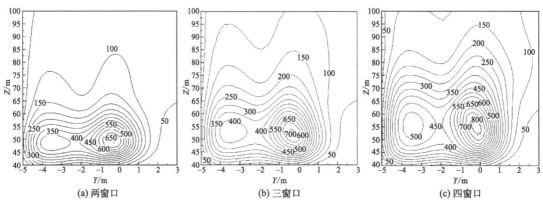

图 3-26 空气湿度 60％时温度分布等温线

在达到危险温度 540℃时，竖向连续两窗口、三窗口、四窗口燃烧的火焰总高度分别为 56.11m、62.50m、68.18m，分别在 19 层、21 层、24 层；火焰最高温度均接近 1200℃；最危险的楼层位置分别在 16 层、17 层、18 层。

通过计算得，在达到危险温度 540℃时，竖向连续两窗口燃烧的火焰融合高度为 11.11m；竖向连续三窗口燃烧的火焰融合高度为 14.50m；竖向连续四窗口燃烧的火焰融合高度为 17.18m。

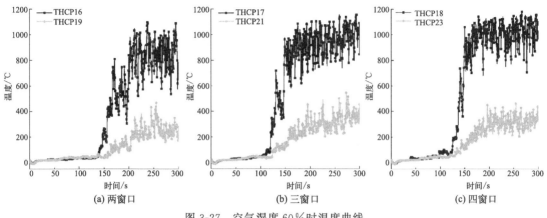

图 3-27　空气湿度 60% 时温度曲线

3.2.1.4　空气湿度 80%

通过数值计算可得在室外气温为 −25℃ 且室内温度为 20℃（室内外温差为 −45℃）、空气湿度为 80%、风速为 4m/s 条件下，高层建筑竖向连续两窗口、三窗口、四窗口燃烧的温度分布等温线和窗口温度曲线，如图 3-28、图 3-29 所示。

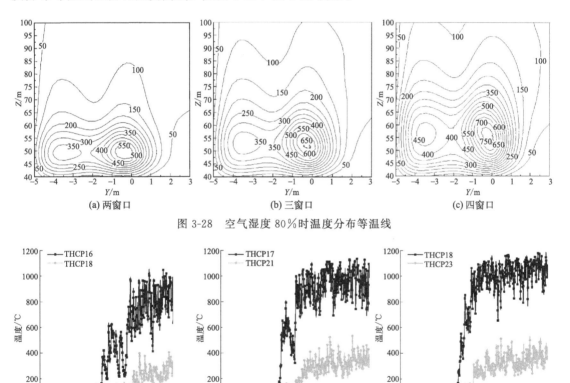

图 3-28　空气湿度 80% 时温度分布等温线

图 3-29　空气湿度 80% 时温度曲线

在达到危险温度 540℃ 时，竖向连续两窗口、三窗口、四窗口燃烧的火焰总高度分别为 55.88m、62.06m、67.14m，分别在 18 层、21 层、23 层；火焰最高温度均接近 1200℃；

最危险的楼层位置分别在 16 层、17 层、18 层。

通过计算得，在达到危险温度 540℃ 时，竖向连续两窗口燃烧的火焰融合高度为 10.88m；竖向连续三窗口燃烧的火焰融合高度为 14.06m；竖向连续四窗口燃烧的火焰融合高度为 16.14m。

凹形平面高层建筑在室外气温为 −25℃、室内温度为 20℃（室内外温差为 −45℃）条件下，随着空气湿度的降低，达到危险温度时的火焰融合高度越来越高；随着竖向窗口连续燃烧数目的增加，火焰融合高度越来越高。

3.2.2 温度 0℃

3.2.2.1 空气湿度 20%

通过数值计算可得在室外气温 0℃ 且室内温度 20℃（室内外温差为 −20℃）、空气湿度 20%、风速为 4m/s 条件下，高层建筑竖向连续两窗口、三窗口、四窗口燃烧的温度分布等温线和窗口温度曲线，如图 3-30、图 3-31 所示。

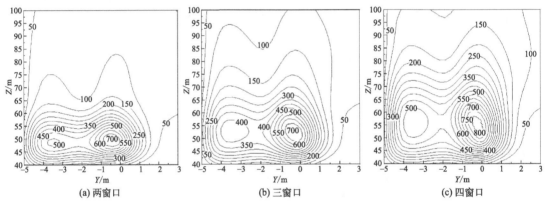

图 3-30　空气湿度 20% 时温度分布等温线

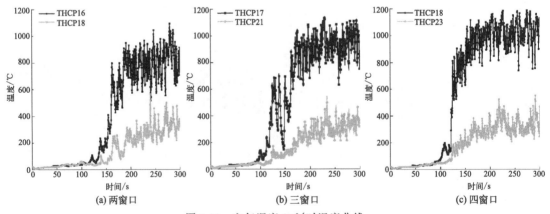

图 3-31　空气湿度 20% 时温度曲线

在达到危险温度 540℃ 时，竖向连续两窗口、三窗口、窗口燃烧的火焰总高度分别为 55.60m、61.85m、67.44m，分别在 18 层、21 层、23 层；火焰最高温度均接近 1200℃；最危险的楼层位置分别在 16 层、17 层、18 层。

通过计算得，在达到危险温度 540℃ 时，竖向连续两窗口燃烧的火焰融合高度为

10.60m；竖向连续三窗口燃烧的火焰融合高度为13.85m；竖向连续四窗口燃烧的火焰融合高度为16.44m。

3.2.2.2　空气湿度40%

通过数值计算可得在室外气温0℃且室内温度20℃（室内外温差为−20℃）、空气湿度40%、风速为4m/s条件下，高层建筑竖向连续两窗口、三窗口、四窗口燃烧的温度分布等温线和窗口温度曲线，如图3-32、图3-33所示。

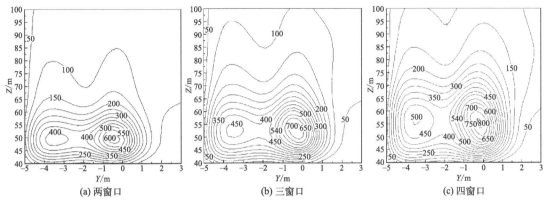

图 3-32　空气湿度40%时温度分布等温线

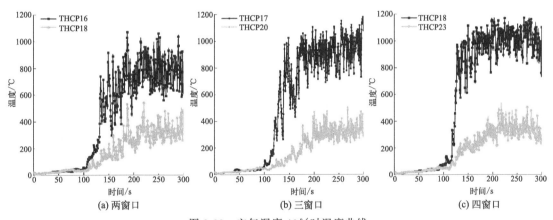

图 3-33　空气湿度40%时温度曲线

达到危险温度540℃时，竖向连续两窗口、三窗口、四窗口燃烧的火焰总高度分别为55.25m、61.20m、66.44m，分别在18层、20层、23层；火焰最高温度均接近1200℃；最危险的楼层位置分别在16层、17层、18层。

通过计算可得，在达到危险温度540℃时，竖向连续两窗口燃烧的火焰融合高度为10.25m；竖向连续三窗口燃烧的火焰融合高度为13.20m；竖向连续四窗口燃烧的火焰融合高度为15.44m。

3.2.2.3　空气湿度60%

通过数值计算可得在室外气温0℃且室内温度20℃（室内外温差为−20℃）、空气湿度60%、风速为4m/s条件下，高层建筑竖向连续两窗口、三窗口、四窗口燃烧的温度分布等温线和窗口温度曲线，如图3-34、图3-35所示。

在达到危险温度540℃时，竖向连续两窗口、三窗口、四窗口燃烧的火焰总高度分别为

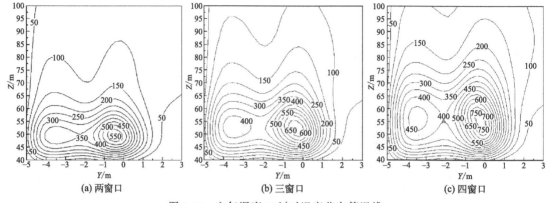

图 3-34　空气湿度 60％时温度分布等温线

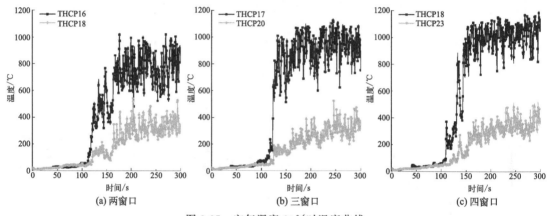

图 3-35　空气湿度 60％时温度曲线

55.05m、60.85m、65.72m，分别在 18 层、20 层、23 层；火焰最高温度均接近 1200℃；最危险的楼层位置分别在 16 层、17 层、18 层。

通过计算可得，在达到危险温度 540℃ 时，竖向连续两窗口燃烧的火焰融合高度为10.05m；竖向连续三窗口燃烧的火焰融合高度为 12.85m；竖向连续四窗口燃烧的火焰融合高度为 14.72m。

3.2.2.4　空气湿度 80％

通过数值计算可得在室外气温 0℃ 且室内温度 20℃（室内外温差为 −20℃）、空气湿度80％、风速为 4m/s 条件下，高层建筑竖向连续两窗口、三窗口、四窗口燃烧的温度分布等温线和窗口温度曲线，如图 3-36、图 3-37 所示。

在达到危险温度 540℃ 时，竖向连续两窗口、三窗口、四窗口燃烧的火焰总高度分别为54.85m、60.45m、64.72m，分别在 18 层、20 层、23 层；火焰最高温度均接近 1200℃；最危险的楼层位置分别在 16 层、17 层、18 层。

通过计算可得，在达到危险温度 540℃ 时，竖向连续两窗口燃烧的火焰融合高度为9.85m；竖向连续三窗口燃烧的火焰融合高度为 12.45m；竖向连续四窗口燃烧的火焰融合高度为 13.72m。

凹形平面高层建筑在室外气温 0℃、室内温度 20℃（室内外温差为 −20℃）条件下，随着空气湿度的降低，达到危险温度时的火焰融合高度越来越高；随着竖向窗口连续燃烧数目

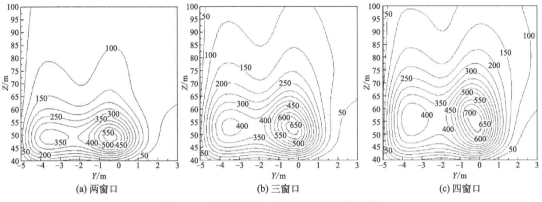

(a) 两窗口　　　　　　　(b) 三窗口　　　　　　　(c) 四窗口

图 3-36　空气湿度 80% 时温度分布等温线

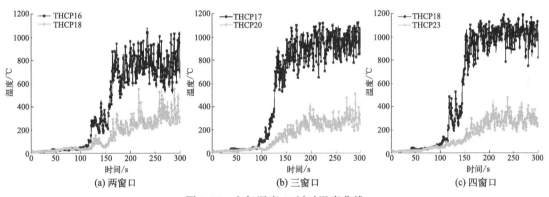

(a) 两窗口　　　　　　　(b) 三窗口　　　　　　　(c) 四窗口

图 3-37　空气湿度 80% 时温度曲线

的增加，火焰融合高度越来越高。

3.2.3　温度 20℃

3.2.3.1　空气湿度 20%

　　通过数值计算可得在室外气温 20℃ 且室内温度 20℃（室内外温差为 0℃）、空气湿度 20%、风速为 4m/s 时，高层建筑竖向连续两窗口、三窗口、四窗口燃烧的温度分布等温线和窗口温度曲线，如图 3-38、图 3-39 所示。

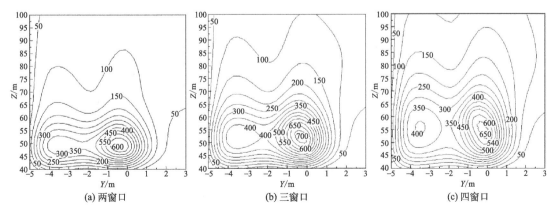

(a) 两窗口　　　　　　　(b) 三窗口　　　　　　　(c) 四窗口

图 3-38　空气湿度 20% 时温度分布等温线

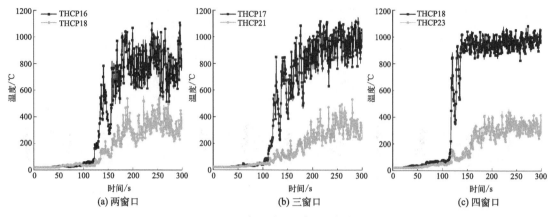

图 3-39 空气湿度 20％时温度曲线

在达到危险温度 540℃时，竖向连续两窗口、三窗口、四窗口燃烧的火焰总高度分别为
54.30m、59.95m、64.96m，分别在 18 层、21 层、23 层；火焰最高温度均接近 1200℃；
最危险的楼层位置分别在 16 层、17 层、18 层。

通过计算可得，在达到危险温度 540℃时，竖向连续两窗口燃烧的火焰融合高度为
9.30m；竖向连续三窗口燃烧的火焰融合高度为 11.95m；竖向连续四窗口燃烧的火焰融合
高度为 13.96m。

3.2.3.2 空气湿度 40％

通过数值计算可得在室外气温 20℃且室内温度 20℃（室内外温差为 0℃）、空气湿度
40％、风速为 4m/s 条件下，高层建筑竖向连续两窗口、三窗口、四窗口燃烧的温度分布等
温线和窗口温度曲线，如图 3-40、图 3-41 所示。

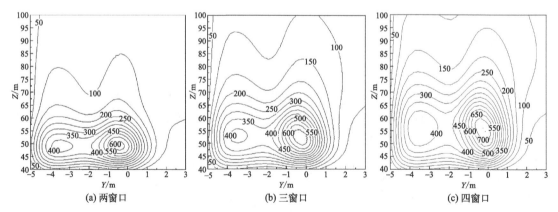

图 3-40 空气湿度 40％时温度分布等温线

在达到危险温度 540℃时，竖向连续两窗口、三窗口、四窗口燃烧的火焰总高度分别为
54.64m、59.31m、64.06m，分别在 18 层、20 层、23 层；火焰最高温度均接近 1200℃；
最危险的楼层位置分别在 16 层、17 层、18 层。

通过计算可得，在达到危险温度 540℃时，竖向连续两窗口燃烧的火焰融合高度为
9.64m；竖向连续三窗口燃烧的火焰融合高度为 11.31m；竖向连续四窗口燃烧的火焰融合
高度为 13.06m。

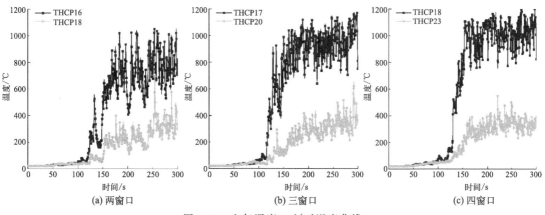

图 3-41　空气湿度 40％时温度曲线

3.2.3.3　空气湿度 60％

通过数值计算可得在室外气温 20℃且室内温度 20℃（室内外温差为 0℃）、空气湿度 60％、风速为 4m/s 条件下，高层建筑竖向连续两窗口、三窗口、四窗口燃烧的温度分布等温线和窗口温度曲线，如图 3-42、图 3-43 所示。

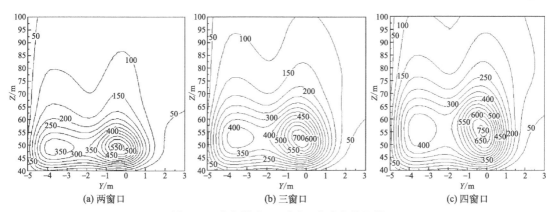

图 3-42　空气湿度 60％时温度分布等温线

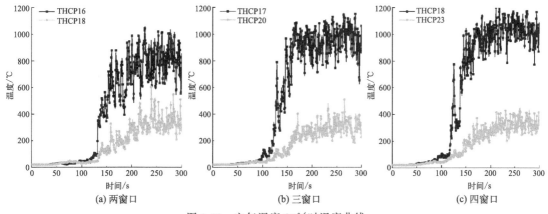

图 3-43　空气湿度 60％时温度曲线

在达到危险温度 540℃时，竖向连续两窗口、三窗口、四窗口燃烧的火焰总高度分别为

54.09m、58.95m、63.36m，分别在18层、20层、23层；火焰最高温度均接近1200℃；最危险的楼层位置分别在16层、17层、18层。

通过计算可得，在达到危险温度540℃时，竖向连续两窗口燃烧的火焰融合高度为9.09m；竖向连续三窗口燃烧的火焰融合高度为10.95m；竖向连续四窗口燃烧的火焰融合高度为12.36m。

3.2.3.4 空气湿度80%

通过数值计算可得在室外气温20℃且室内温度20℃（室内外温差为0℃）、空气湿度80%、风速为4m/s条件下，高层建筑竖向连续两窗口、三窗口、四窗口燃烧的温度分布等温线和窗口温度曲线，如图3-44、图3-45所示。

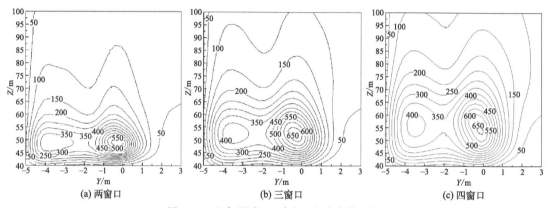

图3-44 空气湿度80%时温度分布等温线

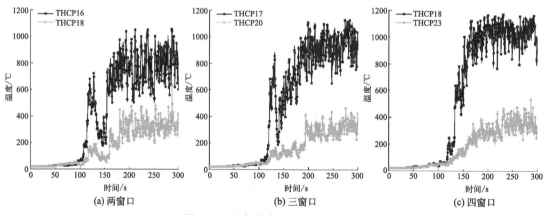

图3-45 空气湿度80%时温度曲线

在达到危险温度540℃时，竖向连续两窗口、三窗口、四窗口燃烧的火焰总高度分别为53.87m、58.57m、62.56m，分别在18层、20层、22层；火焰最高温度均接近1200℃；最危险的楼层位置分别在16层、17层、18层。

通过计算可得，在达到危险温度540℃时，竖向连续两窗口燃烧的火焰融合高度为8.87m；竖向连续三窗口燃烧的火焰融合高度为10.57m；竖向连续四窗口燃烧的火焰融合高度为11.56m。

凹形平面高层建筑在室外气温20℃、室内温度20℃（室内外温差为0℃）条件下，随着空气湿度的降低，达危险温度时的火焰融合高度越来越高；随着竖向窗口连续燃烧数目的增加，火焰融合高度越来越高。

3.2.4　温度 35℃

3.2.4.1　空气湿度 20%

通过数值计算可得在室外气温 35℃且室内温度 20℃（室内外温差为 15℃）、空气湿度 20%、风速为 4m/s 条件下，高层建筑竖向连续两窗口、三窗口、四窗口燃烧的温度分布等温线和窗口温度曲线，如图 3-46、图 3-47 所示。

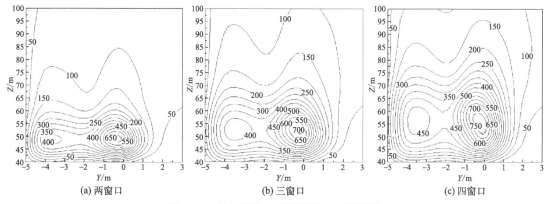

图 3-46　空气湿度 20%时温度分布等温线

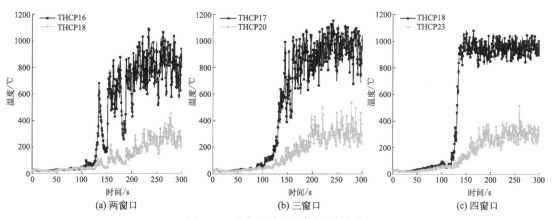

图 3-47　空气湿度 20%时温度曲线

分析图 3-46、图 3-47 可知，在达到危险温度 540℃时，竖向连续两窗口、三窗口、四窗口燃烧的火焰总高度分别为 55.12m、60.95m、66.86m，分别在 18 层、20 层、23 层；火焰最高温度均接近 1200℃；最危险的楼层位置分别在 16 层、17 层、18 层。

通过计算可得，在达到危险温度 540℃时，竖向连续两窗口燃烧的火焰融合高度为 10.12m；竖向连续三窗口燃烧的火焰融合高度为 12.95m；竖向连续四窗口燃烧的火焰融合高度为 15.86m。

3.2.4.2　空气湿度 40%

通过数值计算可得在室外气温 35℃且室内温度 20℃（室内外温差为 15℃）、空气湿度 40%、风速为 4m/s 条件下，高层建筑竖向连续两窗口、三窗口、四窗口燃烧的温度分布等温线和窗口温度曲线，如图 3-48、图 3-49 所示。

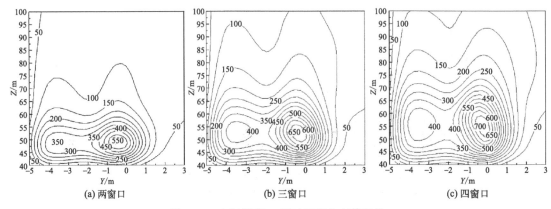

图 3-48　空气湿度 40% 时温度分布等温线

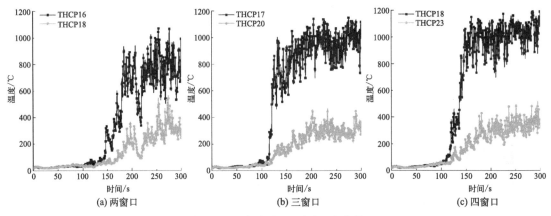

图 3-49　空气湿度 40% 时温度曲线

在达到危险温度 540℃ 时，竖向连续两窗口、三窗口、四窗口燃烧的火焰总高度分别为 54.76m、60.31m、65.86m，分别在 18 层、20 层、23 层；火焰最高温度均接近 1200℃；最危险的楼层位置分别在 16 层、17 层、18 层。

通过计算可得，在达到危险温度 540℃ 时，竖向连续两窗口燃烧的火焰融合高度为 9.76m；竖向连续三窗口燃烧的火焰融合高度为 12.31m；竖向连续四窗口燃烧的火焰融合高度为 14.86m。

3.2.4.3　空气湿度 60%

通过数值计算可得在室外气温 35℃ 且室内温度 20℃（室内外温差为 15℃）、空气湿度 60%、风速为 4m/s 条件下，高层建筑竖向连续两窗口、三窗口、四窗口燃烧的温度分布等温线和窗口温度曲线，如图 3-50、图 3-51 所示。

在达到危险温度 540℃ 时，竖向连续两窗口、三窗口、四窗口燃烧的火焰总高度分别为 54.56m、59.96m、65.16m，分别在 18 层、20 层、23 层；火焰最高温度均接近 1200℃；最危险的楼层位置分别在 16 层、17 层、18 层。

通过计算可得，在达到危险温度 540℃ 时，竖向连续两窗口燃烧的火焰融合高度为 9.56m；竖向连续三窗口燃烧的火焰融合高度为 11.96m；竖向连续四窗口燃烧的火焰融合高度为 14.16m。

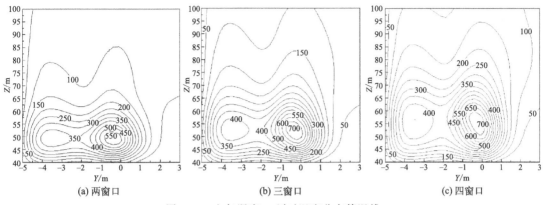

图 3-50　空气湿度 60％时温度分布等温线

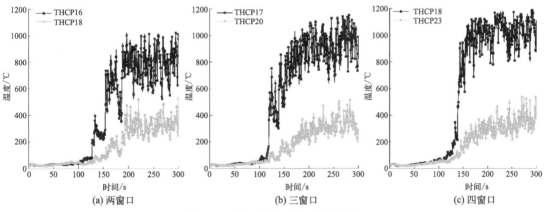

图 3-51　空气湿度 60％时温度曲线

3.2.4.4　空气湿度80%

通过数值计算可得在室外气温 35℃ 且室内温度 20℃（室内外温差为 15℃）、空气湿度 80％、风速为 4m/s 条件下，高层建筑竖向连续两窗口、三窗口、四窗口燃烧的温度分布等温线和窗口温度曲线，如图 3-52、图 3-53 所示。

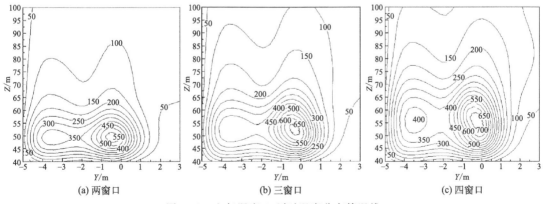

图 3-52　空气湿度 80％时温度分布等温线

在达到危险温度 540℃ 时，竖向连续两窗口、三窗口、四窗口燃烧的火焰总高度分别为

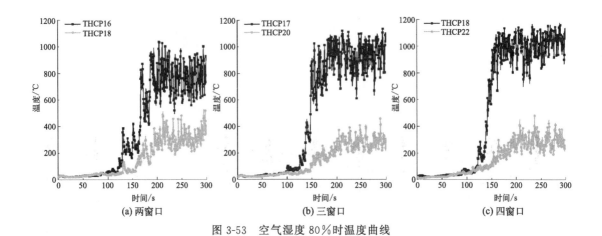

图 3-53　空气湿度 80％时温度曲线

54.32m、59.56m、64.26m，分别在 18 层、20 层、22 层；火焰最高温度均接近 1200℃；最危险的楼层位置分别在 16 层、17 层、18 层。

通过计算分析可得，在达到危险温度 540℃时，竖向连续两窗口燃烧的火焰融合高度为 9.32m；竖向连续三窗口燃烧，火焰融合高度为 11.56m；竖向连续四窗口燃烧的火焰融合高度为 13.26m。

凹形平面高层建筑在室外气温 35℃、室内温度 20℃（室内外温差为 15℃）条件下，随着空气湿度的降低，达到危险温度时的火焰融合高度越来越高；随着竖向连续燃烧窗口数量的增加，火焰融合高度越来越高。竖向连续两窗口、三窗口、四窗口燃烧所达到的火焰最高温度约为 1200℃，最危险位置分别在第三窗口、第四窗口、第五窗口，为连续多窗口燃烧的上一窗口。

3.2.5　结果分析

（1）竖向连续二到四窗口燃烧在达到危险温度 540℃时，室内外温差为−45℃时比温差为 20℃时的火焰融合高度分别上升了 1.08m、1.98m、2.60m；室内外温差为−20℃时比温差为 0℃时的火焰融合高度分别上升了 0.96m、1.90m、2.48m；室内外温差为 0℃时比温差为 15℃时的火焰融合高度分别下降了 0.48m、1.00m、1.90m；室内外温差为−45℃时比温差为 0℃时的火焰融合高度分别升高了 2.04m、3.59m、5.08m。室内外温差为−45℃～15℃时，竖向连续三窗口燃烧火焰融合高度比竖向连续两窗口燃烧火焰融合高度分别上升了 3.86m、3.25m、2.65m、2.83m；竖向连续四窗口燃烧火焰融合高度比竖向连续三窗口燃烧火焰融合高度分别上升了 3.50m、2.59m、2.01m、2.91m。

（2）凹形平面高层建筑在室外空气湿度为 20％条件下，随着室内外温差的增加，达到危险温度时的火焰融合高度越来越高，并且在室外气温低于室内温度时对烟囱效应影响越大；随着竖向连续窗口燃烧数目的增加，火焰融合高度越来越高。竖向连续二到四窗口燃烧在达到危险温度 540℃时，室内外温差为−45℃时比温差为 20℃时的火焰融合高度分别上升了 1.06m、1.68m、2.54m；室内外温差为−20℃时的火焰融合高度比温差为 0℃时的火焰融合高度分别上升了 0.95m、1.89m、2.38m；室内外温差为 0℃时比温差为 15℃时的火焰融合高度分别下降了 0.43m、1.00m、1.80m；室内外温差为−45℃时比温差为 0℃时的火焰融合高度分别升高了 2.01m、3.57m、4.92m。

室内外温差为−45～15℃时，竖向连续三窗口燃烧火焰融合高度比竖向连续两窗口燃烧火焰融合高度分别上升了 3.57m、3.05m、1.67m、2.55m；竖向连续四窗口燃烧火焰融合高度比竖向连续三窗口燃烧火焰融合高度分别上升了 3.10m、2.24m、1.75m、2.55m。

3.3　侧墙长度影响下的外墙火焰蔓延数值分析

高层建筑在现代生活中非常普遍，且外立面形式有很多种，其中凹形平面结构是一种典型结构。在火灾环境下，由于烟囱效应，凹形平面高层建筑中的侧墙结构能够大大加快其外部火蔓延速度，使外部火蔓延危害加大。随着凹形平面高层建筑火灾事件的频繁发生，其外部火蔓延的影响越来越被社会所关注。

为揭示凹形平面高层建筑凹槽内墙纵向多窗口羽流火焰的融合机理，在前人研究结果的基础上得到纵向多窗口羽流火焰融合高度，本节分别对纵向相邻四窗口、纵向相邻五窗口以及纵向相邻六窗口燃烧羽流火焰进行数值模拟研究，并通过改变侧墙长度、火灾荷载密度等影响因素，分析侧墙长度、火灾荷载密度对危险温度高度的影响。通过数值模拟计算所得数据，得出危险温度高度的临界值。

当窗口在建筑凹槽内墙时，为探究侧墙长度、火灾荷载密度和连续燃烧窗口数量对窗口羽流火焰的影响，本书设置了三种侧墙长度，分别为1.8m、2.4m及3.6m；设置了三种荷载密度，分别为$0.47MW/m^2$、$0.54MW/m^2$与$0.62MW/m^2$；设置了三种连续燃烧窗口数量，分别为纵向相邻四窗口、纵向相邻五窗口以及纵向相邻六窗口，窗口尺寸为2.1m（宽）×1.5m（高）。针对以上变量对窗口燃烧羽流火焰的影响进行了数值模拟研究，通过改变侧墙长度、火灾荷载密度、连续燃烧窗口数量等影响因素，揭示危险温度时火焰融合高度的变化规律。

窗口在建筑凹槽内墙时工况设置如表 3-4 所示。

表 3-4　连续燃烧窗口数量和侧墙长度相应工况设置

工况	侧墙长度/m	连续燃烧窗口数量	火源热释放速率/MW
工况一	1.8	纵向相邻四窗口	6
			7
			8
工况二	2.4	纵向相邻五窗口	6
			7
			8
工况三	3.6	纵向相邻六窗口	6
			7
			8

由于窗口羽流火焰的温度由内而外呈梯度分布状态，且高层建筑聚苯乙烯泡沫保温材料的点燃温度为540℃，因此，可以用外轮廓线确定的羽流火焰高度对高层建筑外部火蔓延进行分析，本书将 $T=540℃$、$T_1=350℃$ 及 $T_2=250℃$ 定义为危险温度，其对应的影响高度即为危险温度时火焰融合的高度。为取得合理的数据区间，本节根据窗口温度曲线的模拟数据，将燃烧层窗口以上三层的窗口热电偶数据整理成纵向相邻窗口温度曲线，以下将进行详细分析。

3.3.1 侧墙长度 1.8m

3.3.1.1 火灾荷载密度为 0.47MW/m²

通过数值模拟计算，得到侧墙长度为 1.8m 且火灾荷载密度为 0.47MW/m² 时窗口尺寸为 2.1m×1.5m 的纵向相邻四窗口、纵向相邻五窗口以及纵向相邻六窗口温度曲线及温度分布等温线，如图 3-54～图 3-56 所示。

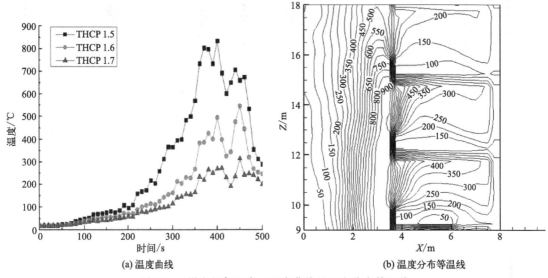

图 3-54　纵向相邻四窗口温度曲线及温度分布等温线

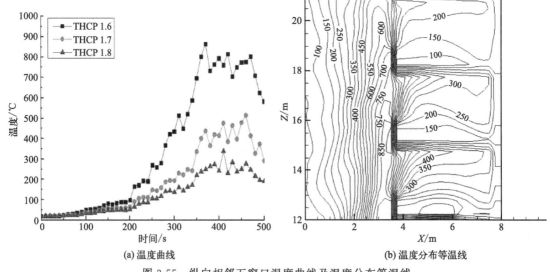

图 3-55　纵向相邻五窗口温度曲线及温度分布等温线

分析可得，侧墙长度为 1.8m 的凹形平面高层建筑，在火灾荷载密度为 0.47MW/m² 时，纵向相邻四窗口危险温度 T、T_1 和 T_2 对应的火焰融合高度分别为 6.84m、7.83m、8.95m，纵向相邻五窗口危险温度 T、T_1 和 T_2 对应的火焰融合高度分别为 7.36m、8.42m、9.56m，纵向相邻六窗口危险温度 T、T_1 和 T_2 对应的火焰融合高度分别为

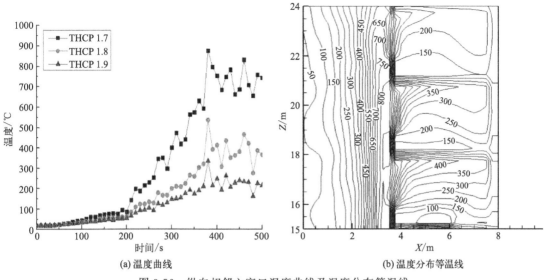

图 3-56 纵向相邻六窗口温度曲线及温度分布等温线

7.78m、8.76m、9.82m。

3.3.1.2 火灾荷载密度为 0.54MW/m²

通过数值模拟计算，得到侧墙长度为 1.8m 且火灾荷载密度为 0.54MW/m² 时窗口尺寸为 2.1m×1.5m 的纵向相邻四窗口、纵向相邻五窗口以及纵向相邻六窗口温度曲线及温度分布等温线，如图 3-57～图 3-59 所示。

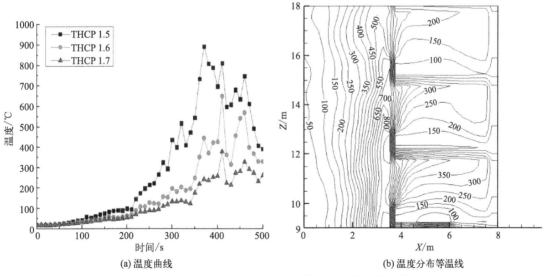

图 3-57 纵向相邻四窗口温度曲线及温度分布等温线

根据图 3-57～图 3-59 分析可得，侧墙长度为 1.8m 的凹形平面高层建筑，在火灾荷载密度为 0.54MW/m² 时，纵向相邻四窗口危险温度 T、T_1 和 T_2 对应的火焰融合高度分别为 7.12m、8.10m、9.15m，纵向相邻五窗口危险温度 T、T_1 和 T_2 对应的火焰融合高度分别为 7.65m、8.69m、9.85m，纵向相邻六窗口危险温度 T、T_1 和 T_2 对应的火焰融合高度分别为 8.05m、9.15m、10.24m。

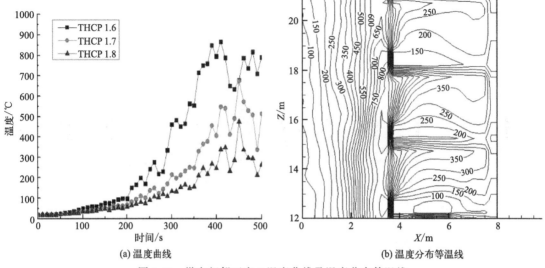

(a) 温度曲线   (b) 温度分布等温线

图 3-58 纵向相邻五窗口温度曲线及温度分布等温线

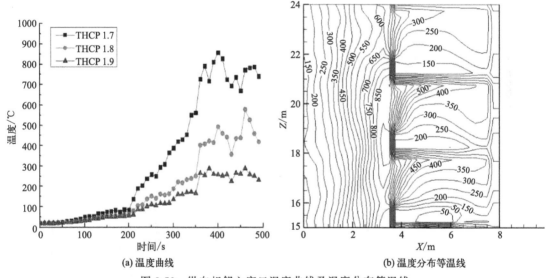

(a) 温度曲线   (b) 温度分布等温线

图 3-59 纵向相邻六窗口温度曲线及温度分布等温线

3.3.1.3 火灾荷载密度为 0.62MW/m²

通过数值模拟计算，得到侧墙长度为 1.8m 且火灾荷载密度为 0.62MW/m² 时窗口尺寸为 2.1m×1.5m 的纵向相邻四窗口、纵向相邻五窗口以及纵向相邻六窗口温度曲线及温度分布等温线，如图 3-60～图 3-62 所示。

根据图 3-60～图 3-62 分析可得，侧墙长度为 1.8m 的凹形平面高层建筑，在火灾荷载密度为 0.62MW/m² 时，纵向相邻四窗口危险温度 T、T_1 和 T_2 对应的火焰融合高度分别为 7.32m、8.32m、9.35m，纵向相邻五窗口危险温度 T、T_1 和 T_2 对应的火焰融合高度分别为 7.72m、8.83m、10.01m，纵向相邻六窗口危险温度 T、T_1 和 T_2 对应的火焰融合高度分别为 8.15m、9.35m、10.54m。通过分析上述窗口温度曲线和温度分布等温线可知侧墙长度为 1.8m 时危险温度对应的火焰融合高度，如表 3-5 所示。

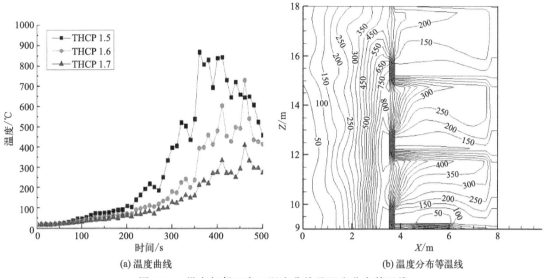

(a) 温度曲线　　　　　　　　　(b) 温度分布等温线

图 3-60　纵向相邻四窗口温度曲线及温度分布等温线

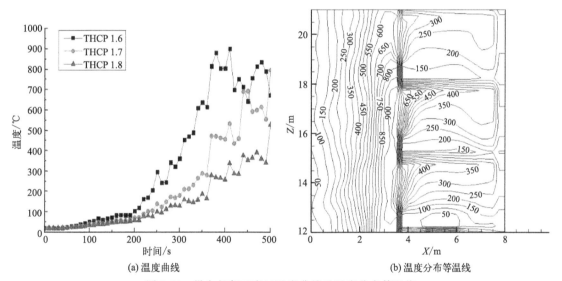

(a) 温度曲线　　　　　　　　　(b) 温度分布等温线

图 3-61　纵向相邻五窗口温度曲线及温度分布等温线

表 3-5　侧墙长度为 1.8m 时危险温度对应的火焰融合高度

连续燃烧窗口数量	火灾荷载密度 /(MW/m²)	T 对应火焰融合高度/m	T_1 对应火焰融合高度/m	T_2 对应火焰融合高度/m
纵向相邻四窗口	0.47	6.84	7.83	8.95
	0.54	7.12	8.10	9.15
	0.62	7.32	8.32	9.35
纵向相邻五窗口	0.47	7.36	8.42	9.56
	0.54	7.65	8.69	9.85
	0.62	7.72	8.83	10.01
纵向相邻六窗口	0.47	7.78	8.76	9.82
	0.54	8.05	9.15	10.24
	0.62	8.15	9.35	10.54

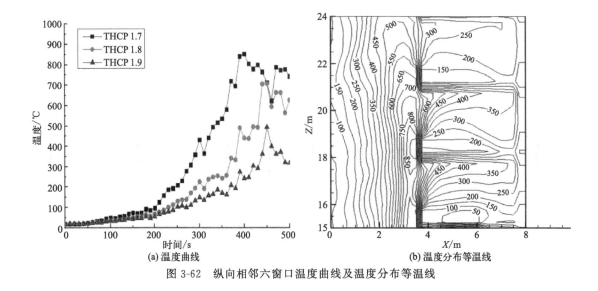

图 3-62 纵向相邻六窗口温度曲线及温度分布等温线

考虑对高层建筑外部火蔓延起到主导作用的危险温度 T_1 和 T_2 分析可得：当火灾荷载密度为 0.47MW/m² 时，纵向相邻五窗口火焰融合高度比纵向相邻四窗口提升 0.59m 和 0.61m，纵向相邻六窗口火焰融合高度比纵向相邻五窗口提升 0.34m 和 0.26m；当火灾荷载密度为 0.54MW/m² 时，纵向相邻五窗口火焰融合高度比纵向相邻四窗口提升 0.59m 和 0.70m，纵向相邻六窗口火焰融合高度比纵向相邻五窗口提升 0.46m 和 0.39m；当火灾荷载密度为 0.62MW/m² 时，纵向相邻五窗口火焰融合高度比纵向相邻四窗口提升 0.51m 和 0.66m，纵向相邻六窗口火焰融合高度比纵向相邻五窗口提升 0.52m 和 0.53m。

3.3.2 侧墙长度 2.4m

3.3.2.1 火灾荷载密度为 0.47MW/m²

通过数值模拟计算，得到侧墙长度为 2.4m 且火灾荷载密度为 0.47MW/m² 时窗口尺寸为 2.1m×1.5m 的纵向相邻四窗口、纵向相邻五窗口以及纵向相邻六窗口温度曲线及温度分布等温线，如图 3-63～图 3-65 所示。

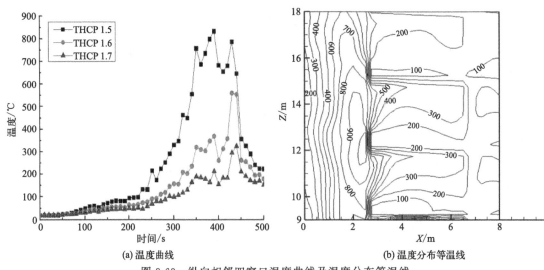

图 3-63 纵向相邻四窗口温度曲线及温度分布等温线

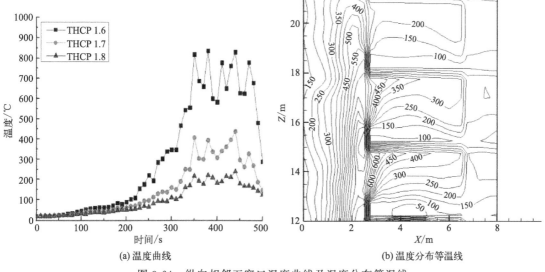

(a) 温度曲线　　　　　　　　　(b) 温度分布等温线

图 3-64　纵向相邻五窗口温度曲线及温度分布等温线

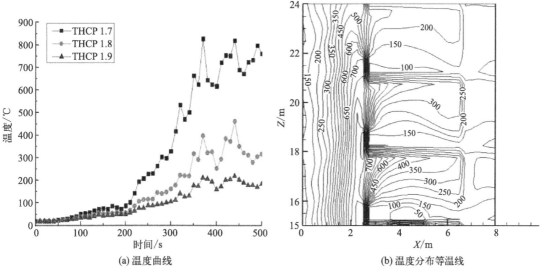

(a) 温度曲线　　　　　　　　　(b) 温度分布等温线

图 3-65　纵向相邻六窗口温度曲线及温度分布等温线

根据图 3-63～图 3-65 分析可得，侧墙长度为 2.4m 的凹形平面高层建筑，在火灾荷载密度为 0.47MW/m² 时，纵向相邻四窗口危险温度 T、T_1 和 T_2 对应的火焰融合高度分别为 7.36m、8.85m、9.55m，纵向相邻五窗口危险温度 T、T_1 和 T_2 对应的火焰融合高度分别为 7.54m、9.02m、9.74m，纵向相邻六窗口危险温度 T、T_1 和 T_2 对应的火焰融合高度分别为 7.63m、9.22m、9.89m。

3.3.2.2　火灾荷载密度为 0.54MW/m²

通过数值模拟计算，得到侧墙长度为 2.4m 且火灾荷载密度为 0.54MW/m² 时窗口尺寸为 2.1m×1.5m 的纵向相邻四窗口、纵向相邻五窗口以及纵向相邻六窗口温度曲线及温度分布等温线，如图 3-66～图 3-68 所示。

根据图 3-66～图 3-68 分析可得，侧墙长度为 2.4m 的凹形平面高层建筑，在火灾荷载

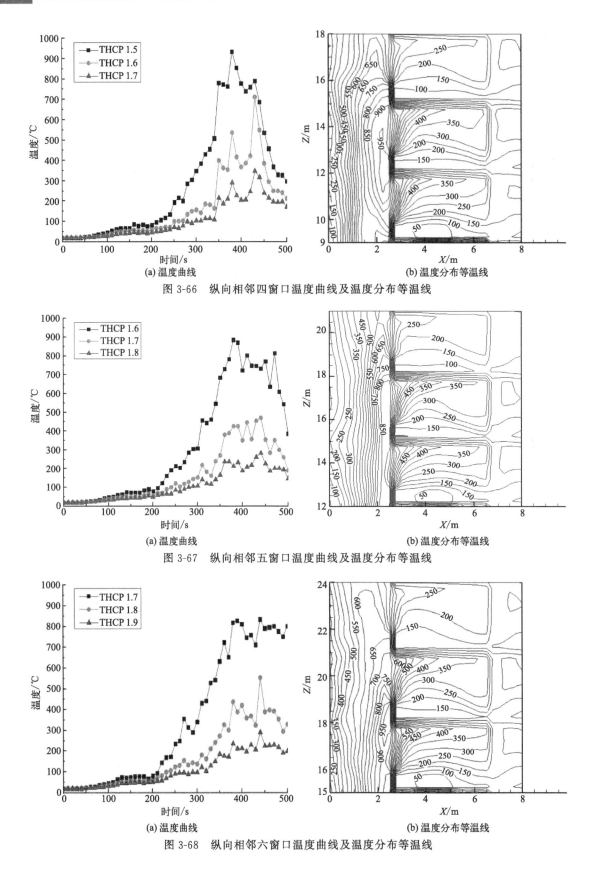

(a) 温度曲线

(b) 温度分布等温线

图 3-66 纵向相邻四窗口温度曲线及温度分布等温线

(a) 温度曲线

(b) 温度分布等温线

图 3-67 纵向相邻五窗口温度曲线及温度分布等温线

(a) 温度曲线

(b) 温度分布等温线

图 3-68 纵向相邻六窗口温度曲线及温度分布等温线

密度为 $0.54MW/m^2$ 时，纵向相邻四窗口危险温度 T、T_1 和 T_2 对应的火焰融合高度分别为 7.66m、9.15、9.84m，纵向相邻五窗口危险温度 T、T_1 和 T_2 对应的火焰融合高度分别为 7.82m、9.30m、9.92m，纵向相邻六窗口危险温度 T、T_1 和 T_2 对应的火焰融合高度分别为 7.93m、9.52m、10.09m。

3.3.2.3　火灾荷载密度为 0.62MW/m²

通过数值模拟计算，得到侧墙长度为 2.4m 且火灾荷载密度为 $0.62MW/m^2$ 时，窗口尺寸为 2.1m×1.5m 的纵向相邻四窗口、纵向相邻五窗口以及纵向相邻六窗口温度曲线及温度分布等温线，如图 3-69~图 3-71 所示。

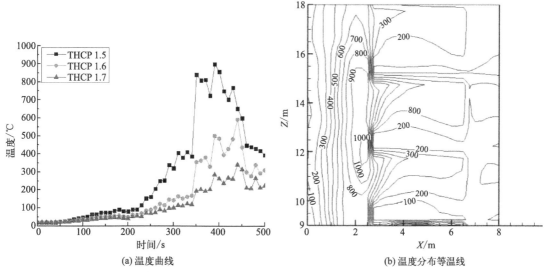

图 3-69　纵向相邻四窗口温度曲线及温度分布等温线

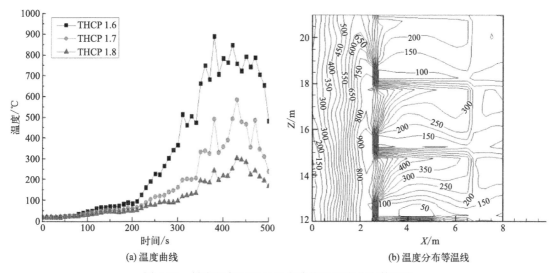

图 3-70　纵向相邻五窗口温度曲线及温度分布等温线

根据图 3-69~图 3-71 分析可得，侧墙长度为 2.4m 的凹形平面高层建筑，在火灾荷载密度为 $0.62MW/m^2$ 时，纵向相邻四窗口危险温度 T、T_1 和 T_2 对应的火焰融合高度分别

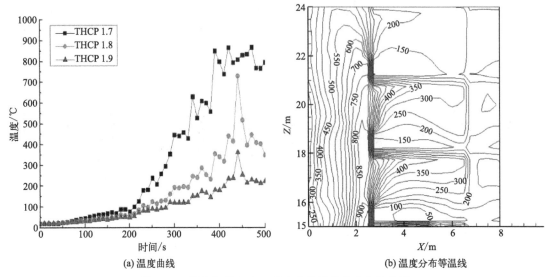

图 3-71 纵向相邻六窗口温度曲线及温度分布等温线

为 7.78m、9.32、9.98m，纵向相邻五窗口危险温度 T、T_1 和 T_2 对应的火焰融合高度分别为 7.97m、9.51m、10.02m，纵向相邻六窗口危险温度 T、T_1 和 T_2 对应的火焰融合高度分别为 8.03m、9.68m、10.19m。通过分析上述窗口温度曲线和温度分布等温线可知侧墙长度为 2.4m 时危险温度对应的火焰融合高度，如表 3-6 所示。

表 3-6 侧墙长度为 2.4m 时危险温度对应的火焰融合高度

连续燃烧窗口数量	火灾荷载密度/(MW/m²)	T 对应火焰融合高度/m	T_1 对应火焰融合高度/m	T_2 对应火焰融合高度/m
纵向相邻四窗口	0.47	7.36	8.85	9.55
	0.54	7.66	9.15	9.84
	0.62	7.78	9.32	9.98
纵向相邻五窗口	0.47	7.54	9.02	9.74
	0.54	7.82	9.30	9.92
	0.62	7.97	9.51	10.02
纵向相邻六窗口	0.47	7.63	9.22	9.89
	0.54	7.93	9.52	10.09
	0.62	8.03	9.68	10.19

考虑对高层建筑外部火蔓延起到主导作用的危险温度 T_1 和 T_2，分析可得：当火灾荷载密度为 0.47MW/m² 时，纵向相邻五窗口火焰融合高度比四窗口提升 0.17m 和 0.19m，纵向相邻六窗口火焰融合高度比纵向相邻五窗口提升 0.20m 和 0.15m；当火灾荷载密度为 0.54MW/m² 时，纵向相邻五窗口火焰融合高度比四窗口提升 0.15m 和 0.08m，纵向相邻六窗口火焰融合高度比纵向相邻五窗口提升 0.22m 和 0.17m；当火灾荷载密度为 0.62MW/m² 时，纵向相邻五窗口火焰融合高度比四窗口提升 0.19m 和 0.04m，纵向相邻六窗口火焰融合高度比纵向相邻五窗口提升 0.17m 和 0.17m。

3.3.3　侧墙长度 3.6m

3.3.3.1　火灾荷载密度为 0.47MW/m²

通过数值模拟计算，得到侧墙长度为 3.6m 且火灾荷载密度为 0.47MW/m² 时窗口尺寸为 2.1m×1.5m 的纵向相邻四窗口、纵向相邻五窗口以及纵向相邻六窗口温度曲线及温度分布等温线，如图 3-72～图 3-74 所示。

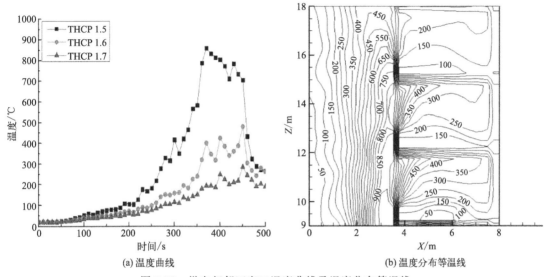

图 3-72　纵向相邻四窗口温度曲线及温度分布等温线

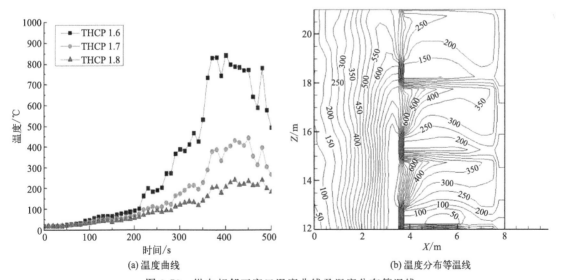

图 3-73　纵向相邻五窗口温度曲线及温度分布等温线

根据图 3-72～图 3-74 分析可得，侧墙长度为 3.6m 的凹形平面高层建筑，在火灾荷载密度为 0.47MW/m² 时，纵向相邻四窗口危险温度 T、T_1 和 T_2 对应的火焰融合高度分别为 7.62m、9.18m、10.96m，纵向相邻五窗口危险温度 T、T_1 和 T_2 对应的火焰融合高度分别为 7.89m、9.35m、11.02m，纵向相邻六窗口危险温度 T、T_1 和 T_2 对应的火焰融合

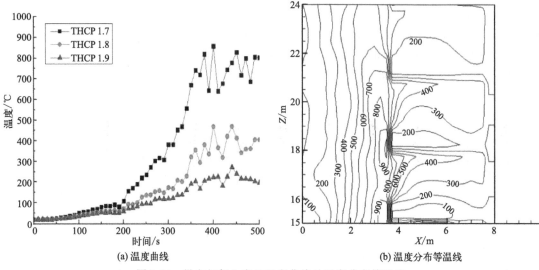

图 3-74 纵向相邻六窗口温度曲线及温度分布等温线

高度分别为 8.03m、9.56m、11.13m。

3.3.3.2 火灾荷载密度为 0.54MW/m²

通过数值模拟计算，得到侧墙长度为 3.6m 且火灾荷载密度为 0.54MW/m² 时窗口尺寸为 2.1m×1.5m 的纵向相邻四窗口、纵向相邻五窗口以及纵向相邻六窗口温度曲线及温度分布等温线，如图 3-75～图 3-77 所示。

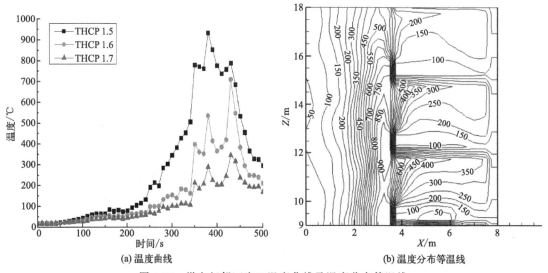

图 3-75 纵向相邻四窗口温度曲线及温度分布等温线

根据图 3-75～图 3-77 分析可得，侧墙长度为 3.6m 的凹形平面高层建筑，在火灾荷载密度为 0.54MW/m² 时，纵向相邻四窗口危险温度 T、T_1 和 T_2 对应的火焰融合高度分别为 7.81m、9.76m、11.72m，纵向相邻五窗口危险温度 T、T_1 和 T_2 对应的火焰融合高度分别为 8.05m、9.87m、11.82m，纵向相邻六窗口危险温度 T、T_1 和 T_2 对应的火焰融合高度分别为 8.06m、10.01m、12.21m。

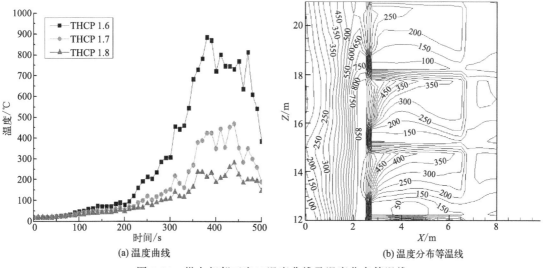

(a) 温度曲线　　　　　　　　　　　　(b) 温度分布等温线

图 3-76　纵向相邻五窗口温度曲线及温度分布等温线

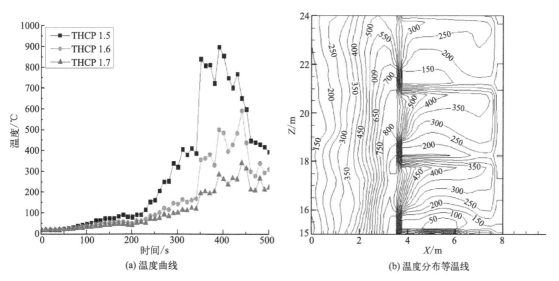

(a) 温度曲线　　　　　　　　　　　　(b) 温度分布等温线

图 3-77　纵向相邻六窗口温度曲线及温度分布等温线

3.3.3.3　火灾荷载密度为 0.62MW/m²

通过数值模拟计算，得到侧墙长度为 3.6m 且火灾荷载密度为 0.62MW/m² 时窗口尺寸为 2.1m×1.5m 的纵向相邻四窗口、纵向相邻五窗口以及纵向相邻六窗口温度曲线及温度分布等温线，如图 3-78～图 3-80 所示。

根据图 3-78～图 3-80 分析可得，侧墙长度为 3.6m 的凹形平面高层建筑，在火灾荷载密度为 0.62MW/m² 时，纵向相邻四窗口危险温度 T、T_1 和 T_2 对应的火焰融合高度分别为 7.93m、10.43m、12.65m，纵向相邻五窗口危险温度 T、T_1 和 T_2 对应的火焰融合高度分别为 8.12m、10.63m、12.71m，纵向相邻六窗口危险温度 T、T_1 和 T_2 对应的火焰融合高度分别为 8.23m、10.91m、12.96m。通过分析上述窗口温度曲线和温度分布等温线可知侧墙长度为 3.6m 时危险温度对应的火焰融合高度，如表 3-7 所示。

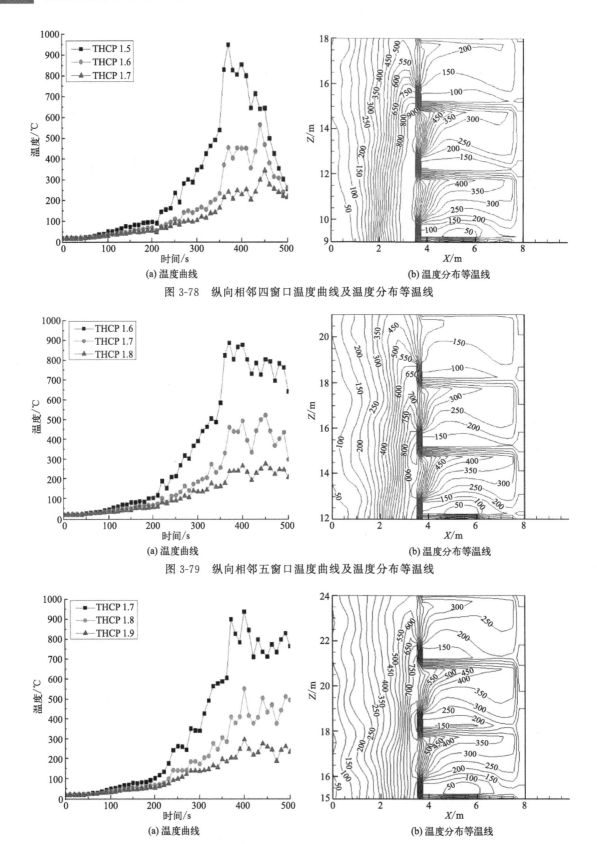

(a) 温度曲线　　　　　　　　(b) 温度分布等温线

图 3-78　纵向相邻四窗口温度曲线及温度分布等温线

(a) 温度曲线　　　　　　　　(b) 温度分布等温线

图 3-79　纵向相邻五窗口温度曲线及温度分布等温线

(a) 温度曲线　　　　　　　　(b) 温度分布等温线

图 3-80　纵向相邻六窗口温度曲线及温度分布等温线

表 3-7　侧墙长度为 3.6m 时危险温度对应的火焰融合高度

连续燃烧窗口数量	火灾荷载密度 /(MW/m²)	T 对应火焰 融合高度/m	T_1 对应火焰 融合高度/m	T_2 对应火焰 融合高度/m
纵向相邻四窗口	0.47	7.62	9.18	10.96
	0.54	7.81	9.76	11.72
	0.62	7.93	10.43	12.65
纵向相邻五窗口	0.47	7.89	9.35	11.02
	0.54	8.05	9.87	11.82
	0.62	8.12	10.63	12.71
纵向相邻六窗口	0.47	8.03	9.56	11.13
	0.54	8.06	10.01	12.21
	0.62	8.23	10.91	12.96

对比表中数据，考虑对高层建筑外部火蔓延起到主导作用的危险温度 T_1 和 T_2，分析可得：当火灾荷载密度为 $0.47MW/m^2$ 时，纵向相邻五窗口火焰融合高度比纵向相邻四窗口提升 0.17m 和 0.06m，纵向相邻六窗口火焰融合高度比纵向相邻五窗口提升 0.21m 和 0.11m；当火灾荷载密度为 $0.54MW/m^2$ 时，纵向相邻五窗口火焰融合高度比纵向相邻四窗口提升 0.11m 和 0.10m，纵向相邻六窗口火焰融合高度比纵向相邻五窗口提升 0.14m 和 0.39m；当火灾荷载密度为 $0.62MW/m^2$ 时，纵向相邻五窗口火焰融合高度比纵向相邻四窗口提升 0.20m 和 0.06m，纵向相邻六窗口火焰融合高度比纵向相邻五窗口提升 0.28m 和 0.25m。

综上分析，纵向相邻五窗口比纵向相邻四窗口及纵向相邻六窗口比纵向相邻五窗口，火焰融合高度的变化趋于平稳。

3.3.4　结果分析

本节运用火灾动态模拟软件 PyroSim 及数据整合软件对纵向多窗口羽流火焰融合进行了模拟研究，通过综合分析窗口温度曲线及温度分布等温线，得到了危险温度对应的火焰融合高度临界值。相关结果总结如下：

（1）对于有侧墙的凹形平面高层建筑，纵向相邻多窗口羽流火焰均出现了融合现象。考虑对高层建筑外部火蔓延起到主导作用的危险温度 T_1 和 T_2 时，纵向相邻五窗口火焰融合高度比纵向相邻四窗口提升 0.06~0.20m，纵向相邻六窗口火焰融合高度比纵向相邻五窗口提升 0.11~0.39m。

（2）对于有侧墙的凹形平面高层建筑，考虑对高层建筑外部火蔓延起到主导作用的危险温度 T_1 和 T_2，综合对比 1.8m、2.4m 和 3.6m 的三种侧墙长度的情况，可知火焰融合高度随着侧墙长度的增加而逐渐增加。

3.4   纵横窗口影响下的外墙火焰蔓延数值分析

本节建筑模型设置为有侧墙结构且侧墙带窗口的凹形平面高层建筑，层高为 3m，侧墙长度固定为 3.6m。火源位于室内，室内开间尺寸为 3.6m×3.6m，窗口尺寸为 2.1m×1.5m，在火灾荷载密度分别为 0.47MW/m²、0.54MW/m² 与 0.62MW/m² 条件下，分别对单窗口、横向相对两窗口、纵向相邻两窗口、横纵向相对四窗口以及纵向相邻三窗口、横纵向相对六窗口的羽流火焰融合进行数值模拟研究。在每层楼每个窗户的二分之一处设置热电偶监测点，然后运用 Excel 和 Origin 软件可以得出窗口位置的温度曲线。

因为燃烧层有火源，会使热电偶温度太高，所以热电偶不宜设置于燃烧层。故纵向相邻窗口在燃烧层上面三层三个窗口设置共计 3 个热电偶，横向相对窗口在燃烧层上面三层 6 个窗口设置共计 6 个热电偶即可。根据各个窗口处布置的热电偶来采集窗口位置的温度数据，绘制高层建筑窗口处的温度曲线及温度分布等温线，并根据窗口处等温线的分布进行综合分析。

当窗口位于凹形平面高层建筑侧墙时，为探究火灾荷载密度、横纵向燃烧窗口数量对窗口羽流火焰的影响，本书选取 3.6m 的侧墙长度，分别设置了 6MW、7MW、8MW 三种火灾荷载，并分别对单窗口、纵向相邻两窗口、纵向相邻三窗口、横向相对两窗口、横纵向相对四窗口、横纵向相对六窗口的羽流火焰进行了数值模拟研究。拟通过改变火灾荷载密度、窗口位置及数量等影响因素，揭示危险温度对应的火焰融合高度的变化规律。窗口位于凹形平面高层建筑侧墙时的工况设置如表 3-8 所示。

表 3-8   窗口位于凹形平面高层建筑侧墙时的工况设置（侧墙长度为 3.6m）

工况	燃烧窗口设置	火源热释放速率/MW
工况一	单窗口	6
		7
		8
工况二	纵向相邻两窗口	6
		7
		8
工况三	纵向相邻三窗口	6
		7
		8
工况四	横向相对两窗口	6
		7
		8
工况五	横纵向相对四窗口	6
		7
		8
工况六	横纵向相对六窗口	6
		7
		8

在各工况模拟计算完成后，将窗口中心热电偶的监测数据调出，通过相关软件生成火灾发生过程中每个窗口的温度时间历程曲线。对于切片所得数据，需要由软件 FDS2ascii 进行文件转换，再将该文件导入 Tecplot10 中整合，得到纵向温度分布等温线。最后，通过模拟计算可得到各影响因素下的危险温度对应的火焰融合高度。

3.4.1　纵向窗口

3.4.1.1　单窗口

通过数值模拟计算，可以得到火灾荷载密度为 $0.47MW/m^2$ 的侧墙上单窗口羽流火焰温度曲线以及温度分布等温线，如图 3-81 所示。

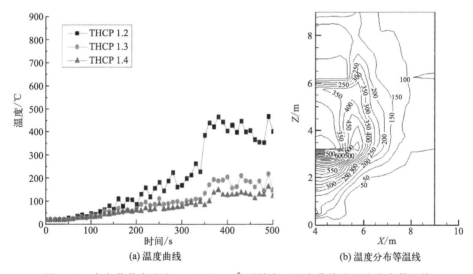

(a) 温度曲线　　　　　　　　　(b) 温度分布等温线

图 3-81　火灾荷载密度为 $0.47MW/m^2$ 时单窗口温度曲线及温度分布等温线

由温度曲线可知，当火灾模拟时间在 370～380s 的范围时，羽流火焰融合是最剧烈的。由温度分布等温线分析可得侧墙长度为 3.6m、窗口尺寸为 2.1m×1.5m 的凹形平面高层建筑，在火灾荷载密度为 $0.47MW/m^2$ 时，单窗口危险温度 T、T_1 和 T_2 对应的火焰融合高度分别为 1.7m、2.6m、4.8m。

通过数值模拟计算，可以得到火灾荷载密度为 $0.54MW/m^2$ 的侧墙上单窗口羽流火焰温度曲线以及温度分布等温线，如图 3-82 所示。

由温度曲线可知，当火灾模拟时间在 370～380s 的范围时，羽流火焰融合是最剧烈的。由温度分布等温线分析可得侧墙长度为 3.6m、窗口尺寸为 2.1m×1.5m 的凹形平面高层建筑，在火灾荷载密度为 $0.54MW/m^2$ 时，单窗口危险温度 T、T_1 和 T_2 对应的火焰融合高度分别为 2.1m、3.3m、5.1m。

通过数值模拟计算，可以得到火灾荷载密度为 $0.62MW/m^2$ 的侧墙上单窗口羽流火焰温度曲线以及温度分布等温线如图 3-83 所示。

由温度曲线可知，当火灾模拟时间在 370～380s 的范围时，羽流火焰融合是最剧烈的。由温度分布等温线分析可得侧墙长度为 3.6m、窗口尺寸为 2.1m×1.5m 的凹形平面高层建筑，在火灾荷载密度为 $0.62MW/m^2$ 时，单窗口危险温度 T、T_1 和 T_2 对应的火焰融合高度分别为 2.5m、3.6m、5.3m。

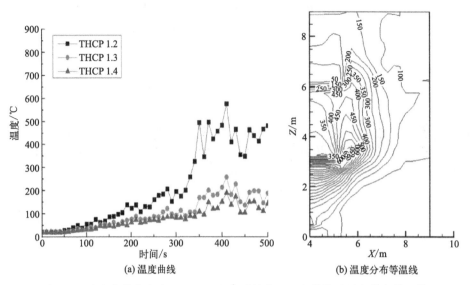

图 3-82　火灾荷载密度为 $0.54\mathrm{MW/m^2}$ 时单窗口温度曲线及温度分布等温线

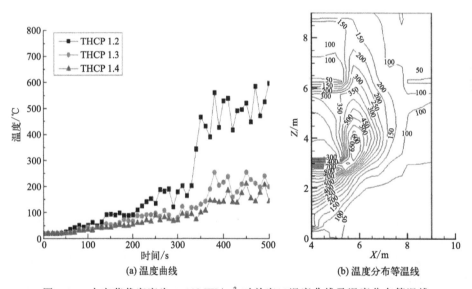

图 3-83　火灾荷载密度为 $0.62\mathrm{MW/m^2}$ 时单窗口温度曲线及温度分布等温线

3.4.1.2　纵向相邻两窗口

通过数值模拟计算，可以得到火灾荷载密度为 $0.47\mathrm{MW/m^2}$ 的侧墙上纵向相邻两窗口羽流火焰温度曲线以及温度分布等温线如图 3-84 所示。

由温度曲线可知，当火灾模拟时间在 $345\sim355\mathrm{s}$ 的范围时，羽流火焰融合是最剧烈的。由温度分布等温线分析可得侧墙长度为 3.6m、窗口尺寸为 2.1m×1.5m 的凹形平面高层建筑，在火灾荷载密度为 $0.47\mathrm{MW/m^2}$ 时，纵向相邻两窗口危险温度 T、T_1 和 T_2 对应的火焰融合高度分别为 2.5m、3.5m、5.2m。

通过数值模拟计算，可以得到火灾荷载密度为 $0.54\mathrm{MW/m^2}$ 的侧墙上纵向相邻两窗口羽流火焰温度曲线以及温度分布等温线如图 3-85 所示。

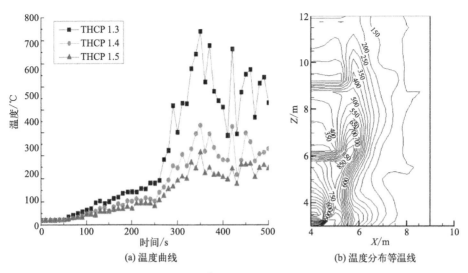

图 3-84　火灾荷载密度为 0.47MW/m² 时纵向相邻两窗口温度曲线及温度分布等温线

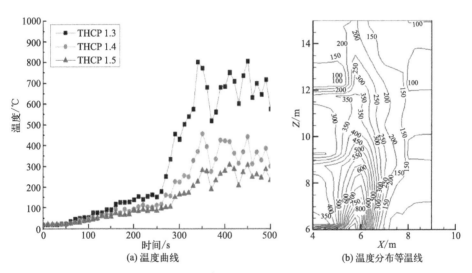

图 3-85　火灾荷载密度为 0.54MW/m² 时纵向相邻两窗口温度曲线及温度分布等温线

由温度曲线可知，当火灾模拟时间在 445～455s 的范围时，羽流火焰融合是最剧烈的。由温度分布等温线分析可得侧墙长度为 3.6m、窗口尺寸为 2.1m×1.5m 的凹形平面高层建筑，在火灾荷载密度为 0.54MW/m² 时，纵向相邻两窗口危险温度 T、T_1 和 T_2 对应的火焰融合高度分别为 3.3m、4.2m、5.5m。

通过数值模拟计算，可以得到火灾荷载密度为 0.62MW/m² 的侧墙上纵向相邻两窗口羽流火焰温度曲线以及温度分布等温线如图 3-86 所示。

由温度曲线可知，当火灾模拟时间在 370～380s 的范围时，羽流火焰融合是最剧烈的。由温度分布等温线分析可得侧墙长度为 3.6m、窗口尺寸为 2.1m×1.5m 的凹形平面高层建筑，在火灾荷载密度为 0.62MW/m² 时，纵向相邻两窗口危险温度 T、T_1 和 T_2 对应的火焰融合高度分别为 3.2m、4.5m、5.8m。

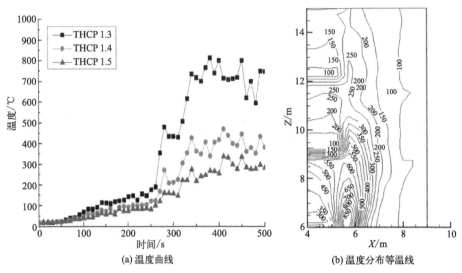

(a) 温度曲线

(b) 温度分布等温线

图 3-86　火灾荷载密度为 0.62MW/m² 时纵向相邻两窗口温度曲线及温度分布等温线

3.4.1.3　纵向相邻三窗口

通过数值模拟计算，可以得到火灾荷载密度为 0.47MW/m² 的侧墙上纵向相邻三窗口羽流火焰温度曲线以及温度分布等温线如图 3-87 所示。

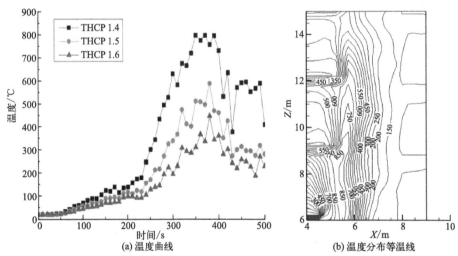

(a) 温度曲线

(b) 温度分布等温线

图 3-87　火灾荷载密度为 0.47MW/m² 时纵向相邻三窗口温度曲线及温度分布等温线

由温度曲线可知，当火灾模拟时间在 345～355s 的范围时，羽流火焰融合是最剧烈的。由温度分布等温线分析可得侧墙长为 3.6m、窗口尺寸为 2.1m×1.5m 的凹形平面高层建筑，在火灾荷载密度为 0.47MW/m² 时，纵向相邻三窗口危险温度 T、T_1 和 T_2 对应的火焰融合高度分别为 4m、6m、7.8m。

通过数值模拟计算，可以得到火灾荷载密度为 0.54MW/m² 的侧墙上纵向相邻三窗口羽流火焰温度曲线以及温度分布等温线如图 3-88 所示。

由温度曲线可知，当火灾模拟时间在 395～405s 的范围时，羽流火焰融合是最剧烈的。

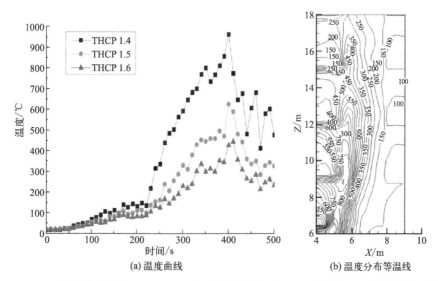

(a) 温度曲线　　　　　　　　(b) 温度分布等温线

图 3-88　火灾荷载密度为 $0.54\mathrm{MW/m^2}$ 时纵向相邻三窗口温度曲线及温度分布等温线

由温度分布等温线分析可得侧墙长度为 3.6m、窗口尺寸为 $2.1\mathrm{m}\times1.5\mathrm{m}$ 的凹形平面高层建筑，在火灾荷载密度为 $0.54\mathrm{MW/m^2}$ 时，纵向相邻三窗口危险温度 T、T_1 和 T_2 对应的火焰融合高度分别为 4.3m、7.9m、9.9m。

通过数值模拟计算，可以得到火灾荷载密度为 $0.62\mathrm{MW/m^2}$ 的侧墙上纵向相邻三窗口羽流火焰温度曲线以及温度分布等温线如图 3-89 所示。

由温度曲线可知，当火灾模拟时间在 370~380s 的范围时，羽流火焰融合是最剧烈的。由温度分布等温线分析可得侧墙长度为 3.6m，窗口尺寸为 $2.1\mathrm{m}\times1.5\mathrm{m}$ 的凹形高层建筑，在火灾荷载密度为 $0.62\mathrm{MW/m^2}$ 时，纵向相邻三窗口危险温度 T、T_1 和 T_2 对应的火焰融合高度为 5.8m、10.4m、12.5m。

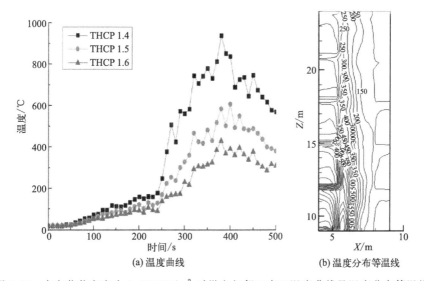

(a) 温度曲线　　　　　　　　(b) 温度分布等温线

图 3-89　火灾荷载密度为 $0.62\mathrm{MW/m^2}$ 时纵向相邻三窗口温度曲线及温度分布等温线

3.4.2　横向窗口

3.4.2.1　横向相对两窗口

通过数值模拟计算，可以得到火灾荷载密度为 $0.47MW/m^2$ 的侧墙上横向相对两窗口羽流火焰温度曲线以及温度分布等温线如图 3-90 所示。

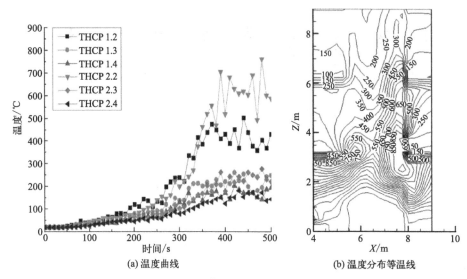

(a) 温度曲线　　　　　　　(b) 温度分布等温线

图 3-90　火灾荷载密度为 $0.47MW/m^2$ 时横向相对两窗口温度曲线及温度分布等温线

由温度曲线可知，当火灾模拟时间在 480～490s 的范围时，羽流火焰融合是最剧烈的。由温度分布等温线分析可得侧墙长度为 3.6m、窗口尺寸为 2.1m×1.5m 的凹形平面高层建筑，在火灾荷载密度为 $0.47MW/m^2$ 时，横向相对两窗口危险温度 T、T_1 和 T_2 对应的火焰融合高度分别为 2.8m、3.6m、5.5m。

通过数值模拟计算，可以得到火灾荷载密度为 $0.54MW/m^2$ 的侧墙上横向相对两窗口羽流火焰温度曲线以及温度分布等温线如图 3-91 所示。

由温度曲线可知，当火灾模拟时间在 460～470s 的范围时，羽流火焰融合是最剧烈的。由温度分布等温线分析可得侧墙长度为 3.6m、窗口尺寸为 2.1m×1.5m 的凹形平面高层建筑，在火灾荷载密度为 $0.54MW/m^2$ 时，横向相对两窗口危险温度 T、T_1 和 T_2 对应的火焰融合高度分别为 3.8m、4.3m、5.8m。

通过数值模拟计算，可以得到火灾荷载密度为 $0.62MW/m^2$ 的侧墙上横向相对两窗口羽流火焰温度曲线以及温度分布等温线如图 3-92 所示。

由温度曲线可知，当火灾模拟时间在 440～450s 的范围时，羽流火焰融合是最剧烈的。由温度分布等温线分析可得侧墙长度为 3.6m、窗口尺寸为 2.1m×1.5m 的凹形平面高层建筑，在火灾荷载密度为 $0.62MW/m^2$ 时，横向相对两窗口危险温度 T、T_1 和 T_2 对应的火焰融合高度分别为 4.1m、4.5m、6.2m。

3.4.2.2　横纵向相对四窗口

通过数值模拟计算，可以得到火灾荷载密度为 $0.47MW/m^2$ 的侧墙上横纵向相对四窗口羽流火焰温度曲线以及温度分布等温线如图 3-93 所示。

由温度曲线可知，当火灾模拟时间在 440～450s 的范围时，羽流火焰融合是最剧烈的。由温度分布等温线分析可得侧墙长度为 3.6m、窗口尺寸为 2.1m×1.5m 的凹形平面高层建

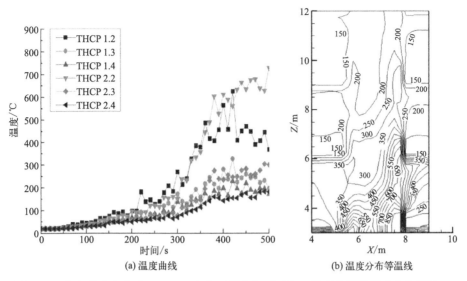

图 3-91　火灾荷载密度为 $0.54\mathrm{MW/m^2}$ 时横向相对两窗口温度曲线及温度分布等温线

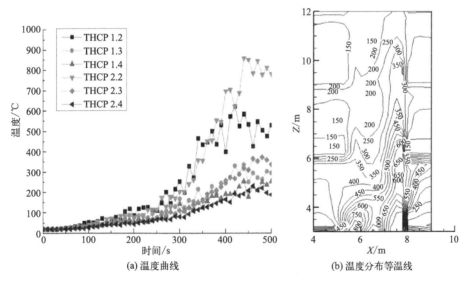

图 3-92　火灾荷载密度为 $0.62\mathrm{MW/m^2}$ 时横向相对两窗口温度曲线及温度分布等温线

筑，在火灾荷载密度为 $0.47\mathrm{MW/m^2}$ 时，横纵向相对四窗口危险温度 T、T_1 和 T_2 对应的火焰融合高度分别为 $6.3\mathrm{m}$、$8.4\mathrm{m}$、$10\mathrm{m}$。

通过数值模拟计算，可以得到火灾荷载密度为 $0.54\mathrm{MW/m^2}$ 的侧墙上横纵向相对四窗口羽流火焰温度曲线以及温度分布等温线如图 3-94 所示。

由温度曲线可知，当火灾模拟时间在 $455\sim465\mathrm{s}$ 的范围时，羽流火焰融合是最剧烈的。由温度分布等温线分析可得侧墙长度为 $3.6\mathrm{m}$、窗口尺寸为 $2.1\mathrm{m}\times1.5\mathrm{m}$ 的凹形平面高层建筑，在火灾荷载密度为 $0.54\mathrm{MW/m^2}$ 时，横纵向相对四窗口危险温度 T、T_1 和 T_2 对应的火焰融合高度分别为 $7.5\mathrm{m}$、$9.8\mathrm{m}$、$11.8\mathrm{m}$。

通过数值模拟计算，可以得到火灾荷载密度为 $0.62\mathrm{MW/m^2}$ 的侧墙上横纵向相对四窗

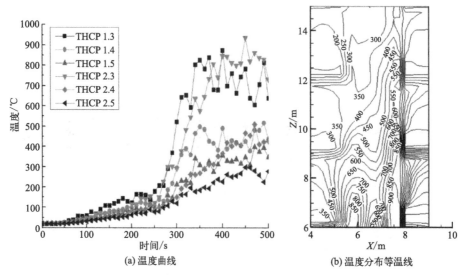

图 3-93 火灾荷载密度为 $0.47MW/m^2$ 时横纵向相对四窗口温度曲线及温度分布等温线

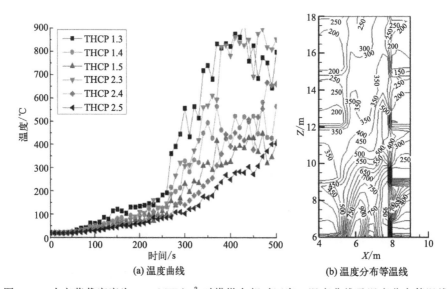

图 3-94 火灾荷载密度为 $0.54MW/m^2$ 时横纵向相对四窗口温度曲线及温度分布等温线

口羽流火焰温度曲线以及温度分布等温线如图 3-95 所示。

由温度曲线可知,当火灾模拟时间在 $395\sim405s$ 的范围时,羽流火焰融合是最剧烈的。由温度分布等温线分析可得侧墙长度为 $3.6m$、窗口尺寸为 $2.1m\times1.5m$ 的凹形平面高层建筑,在火灾荷载密度为 $0.62MW/m^2$ 时,横纵向相对四窗口危险温度 T、T_1 和 T_2 对应的火焰融合高度分别为 $5.8m$、$12.2m$、$13.8m$。

3.4.2.3 横纵向相对六窗口

通过数值模拟计算,可以得到火灾荷载密度为 $0.47MW/m^2$ 的侧墙上横纵向相对六窗口羽流火焰温度曲线以及温度分布等温线如图 3-96 所示。

由温度曲线可知,当火灾模拟时间在 $395\sim405s$ 的范围时,羽流火焰融合是最剧烈的。

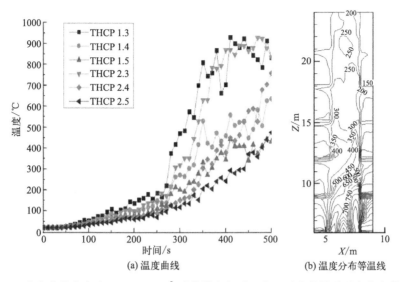

图 3-95　火灾荷载密度为 $0.62\mathrm{MW/m^2}$ 时横纵向相对四窗口温度曲线及温度分布等温线

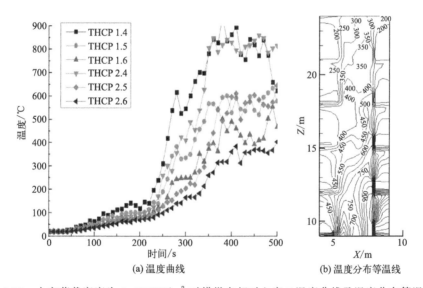

图 3-96　火灾荷载密度为 $0.47\mathrm{MW/m^2}$ 时横纵向相对六窗口温度曲线及温度分布等温线

由温度分布等温线分析可得侧墙长度为 $3.6\mathrm{m}$、窗口尺寸为 $2.1\mathrm{m}\times1.5\mathrm{m}$ 的凹形平面高层建筑，在火灾荷载密度为 $0.47\mathrm{MW/m^2}$ 时，横纵向相对六窗口危险温度 T、T_1 和 T_2 对应的火焰融合高度分别为 $7.3\mathrm{m}$、$11.5\mathrm{m}$、$13.5\mathrm{m}$。

通过数值模拟计算，可以得到火灾荷载密度为 $0.54\mathrm{MW/m^2}$ 的侧墙上横纵向相对六窗口羽流火焰温度曲线以及温度分布等温线如图 3-97 所示。

由温度曲线可知，当火灾模拟时间在 $480\sim490\mathrm{s}$ 的范围时，羽流火焰融合是最剧烈的。由温度分布等温线分析可得侧墙长度为 $3.6\mathrm{m}$、窗口尺寸为 $2.1\mathrm{m}\times1.5\mathrm{m}$ 的凹形平面高层建筑，在火灾荷载密度为 $0.54\mathrm{MW/m^2}$ 时，横纵向相对六窗口危险温度 T、T_1 和 T_2 对应的火焰融合高度分别为 $9.6\mathrm{m}$、$13.7\mathrm{m}$、$14.8\mathrm{m}$。

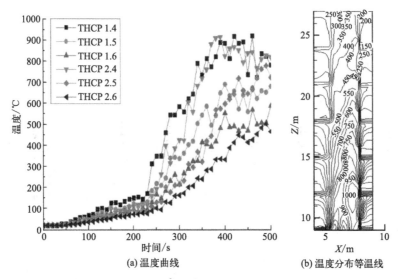

图 3-97　火灾荷载密度为 0.54MW/m² 时横纵向相对六窗口温度曲线及温度分布等温线

通过数值模拟计算，可以得到火灾荷载密度为 0.62MW/m² 的侧墙上横纵向相对六窗口羽流火焰温度曲线以及温度分布等温线如图 3-98 所示。

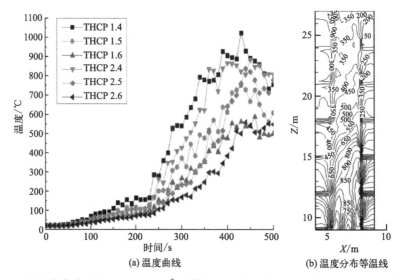

图 3-98　火灾荷载密度为 0.62MW/m² 时横纵向相对六窗口温度曲线及温度分布等温线

由温度曲线可知，当火灾模拟时间在 430～440s 的范围时，羽流火焰融合是最剧烈的。由温度分布等温线分析可得侧墙长度为 3.6m、窗口尺寸为 2.1m×1.5m 的凹形平面高层建筑，在火灾荷载密度为 0.62MW/m² 时，横纵向相对六窗口危险温度 T、T_1 和 T_2 对应的火焰融合高度分别为 9.8m、17.1m、18.2m。

3.4.3　结果分析

由侧墙长度为 3.6m 的窗口温度曲线和温度分布等温线可知，火灾荷载密度为 0.47MW/m² 时危险温度对应的火焰融合高度如表 3-9 所示。

表 3-9　火灾荷载密度为 0.47MW/m² 的危险温度对应的火焰融合高度

窗口设置	窗口尺寸/m×m	T 对应高度/m	T_1 对应高度/m	T_2 对应高度/m
单窗口	2.1×1.5	1.7	2.6	4.8
纵向相邻两窗口	2.1×1.5	2.5	3.5	5.2
纵向相邻三窗口	2.1×1.5	4	6	7.8
横向相对两窗口	2.1×1.5	2.8	3.6	5.5
横纵向相对四窗口	2.1×1.5	6.3	8.4	10
横纵向相对六窗口	2.1×1.5	7.3	11.5	13.5

火灾荷载密度为 0.47MW/m²、窗口尺寸为 2.1m×1.5m 时，危险温度 T_1 和 T_2 对应的火焰融合高度在纵向相邻两窗口比单窗口分别提升了 0.9m 和 0.4m；危险温度 T_1 和 T_2 对应的火焰融合高度在横向相对两窗口比单窗口分别提升了 1.0m 和 0.7m；危险温度 T_1 和 T_2 对应的火焰融合高度在纵向相邻三窗口比纵向相邻两窗口提升了 2.5m 和 2.6m；危险温度 T_1 和 T_2 对应的火焰融合高度在横纵向相对四窗口比横向相对两窗口分别提升了 4.8m 和 4.5m；危险温度 T_1 和 T_2 对应的火焰融合高度在横纵向相对六窗口比横纵向相对四窗口提升了 3.1m 和 3.5m。

通过分析侧墙长度为 3.6m 的窗口温度曲线和温度分布等温线可知，火灾荷载密度为 0.54MW/m² 时危险温度对应的火焰融合高度如表 3-10 所示。

表 3-10　火灾荷载密度为 0.54MW/m² 时危险温度对应的火焰融合高度

窗口设置	窗口尺寸/m×m	T 对应高度/m	T_1 对应高度/m	T_2 对应高度/m
单窗口	2.1×1.5	2.1	3.3	5.1
纵向相邻两窗口	2.1×1.5	3.3	4.2	5.5
纵向相邻三窗口	2.1×1.5	4.3	7.9	9.9
横向相对两窗口	2.1×1.5	3.8	4.3	5.8
横纵向相对四窗口	2.1×1.5	7.5	9.8	11.8
横纵向相对六窗口	2.1×1.5	9.6	13.7	14.8

火灾荷载密度为 0.54MW/m²、窗口尺寸为 2.1m×1.5m 时，危险温度 T_1 和 T_2 对应的火焰融合高度在纵向相邻两窗口比单窗口分别提升了 0.9m 和 0.4m；危险温度 T_1 和 T_2 对应的火焰融合高度在横向相对两窗口比单窗口分别提升了 1.0m 和 0.7m；危险温度 T_1 和 T_2 对应的火焰融合高度在纵向相邻三窗口比纵向相邻两窗口提升了 3.7m 和 4.4m；危险温度 T_1 和 T_2 对应的火焰融合高度在横纵向相对四窗口比横向相对两窗口分别提升了 5.5m 和 6.0m；危险温度 T_1 和 T_2 对应的火焰融合高度在横纵向相对六窗口比横纵向相对四窗口提升了 3.9m 和 3.0m。

通过分析侧墙长度为 3.6m 的窗口温度曲线和温度分布等温线可知，火灾荷载密度为 0.62MW/m² 时危险温度对应的火焰融合高度如表 3-11 所示。

表 3-11　火灾荷载密度为 0.62MW/m² 时危险温度对应的火焰融合高度

窗口设置	窗口尺寸/m×m	T 对应高度/m	T_1 对应高度/m	T_2 对应高度/m
单窗口	2.1×1.5	2.5	3.6	5.3
纵向相邻两窗口	2.1×1.5	3.2	4.5	5.8

窗口设置	窗口尺寸/m×m	T 对应高度/m	T_1 对应高度/m	T_2 对应高度/m
纵向相邻三窗口	2.1×1.5	5.8	10.4	12.5
横向相对两窗口	2.1×1.5	4.1	4.5	6.2
横纵向相对四窗口	2.1×1.5	5.8	12.2	13.8
横纵向相对六窗口	2.1×1.5	9.8	17.1	18.2

火灾荷载密度为 $0.62MW/m^2$、窗口尺寸为 2.1m×1.5m 时，危险温度 T_1 和 T_2 对应的火焰融合高度在纵向相邻两窗口比单窗口分别提升了 0.9m 和 0.5m；危险温度 T_1 和 T_2 对应的火焰融合高度在横向相对两窗口比单窗口分别提升了 0.9m 和 0.9m；危险温度 T_1 和 T_2 对应的火焰融合高度在纵向相邻三窗口比纵向相邻两窗口提升了 5.9m 和 6.7m；危险温度 T_1 和 T_2 对应的火焰融合高度在横纵向相对四窗口比横向相对两窗口分别提升了 7.7m 和 7.6m；危险温度 T_1 和 T_2 对应的火焰融合高度在横纵向相对六窗口比横纵向相对四窗口提升了 4.9m 和 4.4m。

本节首先介绍了火灾工况模型，然后对侧墙带窗口的凹形平面高层建筑的纵向多窗口羽流火焰以及横纵向相对多窗口羽流火焰融合进行了数值模拟研究。为探究侧墙结构所造成的烟囱效应与火灾荷载密度及燃烧窗口数量之间的关系，分别设置了三种火灾荷载密度、不同外墙燃烧窗口数量等影响因素，最后通过分析数值模拟所得数据结果，并参考前人研究成果，为外部火蔓延阻隔区的设置提供依据。

根据表 3-9～表 3-11 可知，危险温度 T_1 和 T_2 对应的火焰融合高度在纵向相邻两窗口比单窗口分别提升了 0.4～0.9m；危险温度 T_1 和 T_2 对应的火焰融合高度在横向相对两窗口比单窗口分别提升了 0.7～1.0m；危险温度 T_1 和 T_2 对应的火焰融合高度在纵向相邻三窗口比纵向相邻两窗口提升了 2.5～6.7m；危险温度 T_1 和 T_2 对应的火焰融合高度在横纵向相对四窗口比横向相对两窗口分别提升了 4.5～7.7m；危险温度 T_1 和 T_2 对应的火焰融合高度在横纵向相对六窗口比横纵向相对四窗口提升了 3.0～4.9m。

单窗口、横向相对两窗口及纵向相邻两窗口的羽流火焰并未受到烟囱效应的影响，导致羽流火焰并未完全融合，并且这几种燃烧窗口数量的危险温度的高度基本未发生特别大的变化。横纵向四窗口、纵向相邻三窗口及横纵向六窗口的羽流火焰相互融合，使危险温度对应的火焰融合高度提升了 2.5～7.7m，即纵向四窗口、纵向相邻三窗口及横纵向六窗口的羽流火焰融合后，火焰高度有大幅度提升。

3.5 凹形平面高层建筑外部蔓延阻隔区布置建议

本章介绍了凹形平面高层建筑多窗口火灾模拟的工况设置，首先研究了在不同基准风速、不同风向条件下的火焰融合高度及变化规律，接下来研究凹形平面高层建筑在不同空气湿度、室外气温（室内外温差）、自然风速等因素共同影响下竖向连续多窗口羽流火焰融合高度及变化规律，并对有侧墙凹形平面高层建筑的纵向多窗口羽流火焰融合进行了数值模拟研究。最后探究了不同侧墙长度和火灾荷载密度影响下，烟囱效应与影响因素之间的关系。结合数值模拟数据，所得结论以及凹形平面高层建筑外部蔓延阻隔区布置建议如下：

（1）不论是迎风、背风、还是侧风，只要是水平风向，均对凹形平面高层建筑的火焰融合高度有抑制作用，基准风速和风向均对高层建筑火焰融合高度有较大影响。随着纵向连续燃烧窗口数量的增加，火焰融合高度逐渐升高。凹形平面高层建筑中，当风向为纵向向上、基准风速为 7.9m/s 时，火焰融合高度最大。

（2）对于凹形平面高层建筑，随着室内外温差的增加，达到危险温度时火焰融合高度越来越高并且在室外气温低于室内温度时对烟囱效应影响越大；随着空气湿度的降低，达到危险温度时火焰融合高度越来越高；达到危险温度时，随着室内外温差的增加，火焰融合高度提高了 1.2%～28.4%，随着室外空气湿度降低，火焰融合高度提高了 1.5%～6.8%，室内外温差对高层建筑火焰融合高度的影响远大于室外空气湿度对其的影响；随着竖向连续窗口燃烧数目的增加，火焰融合高度不断增加。凹形高层建筑在室内外温差为 -45℃，室外空气湿度为 20% 条件下，火焰融合高度和增长幅度最大。

（3）对于有侧墙的凹形平面高层建筑，考虑对高层建筑外部火蔓延起到主导作用的危险温度 T_1 和 T_2，综合对比 1.8m、2.4m 和 3.6m 三种侧墙长度的情况，火焰融合高度随侧墙长度的增加而逐渐增加。

（4）对于凹形平面高层建筑，纵向相邻多窗口羽流火焰均出现了融合现象。考虑对高层建筑外部火蔓延起到主导作用的危险温度 T_1 和 T_2 时，纵向相邻两窗口比单窗口、纵向相邻三窗口比纵向相邻两窗口火焰融合高度明显提高，而纵向相邻四窗口、五窗口、六窗口与纵向相邻三窗口火焰融合高度基本一致，为 8m，故在考虑凹形平面高层建筑外部火蔓延的防控时，外部蔓延阻隔区的高度应设置为 8m，这样即可有效阻止外部火向上蔓延。该项结论可为外部火蔓延阻隔区的设置提供设计依据。

（5）单窗口、横向相对两窗口及纵向相邻两窗口的羽流火焰并未受到烟囱效应的影响，导致羽流火焰并未完全融合，这几种连续燃烧窗口数量的危险温度对应的火焰融合高度基本未发生变化。横纵向四窗口、纵向相邻三窗口及横纵向六窗口的羽流火焰相互融合，使危险温度对应的火焰融合高度提升了 2.5～7.7m，即纵向四窗口、纵向相邻三窗口及横纵向相对六窗口的羽流火焰融合后，其火焰高度得到大幅度提升。

第4章

高层连体建筑外墙火焰蔓延机理及防控策略

4.1 不同湿度条件下的矩形平面连体高层建筑外墙火焰蔓延数值分析

矩形平面连体高层建筑是一种常见的高层建筑形式，本节以某一实际连体高层建筑为研究模型，该建筑外立面保温材料采用 XPS 保温板，一共 26 层，总高度 78m，层高 3m，窗口尺寸为 1.5m×1.6m，其中窗口的宽度为 1.5m，而窗口的高度则为 1.6m。起火房间均为建筑内部第 25 层的卧室，房间尺寸大小均为 3.0m×4.0m，火焰荷载密度为 0.51MW/m²。矩形平面连体高层建筑外立面形式如图 4-1(a) 所示，火源室内布置如图 4-1(b) 所示。本节拟研究在不同湿度、不同基准风速条件作用下的矩形平面连体高层建筑横向连续多窗口火焰蔓延宽度及其变化规律，为外部蔓延阻隔区的设置提供参考依据和建议。

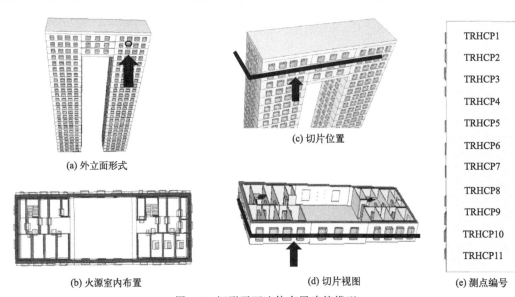

(a) 外立面形式

(c) 切片位置

(b) 火源室内布置

(d) 切片视图

(e) 测点编号

图 4-1　矩形平面连体高层建筑模型

本节模拟矩形平面连体高层建筑室内起火，达到一定的时间后，从窗口蹿出的火焰点燃了外部可燃材料从而导致建筑外立面火焰蔓延，设定危险温度为 540℃。图 4-1(c) 和 (d) 分别为矩形平面连体高层建筑温度切片位置以及切片视图，切片垂直于窗口且经过火源所在的房间窗口中心位置，以获得温度分布等温线所需相关数据。在每层窗口中心设置了温度测点，编号分别为 THCP1～THCP11，如图 4-1(e) 所示，以获取矩形平面连体高层建筑外立面窗口的温度曲线数据。

本节分析城市相对湿度、基准风力值和连续燃烧窗口数量对矩形平面连体高层建筑窗口羽流火焰的影响。按照我国城市的潮湿程度数据，设定了三个相对湿度作为设定标准，分别是 86%（对应相对湿度最高的城市——海口）、37%（对应相对湿度最低的城市——拉萨）、63%（对应大连）。按照我国气象统计局统计，我国主要大中城市最近十年的年度平均风力为二到三级，最高连续风力为四级，根据《风力等级》（GB/T 28591—2012），二级风的最高风力值 3.3m/s，四级风的最高风力值 7.9m/s，可以设定三个标准风速，分别是 0m/s、3.3m/s 和 7.9m/s，同时自然风风速也随着建筑物高度的上升而增大。当基准风速为 3.3m/s 和 7.9m/s 时，同截断高度各层风速平均值如表 4-1、表 4-2 所示。矩形平面连体高层建筑详细工况设置如表 4-3 所示，按照横向连续窗口的设定，连续燃烧窗口数量所表示的依次是横向连续两窗口、横向连续三窗口、横向连续四窗口，分别代表横向连续两窗口、三窗口、四窗口同时燃烧。

表 4-1　基准风速为 3.3m/s 时不同高度的风速

高度/m	风速/(m/s)	高度/m	风速/(m/s)
15	3.3	60	4.48
18	3.44	63	4.53
21	3.55	66	4.57
24	3.66	69	4.62
27	3.76	72	4.66
30	3.84	75	4.7
33	3.93	78	4.74
36	4	81	4.78
39	4.07	84	4.82
42	4.14	87	4.86
45	4.2	90	4.89
48	4.26	93	4.93
51	4.32	96	4.96
54	4.37	99	5
57	4.43	—	—

表 4-2　基准风速为 7.9m/s 时不同高度的风速

高度/m	风速/(m/s)	高度/m	风速/(m/s)
15	7.9	39	9.75
18	8.22	42	9.91
21	8.51	45	10.06
24	8.76	48	10.21
27	8.99	51	10.34
30	9.2	54	10.47
33	9.4	57	10.6
36	9.58	60	10.72

高度/m	风速/(m/s)	高度/m	风速/(m/s)
63	10.83	84	11.54
66	10.94	87	11.63
69	11.05	90	11.72
72	11.16	93	11.8
75	11.26	96	11.88
78	11.35	99	11.97
81	11.45	—	—

表 4-3　矩形平面连体高层建筑工况设置

湿度	基准风速/(m/s)	连续燃烧窗口数量/个
37%	0	2
		3
		4
	3.3	2
		3
		4
	7.9	2
		3
		4
63%	0	2
		3
		4
	3.3	2
		3
		4
	7.9	2
		3
		4
86%	0	2
		3
		4
	3.3	2
		3
		4
	7.9	2
		3
		4

4.1.1　湿度 37%

在温度分布等温线图中，横坐标 X 是矩形平面连体高层建筑的横向宽度，纵坐标 Y 是建筑物的纵向宽度；在温度曲线图中，横坐标是火灾中的燃烧持续时间，纵坐标是窗口的温度情况。

4.1.1.1　基准风速 0m/s

通过模拟计算可以得出，当湿度为 37%，基准风速为 0m/s 时，矩形平面连体高层建筑横向连续两到四窗口燃烧温度分布等温线如图 4-2 所示，温度曲线如图 4-3 所示。

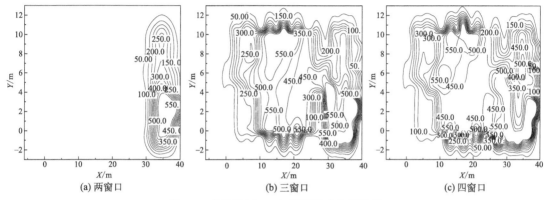

图 4-2　基准风速 0m/s 时温度分布等温线

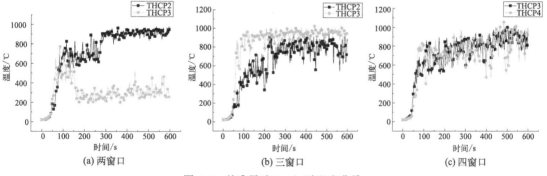

图 4-3　基准风速 0m/s 时温度曲线

分析可知，横向连续二到四窗口燃烧情况下，火焰燃烧温度达到 540℃时的火焰融合宽度分别为：两窗口火焰融合宽度为 2m、三窗口火焰融合宽度为 20.1m、四窗口火焰融合宽度为 20.8m。温度最高的测点分别为 THCP2、THCP3、THCP4，火焰最高温度均接近 1000℃。

4.1.1.2　基准风速 3.3m/s

由模拟计算可以得出，当湿度为 37%，基准风速为 3.3m/s 时，矩形平面连体高层建筑横向连续二到四窗口燃烧的温度分布等温线如图 4-4 所示，温度曲线如图 4-5 所示。

分析可知，横向连续二到四窗口燃烧情况下，火焰燃烧温度达到 540℃时的横向火焰融合宽度分别为：两窗口火焰融合宽度为 2.5m、三窗口火焰融合宽度为 20.9m、四窗口火焰融合宽度为 22.6m。温度最高的测点分别为 THCP2、THCP4、THCP5，火焰最高温度均接近 900℃。

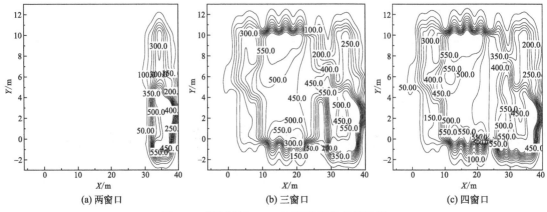

图 4-4　基准风速 3.3m/s 时温度分布等温线

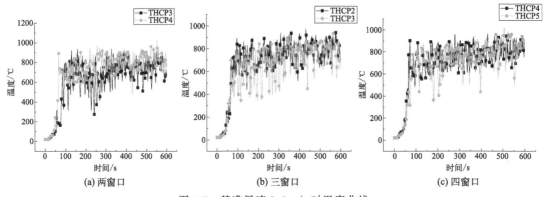

图 4-5　基准风速 3.3m/s 时温度曲线

4.1.1.3　基准风速 7.9m/s

通过模拟计算可以得出，当湿度为 37%，基准风速为 7.9m/s 时，矩形平面连体高层建筑横向连续二到四窗口燃烧的温度分布等温线如图 4-6 所示，温度曲线如图 4-7 所示。

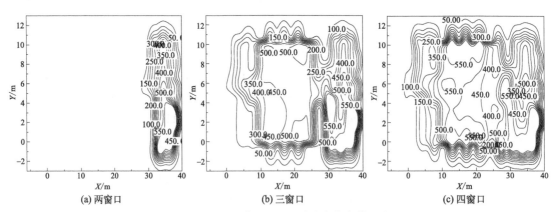

图 4-6　基准风速 7.9m/s 时温度分布等温线

分析可知，横向连续二到四窗口燃烧情况下，火焰燃烧温度达到 540℃时的横向火焰融合宽度分别为：两窗口火焰融合宽度为 2.7m、三窗口火焰融合宽度为 21.5m、四窗口火焰融合宽度为 23.4m。温度最高的测点分别为 THCP2、THCP3、THCP4，火焰最高温度均

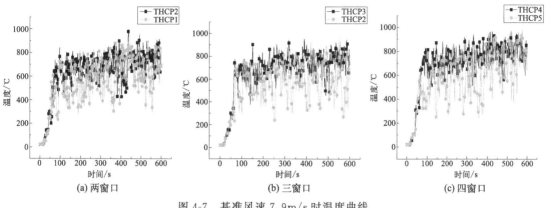

图 4-7　基准风速 7.9m/s 时温度曲线

接近 900℃。通过分析可知，当矩形平面连体高层建筑在湿度 37% 的环境下，随着基准风速的增大，横向连续燃烧窗口数量增加，达到危险温度 540℃ 时的火焰融合宽度也增大。

4.1.2　湿度 63%

4.1.2.1　基准风速 0m/s

由模拟计算可以得出，当湿度为 63%，基准风速 0m/s 时，矩形连体高层建筑横向连续二到四窗口燃烧的温度分布等温线如图 4-8 所示，温度曲线如图 4-9 所示。

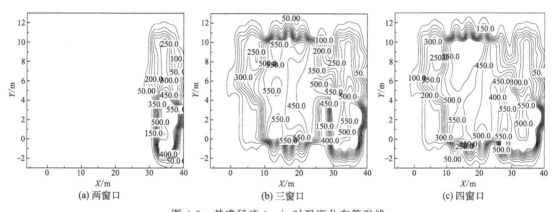

图 4-8　基准风速 0m/s 时温度分布等温线

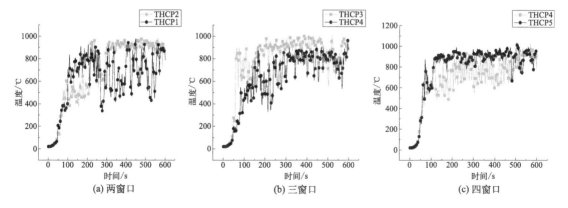

图 4-9　基准风速 0m/s 时温度曲线

横向连续二到四窗口燃烧情况下，火焰燃烧温度达到 540℃时的横向火焰融合宽度分别为：两窗口火焰融合宽度为 3.5m、三窗口火焰融合宽度为 20.5m、四窗口火焰融合宽度为 21.8m。温度最高的测点分别为 THCP2、THCP3、THCP5，火焰最高温度均接近 900℃。

4.1.2.2 基准风速 3.3m/s

由模拟计算可以得出，当湿度为 63%，基准风速为 3.3m/s 时，矩形平面连体高层建筑横向连续二到四窗口燃烧的温度分布等温线如图 4-10 所示，温度曲线如图 4-11 所示。

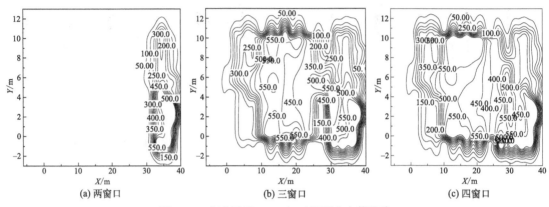

图 4-10　基准风速 3.3m/s 时温度分布等温线

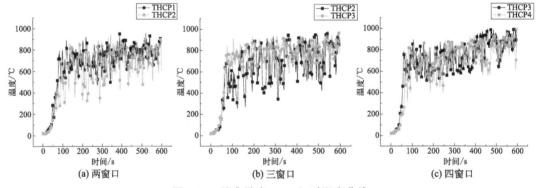

图 4-11　基准风速 3.3m/s 时温度曲线

分析可知，横向连续二到四窗口燃烧情况下，火焰燃烧温度达到 540℃时的横向火焰融合宽度分别为：两窗口火焰融合宽度为 3.6m、三窗口火焰融合宽度为 21.7m、四窗口火焰融合宽度为 25.2m。温度最高的测点分别为 THCP2、THCP3、THCP4，火焰最高温度均接近 900℃。

4.1.2.3 基准风速 7.9m/s

由模拟计算可以得出，当湿度为 63%，基准风速为 7.9m/s 时，矩形平面连体高层建筑横向连续二到四窗口燃烧的温度分布等温线如图 4-12 所示，温度曲线如图 4-13 所示。

分析可知，横向连续二到四窗口燃烧情况下，火焰燃烧温度达到 540℃时的横向火焰融合宽度分别为：两窗口火焰融合宽度为 3.9m、三窗口火焰融合宽度为 22.5m、四窗口火焰融合宽度为 25.3m。温度最高的测点分别为 THCP3、THCP4、THCP5，火焰最高温度均接近 900℃。通过分析可知，当矩形平面连体高层建筑在湿度 63%的环境下，随基准风速的增大、横向连续燃烧窗口数量的增加，达到危险温度 540℃时的火焰融合宽度也增大。

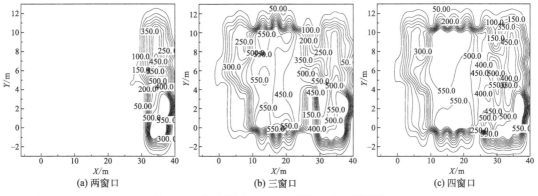

图 4-12　基准风速 7.9m/s 时温度分布等温线

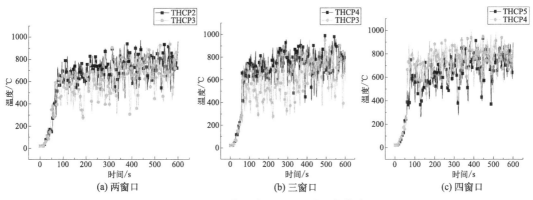

图 4-13　基准风速 7.9m/s 时温度曲线

4.1.3　湿度 86%

4.1.3.1　基准风速 0m/s

由模拟计算可以得出，当湿度为 86%，基准风速为 0m/s 时，矩形平面连体高层建筑横向连续二到四窗口燃烧的温度分布等温线如图 4-14 所示，温度曲线如图 4-15 所示。

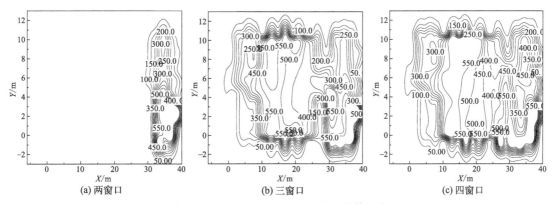

图 4-14　基准风速 0m/s 时温度分布等温线

分析可知，横向连续二到四窗口燃烧情况下，火焰燃烧温度达到 540℃ 时的横向火焰融合宽度分别为：两窗口火焰融合宽度为 2.8m、三窗口火焰融合宽度为 20.5m、四窗口火焰融合宽度为 21.8m。温度最高的测点分别为 THCP2、THCP3、THCP4，火焰最高温度均接近 900℃。

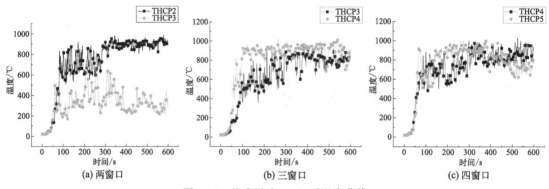

图 4-15 基准风速 0m/s 时温度曲线

4.1.3.2 基准风速 3.3m/s

由模拟计算可以得出，当湿度为 86%，基准风速为 3.3m/s 时，矩形平面连体高层建筑横向连续二到四窗口燃烧的温度分布等温线如图 4-16 所示，温度曲线如图 4-17 所示。

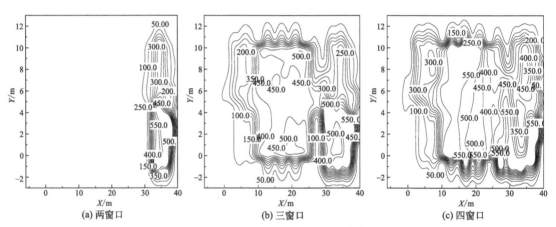

图 4-16 基准风速 3.3m/s 时温度分布等温线

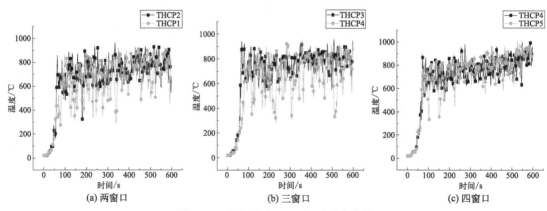

图 4-17 基准风速 3.3m/s 时温度曲线

分析可知，横向连续二到四窗口燃烧情况下，火焰燃烧温度达到 540℃时的横向火焰融合宽度分别为：两窗口火焰融合宽度为 3m、三窗口火焰融合宽度为 21.1m、四窗口火焰融合宽度为 22.8m。温度最高的测点分别为 THCP2、THCP4、THCP5，火焰最高温度均接近 900℃。

4.1.3.3　基准风速 7.9m/s

由模拟计算可以得出，当湿度为 86％，基准风速为 7.9m/s 时，矩形平面连体高层建筑横向连续二到四窗口燃烧的温度分布等温线如图 4-18 所示，温度曲线如图 4-19 所示。

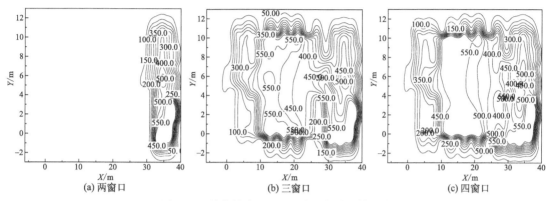

图 4-18　基准风速 7.9m/s 时温度分布等温线

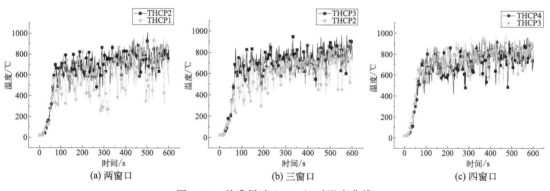

图 4-19　基准风速 7.9m/s 时温度曲线

分析可知，横向连续二到四窗口燃烧情况下，火焰燃烧温度达到 540℃时的横向火焰融合宽度分别为：两窗口火焰融合宽度为 3.4m、三窗口火焰融合宽度为 21.5m、四窗口火焰融合宽度为 24.4m。温度最高的测点分别为 THCP2、THCP3、THCP4，火焰最高温度均接近 900℃。

通过分析可知，当矩形平面连体高层建筑在湿度 86％的环境下，随着基准风速的增大、横向连续燃烧窗口数量的增加，达到危险温度 540℃时的火焰融合宽度也增大。

4.1.4　结果分析

接下来分析湿度分别为 37％、63％、86％时连续燃烧不同窗口数量时的火焰融合宽度变化规律。

当湿度为 37％，连续燃烧不同窗口数量时的火焰融合宽度如表 4-4 所示。

表 4-4   湿度 37％时 540℃对应的火焰融合宽度   单位：m

连续燃烧窗口数量	基准风速 0m/s 时火焰融合宽度	基准风速 3.3m/s 时火焰融合宽度	基准风速 7.9m/s 时火焰融合宽度
两窗口	2	2.5	2.7
三窗口	20.1	20.9	21.5
四窗口	20.8	22.6	23.4

分析表 4-4 可知，在湿度 37％、横向连续燃烧二到四窗口条件下火焰融合宽度的变化为：基准风速为 3.3m/s 时比基准风速为 0m/s 时分别增加了 0.5m、0.8m、1.8m；基准风速为 7.9m/s 时比基准风速为 3.3m/s 时分别增加了 0.2m、0.6m、0.8m。

当湿度为 37％，基准风速分别为 0m/s、3.3m/s 和 7.9m/s 时，火焰融合宽度的变化为：横向连续燃烧三窗口比两窗口依次提高了 18.1m、18.4m、18.8m；横向连续燃烧四窗口比三窗口依次提高了 0.7m、1.7m、1.9m。

上述计算结果表明，当矩形平面连体高层建筑在湿度 37％的环境下，随基准风速的增大，达到 540℃时的火焰融合宽度随之上升，随横向连续燃烧窗口数量的增加，达到 540℃时的火焰融合宽度也相应增加。

当湿度为 63％，连续燃烧不同窗口数量时的火焰融合宽度如表 4-5 所示。

表 4-5   湿度 63％时 540℃对应的火焰融合宽度   单位：m

连续燃烧窗口数量	基准风速 0m/s 时火焰融合宽度	基准风速 3.3m/s 时火焰融合宽度	基准风速 7.9m/s 时火焰融合宽度
两窗口	3.5	3.6	3.9
三窗口	20.5	21.7	22.5
四窗口	21.8	25.2	25.3

分析表 4-5 可知，在湿度 63％、横向连续燃烧二到四窗口条件下火焰融合宽度的变化为：基准风速为 3.3m/s 时比基准风速为 0m/s 时同比增加了 0.1m、1.2m、3.4m；基准风速为 7.9m/s 时比基准风速为 3.3m/s 时同比增加了 0.3m、0.8m、0.1m。当湿度为 63％，基准风速分别为 0m/s、3.3m/s 和 7.9m/s 时，火焰融合宽度的变化为：横向连续燃烧三窗口比两窗口依次提高了 17m、18.1m、18.6m；横向连续燃烧四窗口比三窗口依次提高了 1.3m、3.5m、2.8m。上述计算结果表明，当矩形平面连体高层建筑在湿度 63％的环境下，随基准风速的增加，达到 540℃时的火焰融合宽度随之上升，随横向连续燃烧窗口数量的增加，达到 540℃时的火焰融合宽度也相应增加。

当湿度为 86％，连续燃烧不同窗口数量时的火焰融合宽度如表 4-6 所示。

表 4-6   湿度 86％时 540℃对应的火焰融合宽度   单位：m

连续燃烧窗口数量	基准风速 0m/s 时火焰融合宽度	基准风速 3.3m/s 时火焰融合宽度	基准风速 7.9m/s 时火焰融合宽度
两窗口	2.8	3	3.4
三窗口	20.5	21.1	21.5
四窗口	21.8	22.8	24.4

分析表 4-6 可知，在湿度 86％、横向连续燃烧二到四窗口条件下火焰融合宽度的变化为：基准风速为 3.3m/s 时比基准风速为 0m/s 时分别增加了 0.2m、0.6m、1m；基准风速 7.9m/s 时比 3.3m/s 时分别增加了 0.4m、0.4m、1.6m。当湿度为 86％，基准风速分别为 0m/s、3.3m/s 和 7.9m/s 时，火焰融合宽度的变化为：横向连续燃烧三窗口比两窗口依次提高了 17.7m、18.1m、18.1m；横向连续燃烧四窗口比三窗口依次提高了 1.3m、1.7m、2.9m。

对上述计算结果分析可得，当矩形平面连体高层建筑在湿度 86％ 的环境下，随基准风速的增大，达到 540℃ 时的火焰融合宽度随之上升，随横向连续燃烧窗口数量的增加，达到 540℃ 时的火焰融合宽度也相应增加。

由表 4-4～表 4-6 的结果可知，在环境湿度 37％、63％ 和 86％ 的条件下，达到 540℃ 时，基准风速为 3.3m/s 时与基准风速为 0m/s 时相比，横向连续燃烧二到四窗口的火焰融合宽度分别上升了 0.1～0.5m、0.6～1.2m、1～3.4m。基准风速为 7.9m/s 时与基准风速为 3.3m/s 时相比，横向连续燃烧二到四窗口火焰融合宽度依次上升了 0.2～0.4m、0.4～0.8m、0.1～1.6m。图 4-20～图 4-22 分别为湿度 37％、湿度 63％、湿度 86％ 条件下的多窗口连续燃烧火焰融合宽度对比图。

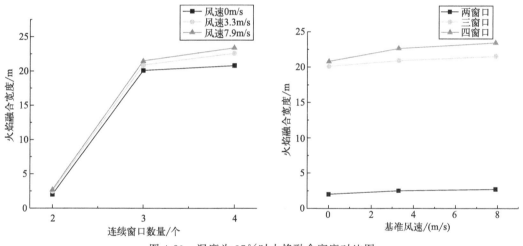

图 4-20　湿度为 37％ 时火焰融合宽度对比图

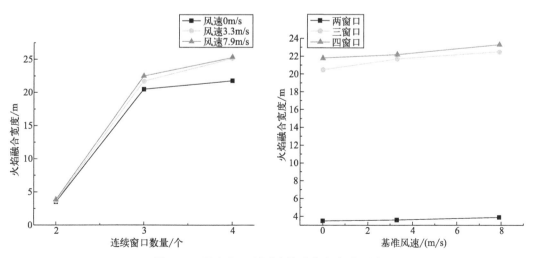

图 4-21　湿度为 63％ 时火焰融合宽度对比图

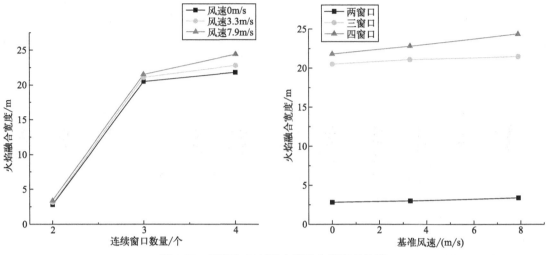

图 4-22　湿度为 86％时火焰融合宽度对比图

由图 4-20～图 4-22 可知，当湿度为 37％、63％、86％时，火焰融合宽度随着基准风速的增大而增大。在任何湿度的情况下，横向连续燃烧窗口个数越多，火焰融合宽度越高。

设基准风速 3.3m/s 时与基准风速 0m/s 时的火焰融合宽度相比增长幅度为 a，基准风速 7.9m/s 时与基准风速 3.3m/s 时的火焰融合宽度相比增长幅度为 b，其火焰融合宽度对比增长幅度计算汇总如表 4-7 所示。

表 4-7　湿度 37％、63％和 86％时随基准风速升高火焰融合宽度的增长幅度　　单位：％

项目		横向两窗口	横向三窗口	横向四窗口
湿度 37％	a	25	3.98	8.65
	b	8	2.87	3.54
湿度 63％	a	2.86	5.85	0.36
	b	8.33	3.69	18.98
湿度 86％	a	7.14	2.93	4.59
	b	13.33	1.75	7.02

对表 4-7 分析可知，当湿度为 37％，横向连续燃烧两窗口，基准风速 3.3m/s 时比 0m/s 时、7.9m/s 时比 3.3m/s 时火焰融合宽度增长了 25％、8％。当湿度为 37％，横向连续燃烧三窗口，基准风速 3.3m/s 时比 0m/s 时、7.9m/s 时比 3.3m/s 时火焰融合宽度增长了 3.98％、2.87％。当湿度为 37％，横向连续燃烧四窗口，基准风速 3.3m/s 时比 0m/s 时、7.9m/s 时比 3.3m/s 时火焰融合宽度增长了 8.65％、3.54％。当湿度为 63％，横向连续燃烧两窗口，基准风速 3.3m/s 时比 0m/s 时、7.9m/s 时比 3.3m/s 时火焰融合宽度增长了 2.86％、8.33％。当湿度为 63％，横向连续燃烧三窗口，基准风速 3.3m/s 时比 0m/s 时、7.9m/s 时比 3.3m/s 时火焰融合宽度增长了 5.85％、3.69％。当湿度为 63％，横向连续燃烧四窗口，基准风速 3.3m/s 时比 0m/s 时、7.9m/s 时比 3.3m/s 时火焰融合宽度增长了 0.36％、18.98％。当湿度为 86％，横向连续燃烧两窗口，基准风速 3.3m/s 时比 0m/s 时、7.9m/s 时比 3.3m/s 时火焰融合宽度增长了 7.14％、13.33％。当湿度为 86％，横向连续燃烧三窗口，基准风速 3.3m/s 时比 0m/s 时、7.9m/s 时比 3.3m/s 时火焰融合宽度增长了 2.93％、1.75％。当湿度 86％，横向连续燃烧四窗口，基准风速 3.3m/s 比 0m/s 时、

7.9m/s 时比 3.3m/s 时火焰融合宽度增长了 4.59%、7.02%。根据表 4-7 分析得出的结论，在环境湿度在 37%、63% 和 86% 条件下，火焰燃烧达到 540℃ 时，基准风速 3.3m/s 时与 0m/s 时相比，横向连续燃烧多窗口的火焰融合宽度变化为：横向两窗口提高了 2.86%～25%、横向三窗口提高了 2.93%～5.85%、横向四窗口提高了 0.36%～8.65%；基准风速 7.9m/s 时与 3.3m/s 时相比，火焰融合宽度变化依次为：横向两窗口提高了 8%～13.33%、横向三窗口提高了 1.75%～3.69%、横向四窗口提高了 3.54%～18.98%。基准风速 0m/s 时，不同湿度对应的连续燃烧两窗口、三窗口、四窗口火焰融合宽度如表 4-8 所示。

表 4-8　基准风速 0m/s 时 540℃ 对应的火焰融合宽度　　　　单位：m

连续燃烧窗口数量	湿度 37% 时火焰融合宽度	湿度 63% 时火焰融合宽度	湿度 86% 时火焰融合宽度
两窗口	2	3.5	2.8
三窗口	20.1	20.5	20.5
四窗口	20.8	21.8	21.8

对表 4-8 进行计算分析可知，当基准风速 0m/s，横向连续燃烧两窗口、三窗口、四窗口温度达到 540℃ 时，火焰融合宽度的变化分别为：湿度 63% 时比湿度 37% 时分别提升了 1.5m、0.4m、1m；湿度 63% 时比湿度 86% 时分别提升了 0.7m、0m、0m。基准风速为 0m/s 时，在 37%、63% 和 86% 湿度情况下各窗口火焰融合宽度的变化如下：横向连续燃烧三窗口比两窗口分别增加了 18.1m、17m、17.7m；横向连续燃烧四窗口比三窗口分别增加了 0.7m、1.3m、1.3m。综上分析可知，基准风速 0m/s 时，湿度 37% 条件下的火焰融合宽度最小，湿度 63% 条件下的火焰融合宽度最大；随着横向连续燃烧窗口个数的增加，达到 540℃ 的火焰融合宽度随之升高。基准风速 3.3m/s 时，不同湿度对应的连续燃烧两窗口、三窗口、四窗口火焰融合宽度如表 4-9 所示。

表 4-9　基准风速 3.3m/s 时 540℃ 对应的火焰融合宽度　　　　单位：m

连续燃烧窗口数量	湿度 37% 时火焰融合宽度	湿度 63% 时火焰融合宽度	湿度 86% 时火焰融合宽度
两窗口	2.5	3.6	3
三窗口	20.9	21.7	21.1
四窗口	22.6	25.2	22.8

对表 4-9 进行计算分析可知，基准风速 3.3m/s，横向连续燃烧两窗口、三窗口、四窗口温度达到 540℃ 时，火焰融合宽度的变化分别为：湿度 63% 时比湿度 37% 时分别增加了 1.1m、0.8m、2.6m；湿度 63% 时比湿度 86% 时分别增加了 0.6m、0.6m、2.4m。基准风速为 3.3m/s 时，三种湿度条件下多窗口火焰融合宽度变化分别为：横向连续燃烧三窗口比连续两窗口依次增加了 18.4m、18.1m、18.1m；横向连续燃烧四窗口比连续三窗口依次增加了 1.7m、3.5m、1.7m。综上分析可知，当环境中基准风速相同，横向连续燃烧窗口数一致时，在湿度 63% 条件下的火焰融合宽度最大；当环境湿度相同，基准风速一致的条件下，随着横向连续燃烧窗口数量的增加，达到 540℃ 时的火焰融合宽度随之增大。

基准风速 7.9m/s 时，不同湿度对应的连续燃烧两窗口、三窗口、四窗口火焰融合宽度如表 4-10 所示。

表 4-10　基准风速 7.9m/s 时 540℃ 对应的火焰融合宽度　　　　单位：m

连续燃烧窗口数量	湿度 37％时火焰融合宽度	湿度 63％时火焰融合宽度	湿度 86％时火焰融合宽度
两窗口	2.7	3.9	3.4
三窗口	21.5	22.5	21.5
四窗口	23.4	25.3	24.4

　　对表 4-10 进行计算分析可知，当基准风速为 7.9m/s，横向连续燃烧两窗口、三窗口、四窗口温度达到 540℃ 时，火焰融合宽度的变化情况为：湿度 63％时比湿度 37％时分别增加了 1.2m、1m、1.9m；湿度 63％时比湿度 86％时分别增加了 0.5m、1.0m、0.9m。基准风速为 7.9m/s 时，在三种湿度状态下多窗口火焰融合宽度变化情况为：横向连续燃烧三窗口比两窗口依次增加了 18.8m、18.6m、18.1m；横向连续燃烧四窗口比三窗口依次增加了 1.9m、2.8m、2.9m。上述结果表明，在基准风速为 7.9m/s 时，湿度 37％条件下的火焰融合宽度最小，湿度 63％条件下的火焰融合宽度最大；随着横向连续燃烧窗口数量的增加，达到 540℃ 时的火焰融合宽度随之增大。基准风速 0m/s、3.3m/s、7.9m/s 时不同湿度条件下的火焰融合宽度对比如图 4-23～图 4-25 所示。

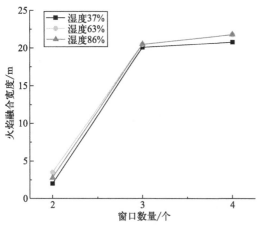

图 4-23　基准风速 0m/s 时火焰融合宽度对比图

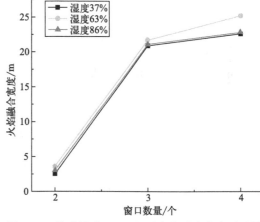

图 4-24　基准风速 3.3m/s 时火焰融合宽度对比图

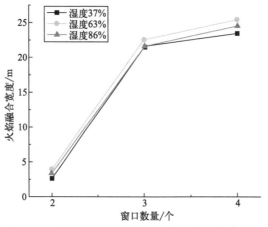

图 4-25　基准风速 7.9m/s 时火焰融合宽度对比图

对图 4-23~图 4-25 分析可得，在基准风速 0m/s、3.3m/s 和 7.9m/s 的条件下，湿度 37％的情况下，火焰融合宽度最低，湿度 63％的情况下，火焰融合宽度最高。设环境湿度 63％时与环境湿度 37％时的火焰融合宽度相比增长幅度为 a，环境湿度 86％时与环境湿度 63％时的火焰融合宽度相比增长幅度为 b，不同湿度条件下，横向连续燃烧两窗口、三窗口、四窗口，基准风速为 0m/s、3.3m/s、7.9m/s 时的火焰融合宽度增长幅度如表 4-11 所示。

表 4-11　不同湿度条件下火焰融合宽度增长幅度　　　　单位：％

项目		横向两窗口	横向三窗口	横向四窗口
基准风速 0m/s	a	75	1.99	4.81
	b	−20	0	0
基准风速 3.3m/s	a	44	3.83	11.5
	b	−16.67	−2.76	−9.52
基准风速 7.9m/s	a	44.44	4.65	8.12
	b	−12.82	−4.44	−3.56

对表 4-11 分析可知，当基准风速为 0m/s，横向连续燃烧两窗口时，环境湿度 63％比湿度 37％条件下的火焰融合宽度增长了 75％、环境湿度 86％比湿度 63％条件下的火焰融合宽度降低了 20％。当基准风速为 0m/s，横向连续燃烧三窗口时，环境湿度 63％比湿度 37％条件下的火焰融合宽度增长了 1.99％、湿度 63％与湿度 86％条件下的火焰融合宽度没有发生变化。当基准风速为 0m/s，横向连续燃烧四窗口时，环境湿度 63％比湿度 37％条件下的火焰融合宽度增长了 4.81％，湿度 63％与湿度 86％条件下火焰融合宽度没有发生变化。当基准风速为 3.3m/s，横向连续燃烧两窗口时，环境湿度 63％比湿度 37％条件下的火焰融合宽度增长了 44％，环境湿度 86％比 63％条件下的火焰融合宽度降低了 16.67％。当基准风速为 3.3m/s，横向连续燃烧三窗口时，环境湿度 63％比湿度 37％条件下的火焰融合宽度增长了 3.83％，湿度 86％比湿度 63％条件下的火焰融合宽度降低了 2.76％。当基准风速为 3.3m/s，横向连续燃烧四窗口时，湿度 63％比湿度 37％条件下的火焰融合宽度增长了 11.5％，湿度 86％比湿度 63％条件下的火焰融合宽度降低了 9.52％。当基准风速为 7.9m/s，横向连续燃烧两窗口时，环境湿度 63％比湿度 37％条件下火焰融合宽度增长了 44.44％，环境湿度 86％比湿度 63％条件下火焰融合宽度降低了 12.82％。当基准风速为 7.9m/s，横向连续燃烧三窗口时，环境湿度 63％比湿度 37％条件下的火焰融合宽度增长了 4.65％，湿度 86％比湿度 63％条件下的火焰融合宽度降低了 4.44％。当基准风速 7.9m/s，横向连续燃烧四窗口时，环境湿度 63％比湿度 37％条件下的火焰融合宽度增长了 8.12％，湿度 86％比湿度 63％条件下的火焰融合宽度降低了 3.56％。

对表 4-11 分析可得，基准风速 0m/s、3.3m/s 和 7.9m/s，横向连续燃烧二到四窗口，达到危险温度 540℃，湿度 63％条件下的火焰融合宽度比湿度 37％条件下的火焰融合宽度分别增加了 1.1~1.5m，0.4~1m，1~2.6m；湿度 63％条件下的火焰融合宽度比湿度 86％条件下的火焰融合宽度，分别减少了 0.5~0.7m，0~1m，0~2.4m。基准风速 0m/s、3.3m/s 和 7.9m/s，横向连续燃烧二到四窗口，火焰温度达到 540℃，环境湿度 63％条件下的火焰融合宽度比湿度 37％条件下的火焰融合宽度增加了 44％~75％、1.99％~4.65％、4.81％~11.5％；湿度 86％条件下的火焰融合宽度比湿度 63％条件下的火焰融合宽度分别减少了 12.82％~20％、0~4.44％、0~9.52％。

设横向连续燃烧四窗口时与连续燃烧三窗口时火焰融合宽度相比增长幅度为 a，横向连续燃烧三窗口时与连续燃烧两窗口时的火焰融合宽度相比增长幅度为 b，其火焰融合宽度增长幅度汇总如表 4-12 所示。

表 4-12　横向连续燃烧多窗口火焰融合宽度增长幅度　　　　单位：%

项目		基准风速 0m/s	基准风速 3.3m/s	基准风速 7.9m/s
湿度 37%	a	3.37	7.52	8.12
	b	90.05	88.04	87.44
湿度 63%	a	5.96	13.89	11.07
	b	82.93	83.41	82.67
湿度 86%	a	5.96	7.46	11.89
	b	86.34	85.78	84.19

对表 4-12 分析可知：当基准风速为 0m/s，环境湿度为 37% 时，横向连续燃烧三窗口火焰融合宽度相比四窗口降低了 3.37%、横向连续燃烧两窗口火焰融合宽度相比三窗口降低了 90.05%；当基准风速为 0m/s，环境湿度为 63% 时，横向连续燃烧三窗口火焰融合宽度相比四窗口降低了 5.96%、横向连续燃烧两窗口火焰融合宽度相比三窗口降低了 82.93%；当基准风速为 0m/s，环境湿度为 86% 时，横向连续燃烧三窗口火焰融合宽度相比四窗口降低了 5.96%、横向连续燃烧两窗口火焰融合宽度比三窗口降低了 86.34%；当基准风速为 3.3m/s，环境湿度为 37% 时，横向连续燃烧三窗口火焰融合宽度相比四窗口降低了 7.52%、横向连续燃烧两窗口火焰融合宽度相比三窗口降低了 88.04%；当基准风速为 3.3m/s，环境湿度为 63% 时，横向连续燃烧三窗口火焰融合宽度相比四窗口降低了 13.89%、横向连续燃烧两窗口火焰融合宽度相比三窗口降低了 83.41%；当基准风速为 3.3m/s，环境湿度为 86% 时，横向连续燃烧三窗口火焰融合宽度相比四窗口降低了 7.46%、横向连续燃烧两窗口火焰融合宽度比三窗口降低了 85.78%；当基准风速为 7.9m/s，环境湿度为 37% 时，横向连续燃烧三窗口火焰融合宽度相比四窗口降低了 8.12%、横向连续燃烧两窗口火焰融合宽度相比三窗口降低了 87.44%；当基准风速为 7.9m/s，环境湿度为 63% 时，横向连续燃烧三窗口火焰融合宽度相比四窗口降低了 11.07%、横向连续燃烧两窗口火焰融合宽度相比三窗口降低了 82.67%；当基准风速为 7.9m/s，环境湿度为 86% 时，横向连续燃烧三窗口火焰融合宽度相比四窗口降低了 11.89%、横向连续燃烧两窗口火焰融合宽度比三窗口降低了 84.19%。

根据表 4-12 可得，在湿度 37%、63% 和 86% 的条件下，火焰温度达到 540℃，基准风速 0m/s 时，横向连续燃烧三窗口相比四窗口火焰融合宽度降低了 3.37%~5.96%，横向连续燃烧两窗口相比三窗口火焰融合宽度降低了 82.93%~90.05%；基准风速 3.3m/s 时，横向连续燃烧三窗口相比四窗口火焰融合宽度降低了 7.46%~13.89%，横向连续燃烧两窗口相比三窗口火焰融合宽度降低了 83.41%~88.04%；在基准风速为 7.9m/s 的条件下，横向连续燃烧三窗口相比四窗口火焰融合宽度降低了 8.12%~11.89%，横向连续燃烧两窗口相比三窗口火焰融合宽度降低了 82.67%~87.44%。

结合以上分析可知，基准风速和城市湿度均对矩形平面连体高层建筑火焰融合宽度有较大影响，无论是风速 0m/s、3.3m/s 或者 7.9m/s 都对矩形平面连体高层建筑的火焰融合宽度有促进作用，同时随着建筑基准风速的增加，在火焰温度达到 540℃ 时的火焰融合宽度逐步增加，并且矩形平面连体高层建筑的火焰融合宽度并不会随着湿度的升高而一直升高，在湿度 37%～63%时，火焰融合宽度随着湿度的升高而升高；在湿度 63%～86%时，火焰融合宽度并没有上升，而是有所降低，随着横向连续燃烧窗口数量的增加，火焰融合宽度也会逐渐升高。

4.2　不同湿度条件下的 H 形平面连体高层建筑外墙火焰蔓延数值分析

　　H 形平面连体高层建筑由于其结构特殊，易发生烟囱效应，同时由于 H 形平面连体高层建筑的连接处较一般连体结构建筑跨度更小，因此，对不同湿度和基准风速下的 H 形平面连体高层建筑火灾蔓延进行研究有着重要意义。本节研究了 H 形平面连体高层建筑在不同湿度、不同基准风速环境下的横向连续燃烧多窗口羽流火焰融合宽度及其变化规律。

　　本节以某一实际连体高层建筑为原型建立了高层连体结构的建筑模型，该建筑外立面保温材料采用 XPS 保温板，一共 26 层，总高度 78m，层高 3m，窗口尺寸为 1.5m×1.6m，其中窗口的宽度为 1.5m，而窗口的高度则为 1.6m。起火房间为建筑内部第 25 层的卧室，房间尺寸大小均为 3.0m×4.0m，火焰荷载密度为 0.51MW/m²。H 形平面连体高层建筑外立面形式如图 4-26(a) 所示，其火源室内布置如图 4-26(b) 所示。

　　本节模拟 H 形平面连体高层建筑室内起火，达到一定的时间后，从窗口蹿出的火焰会点燃外部可燃材料从而导致建筑外立面火焰蔓延，设定危险温度为 540℃。图 4-26(c) 和 (d) 为 H 形平面连体高层建筑温度切片位置以及切片视图，切片垂直于窗口且经过火源所在的房间窗口中心位置，以获得温度分布等温线所需的相关数据。在每层窗口中心设置了温度测点，编号分别为 THCP1～THCP11，如图 4-26(e) 所示，以获取 H 形平面连体高层建筑外立面窗口的温度曲线数据。

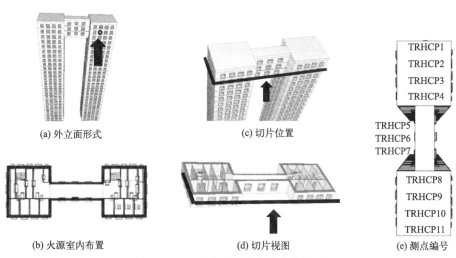

(a) 外立面形式　　　　(c) 切片位置

(b) 火源室内布置　　　　(d) 切片视图

(e) 测点编号

TRHCP1
TRHCP2
TRHCP3
TRHCP4
TRHCP5
TRHCP6
TRHCP7
TRHCP8
TRHCP9
TRHCP10
TRHCP11

图 4-26　H 形平面连体高层建筑模型

　　本节分析城市相对湿度、基准风力值和横向连续燃烧窗口数量对 H 形平面连体高层建筑窗口羽流火焰的影响。按照我国城市的潮湿程度数据，设定了三个相对湿度作为设定标准，分别是 86%（对应相对湿度最高的城市——海口）、37%（对应相对湿度最低的城市——拉萨）、63%（对应大连）。按照我国气象统计局统计，我国主要大中城市最近十年的年度平均风力为二到三级，最高连续风力为四级，根据《风力等级》（GB/T 28591—2012），二级风的最高风力值为 3.3m/s，四级风的最高风力值为 7.9m/s，可以设定三个标准风速，分别是 0m/s、3.3m/s 和 7.9m/s，同时自然风风速也随着建筑物高度的上升而增大。当标准风速为 3.3m/s 和 7.9m/s 时，同截断高度的各层风力的平均值如表 4-1、表 4-2 所示。H 形平面连体高层建筑详细工况设置如表 4-13 所示，按照横向连续窗口的设定，横向连续燃烧窗口数量所表示的依次是横向连续两窗口、横向连续三窗口、横向连续四窗口，分别代表横向连续两窗口、三窗口、四窗口同时燃烧。

表 4-13　H 形平面连体高层建筑工况设置

湿度	基准风速/(m/s)	横向连续燃烧窗口数量/个
37%	0	2
		3
		4
	3.3	2
		3
		4
	7.9	2
		3
		4
63%	0	2
		3
		4
	3.3	2
		3
		4
	7.9	2
		3
		4
86%	0	2
		3
		4
	3.3	2
		3
		4
	7.9	2
		3
		4

4.2.1　湿度 37%

在温度分布等温线图中，横坐标 X 是矩形平面连体高层建筑的横向宽度，纵坐标 Y 是建筑物的纵向宽度；在温度曲线图中，横坐标是火灾中的燃烧持续时间，纵坐标表示窗口的温度情况。

4.2.1.1 基准风速 0m/s

由模拟计算可以得出，在湿度为 37%、基准风速为 0m/s 时，H 形平面连体高层建筑横向连续两到四窗口燃烧的温度分布等温线分别如图 4-27 所示，温度曲线如图 4-28 所示。

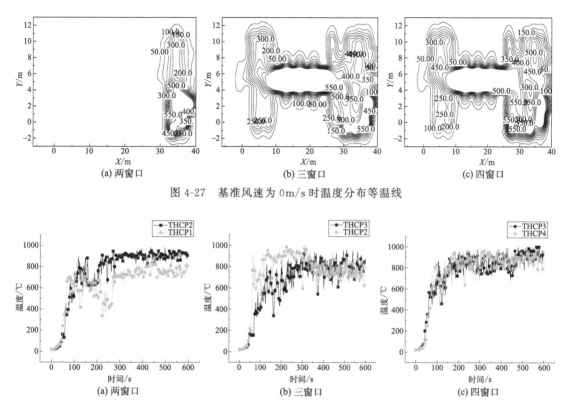

图 4-27　基准风速为 0m/s 时温度分布等温线

图 4-28　基准风速为 0m/s 时温度曲线

分析可知，横向连续二到四窗口燃烧情况下，火焰燃烧温度达到 540℃时的横向火焰融合宽度分别为：两窗口火焰融合宽度为 2.6m、三窗口火焰融合宽度为 25.7m、四窗口火焰融合宽度为 26.1m。温度最高的测点分别为 THCP2、THCP3、THCP4，火焰最高温度均接近 900℃。

4.2.1.2 基准风速 3.3m/s

由模拟计算可以得出，当湿度为 37%、基准风速为 3.3m/s 时，H 形平面连体高层建筑横向连续两到四窗口燃烧的温度分布等温线如图 4-29 所示，温度曲线如图 4-30 所示。

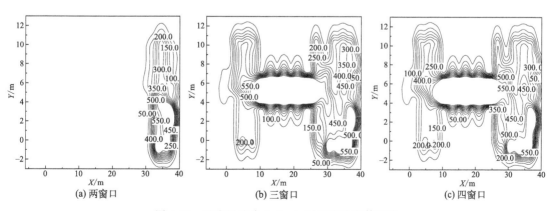

图 4-29　基准风速为 3.3m/s 时温度分布等温线

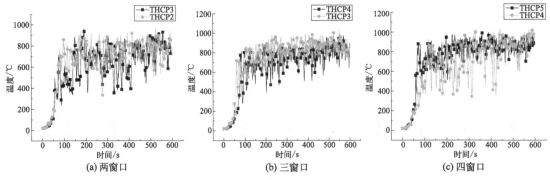

图 4-30 基准风速为 3.3m/s 时温度曲线

分析可知，横向连续二到四窗口燃烧情况下，火焰燃烧温度达到 540℃时的横向火焰融合宽度分别为：两窗口火焰融合宽度为 2.8m、三窗口火焰融合宽度为 26m、四窗口火焰融合宽度为 26.5m。温度最高的测点分别为 THCP3、THCP4、THCP5，火焰最高温度均接近 800℃。

4.2.1.3 基准风速 7.9m/s

由模拟计算可以得出，当湿度为 37%，基准风速为 7.9m/s 时，H 形平面连体高层建筑横向连续两到四窗口燃烧的温度分布等温线如图 4-31 所示，温度曲线如图 4-32 所示。

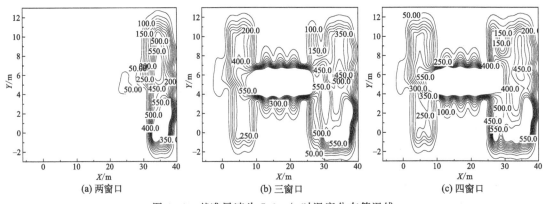

图 4-31 基准风速为 7.9m/s 时温度分布等温线

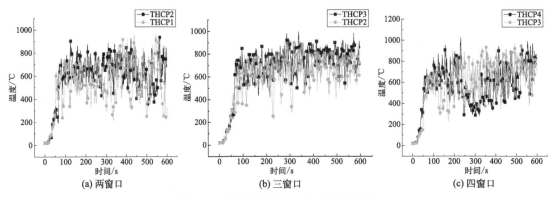

图 4-32 基准风速 7.9m/s 时温度曲线

　　分析可知，横向连续二到四窗口燃烧情况下，火焰燃烧温度达到 540℃时的横向火焰融合宽度分别为：两窗口火焰融合宽度为 2.9m、三窗口火焰融合宽度为 27.2m、四窗口火焰融合宽度为 27.8m。温度最高的测点分别为 THCP2、THCP3、THCP4，火焰最高温度均接近 800℃。

　　根据分析可知，当 H 形平面连体高层建筑在湿度 37％的环境下，随着基准风速的增大、横向连续燃烧窗口数量的增加，达到危险温度 540℃时的火焰融合宽度也增大。

4.2.2　湿度 63％

4.2.2.1　基准风速 0m/s

　　由模拟计算可以得出，当湿度为 63％，基准风速为 0m/s 时，H 形平面连体高层建筑横向连续两到四窗口燃烧的温度分布等温线如图 4-33 所示，温度曲线如图 4-34 所示。

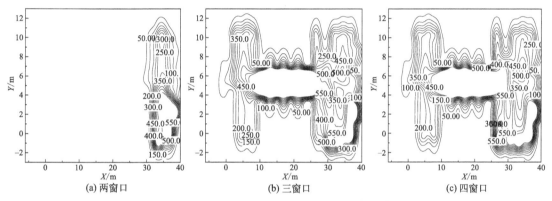

图 4-33　基准风速为 0m/s 时温度分布等温线

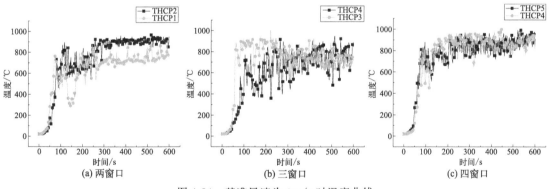

图 4-34　基准风速为 0m/s 时温度曲线

　　分析可知，横向连续二到四窗口燃烧情况下，火焰燃烧温度达到 540℃时的横向火焰融合宽度分别为：两窗口火焰融合宽度为 3.5m、三窗口火焰融合宽度为 26.1m、四窗口火焰融合宽度为 26.6m。温度最高的测点分别为 THCP2、THCP4、THCP5，火焰最高温度均接近 800℃。

4.2.2.2　基准风速 3.3m/s

　　由模拟计算可以得出，当湿度为 63％，基准风速为 3.3m/s 时，H 形平面连体高层建筑横向连续两到四窗口燃烧的温度分布等温线如图 4-35 所示，温度曲线如图 4-36 所示。

　　分析可知，横向连续二到四窗口燃烧情况下，火焰燃烧温度达到 540℃时的横向火焰融合宽度分别为：两窗口火焰融合宽度为 3.6m、三窗口火焰融合宽度为 27.2m、四窗口火焰融合宽度为 28.2m。温度最高的测点分别为 THCP2、THCP3、THCP4，火焰最高温度均接近 800℃。

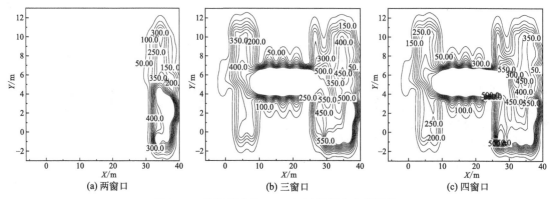

图 4-35　基准风速为 3.3m/s 时温度分布等温线

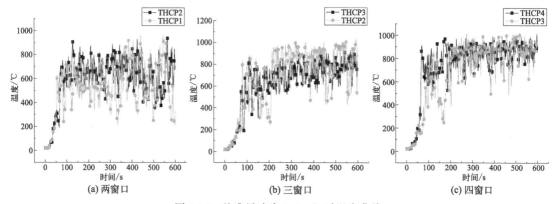

图 4-36　基准风速为 3.3m/s 时温度曲线

4.2.2.3　基准风速 7.9m/s

由模拟计算可以得出，当湿度在 63%，基准风速为 7.9m/s 时，H 形平面连体高层建筑横向连续两到四窗口燃烧的温度分布等温线如图 4-37 所示，温度曲线如图 4-38 所示。

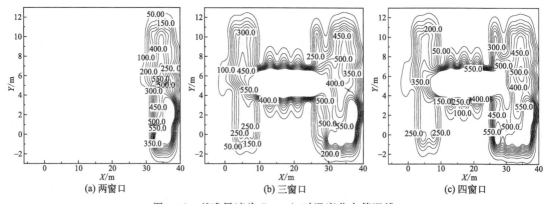

图 4-37　基准风速为 7.9m/s 时温度分布等温线

分析可知，横向连续二窗口、三窗口、四窗口燃烧情况下，火焰燃烧温度达到 540℃时的横向火焰融合宽度分别为：两窗口火焰融合宽度为 3.9m、三窗口火焰融合宽度为

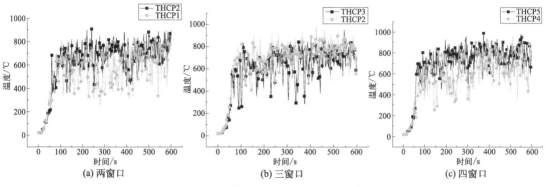

图 4-38　基准风速为 7.9m/s 时温度曲线

28.5m、四窗口火焰融合宽度为 28.9m。温度最高的测点分别为 THCP2、THCP3、THCP5，火焰最高温度均接近 800℃。

　　根据分析可知，当 H 形平面连体高层建筑在湿度 63％的环境下，随着基准风速的增大、横向连续燃烧窗口数量的增加，达到危险温度 540℃时的火焰融合宽度也增大。

4.2.3　湿度 86％

4.2.3.1　基准风速 0m/s

　　由模拟计算可以得出，当湿度为 86％，基准风速为 0m/s 时，H 形平面连体高层建筑横向连续两到四窗口燃烧的温度分布等温线如图 4-39 所示，温度曲线如图 4-40 所示。

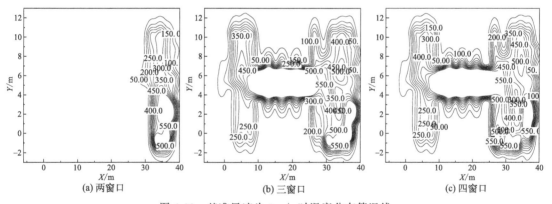

图 4-39　基准风速为 0m/s 时温度分布等温线

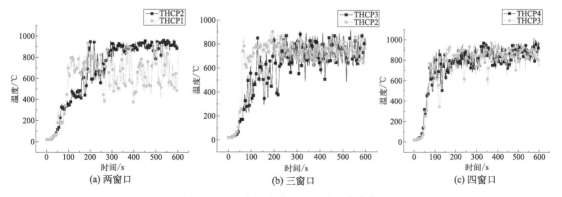

图 4-40　基准风速为 0m/s 时温度曲线

分析可知，横向连续二到四窗口燃烧情况下，火焰燃烧温度达到 540℃时的横向火焰融合宽度分别为：两窗口火焰融合宽度为 2.8m、三窗口火焰融合宽度为 26m、四窗口火焰融合宽度为 26.6m。温度最高的测点分别为 THCP2、THCP3、THCP4，火焰最高温度均接近 800℃。

4.2.3.2 **基准风速 3.3m/s**

由模拟计算可以得出，当湿度为 86%，基准风速为 3.3m/s 时，H 形平面连体高层建筑横向连续两到四窗口燃烧的温度分布等温线如图 4-41 所示，温度曲线如图 4-42 所示。

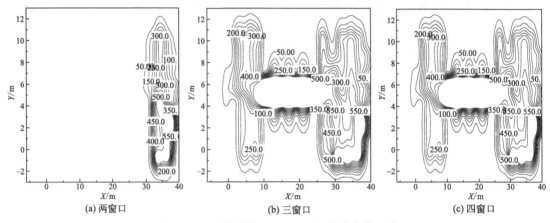

图 4-41　基准风速为 3.3m/s 时温度分布等温线

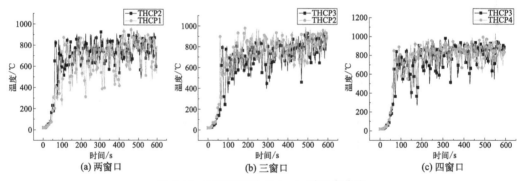

图 4-42　基准风速为 3.3m/s 时温度曲线

分析可知，横向连续二到四窗口燃烧情况下，火焰燃烧温度达到 540℃时的横向火焰融合宽度分别为：两窗口火焰融合宽度为 3.1m、三窗口火焰融合宽度为 26.6m、四窗口火焰融合宽度为 27.0m。温度最高的测点分别为 THCP2、THCP3、THCP4，火焰最高温度均接近 800℃。

4.2.3.3 **基准风速 7.9m/s**

由模拟计算可以得出，当湿度为 86%，基准风速为 7.9m/s 时，H 形平面连体高层建筑横向连续两到四窗口燃烧的温度分布等温线如图 4-43 所示，温度曲线如图 4-44 所示。

分析可知，横向连续二到四窗口燃烧情况如下，火焰燃烧温度达到 540℃时的横向火焰融合宽度分别为：两窗口火焰融合宽度为 3.4m、三窗口火焰融合宽度为 27.3m、四窗口火焰融合宽度为 28.5m。温度最高的测点分别为 THCP2、THCP3、THCP5，火焰最高温度均接近 700℃。

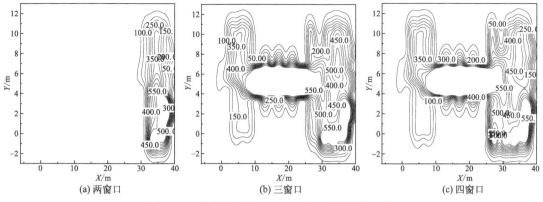

图 4-43　基准风速为 7.9m/s 时温度分布等温线

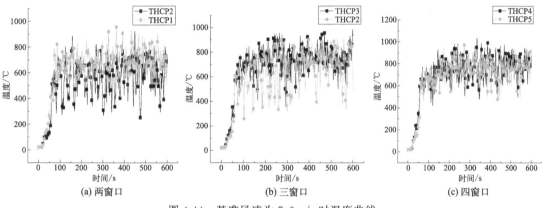

图 4-44　基准风速为 7.9m/s 时温度曲线

　　根据分析可知,当 H 形平面连体高层建筑在湿度 86% 的环境下,随着基准风速的增大、横向连续燃烧窗口数量的增加,达到危险温度 540℃ 时的火焰融合宽度也增大。

4.2.4　结果分析

　　接下来分析当湿度在 37%、63%、86%,横向连续燃烧不同窗口数量时火焰融合宽度的变化规律。

　　当湿度为 37%,横向连续燃烧不同窗口数量时的火焰融合宽度如表 4-14 所示。

表 4-14　湿度 37% 时 540℃ 对应的火焰融合宽度　　　　　　单位:m

横向连续燃烧窗口数量	基准风速 0m/s 时 火焰融合宽度	基准风速 3.3m/s 时 火焰融合宽度	基准风速 7.9m/s 时 火焰融合宽度
两窗口	2.6	2.8	2.9
三窗口	25.7	26	27.2
四窗口	26.1	26.5	27.8

　　分析表 4-14 可知,在湿度 37%、横向连续燃烧二到四窗口条件下火焰融合宽度的变化为:基准风速 3.3m/s 时比 0m/s 时增加了 0.2m、0.3m、0.4m;基准风速 7.9m/s 时比 3.3m/s 时增加了 0.1m、1.2m、1.3m。

　　当环境湿度为 37%,基准风速分别为 0m/s、3.3m/s 和 7.9m/s 时,火焰融合宽度的变化为：横向连续燃烧三窗口比两窗口分别增大了 23.1m、23.2m、24.3m；横向连续燃烧四窗口比三窗口分别增大了 0.4m、0.5m、0.6m。

根据以上计算分析可知，H 形平面连体高层建筑在湿度 37% 的条件下，随基准风速的增大，达到 540℃ 时的火焰融合宽度随之增加；随横向连续燃烧窗口数量的增加，达到 540℃ 时的火焰融合宽度也增加。

当湿度为 63%，横向连续燃烧不同窗口数量时的火焰融合宽度如表 4-15 所示。

表 4-15　湿度 63% 时 540℃ 对应的火焰融合宽度　　　　　　单位：m

横向连续燃烧窗口数量	基准风速 0m/s 时火焰融合宽度	基准风速 3.3m/s 时火焰融合宽度	基准风速 7.9m/s 时火焰融合宽度
两窗口	3.5	3.6	3.9
三窗口	26.1	27.2	28.5
四窗口	26.6	28.2	28.9

分析表 4-15 可知，在湿度 63%、横向连续燃烧二到四窗口条件下火焰融合宽度的变化为：基准风速 3.3m/s 时比 0m/s 时增加了 0.1m、1.1m、1.6m；基准风速 7.9m/s 时比 3.3m/s 时增加了 0.3m、1.3m、0.7m。

当环境湿度为 63%，基准风速为 0m/s、3.3m/s 和 7.9m/s 时，火焰融合宽度变化为：横向连续燃烧三窗口比两窗口增大了 22.6m、23.6m、24.6m；横向连续燃烧四窗口比三窗口增大了 0.5m、1m、0.4m。

根据以上计算分析可知，当 H 形平面连体高层建筑在湿度 63% 的环境下，随基准风速的增大，达到 540℃ 时的火焰融合宽度随之增加；随横向连续燃烧窗口数量的增加，达到 540℃ 时的火焰融合宽度也增加。

当湿度为 86%，横向连续燃烧不同窗口数量时的火焰融合宽度如表 4-16 所示。

表 4-16　湿度 86% 时 540℃ 对应的火焰融合宽度　　　　　　单位：m

横向连续燃烧窗口数量	基准风速 0m/s 时火焰融合宽度	基准风速 3.3m/s 时火焰融合宽度	基准风速 7.9m/s 时火焰融合宽度
两窗口	2.8	3.1	3.4
三窗口	26	26.6	27.3
四窗口	26.6	27	28.5

分析表 4-16 可知，在湿度 86%、横向连续燃烧二到四窗口条件下火焰融合宽度的变化为：基准风速 3.3m/s 时比 0m/s 时分别增加了 0.3m、0.6m、0.4m；基准风速 3.3m/s 时比 7.9m/s 时分别增加了 0.3m、0.7m、1.5m。

当环境湿度为 86%，基准风速为 0m/s、3.3m/s 和 7.9m/s 时，火焰融合宽度发生的变化为：横向连续燃烧三窗口比两窗口分别提高了 23.2m、23.5m、23.9m；横向连续燃烧四窗口比三窗口分别提高了 0.6m、0.4m、1.2m。

根据以上计算分析可知，当 H 形平面连体高层建筑在湿度 63% 的环境下，随基准风速的增大，达到 540℃ 时的火焰融合宽度随之增加；随横向连续燃烧窗口数量的增加，达到 540℃ 时的火焰融合宽度也相应增加。

由表 4-14～表 4-16 分析可知，在环境湿度为 37% 的条件下，当温度到达 540℃，基准风速为 0m/s、3.3m/s 和 7.9m/s 时，横向连续燃烧四窗口比三窗口火焰融合宽度增加了

0.4～0.6m，横向连续燃烧三窗口比两窗口火焰融合宽度增加了 23.1～24.3m；在环境湿度为 63% 的条件下，当温度到达 540℃，基准风速为 0m/s、3.3m/s 和 7.9m/s 时，横向连续燃烧四窗口比三窗口火焰融合宽度增加了 0.4～1m，横向连续燃烧三窗口比两窗口火焰融合宽度增加了 22.6～24.6m。当环境湿度为 86%，温度到达 540℃，基准风速为 0m/s 时，横向连续燃烧四窗口比三窗口火焰融合宽度增加了 0.4～1.2m，横向连续燃烧三窗口比两窗口火焰融合宽度增加了 23.2～23.9m。在湿度 63%，基准风速 7.9m/s 时，横向连续燃烧四窗口火焰融合宽度最大值为 28.9m。

　　图 4-45～图 4-47 分别为湿度 37%、湿度 63%、湿度 86% 条件下的多窗口横向连续燃烧火焰融合宽度对比图。

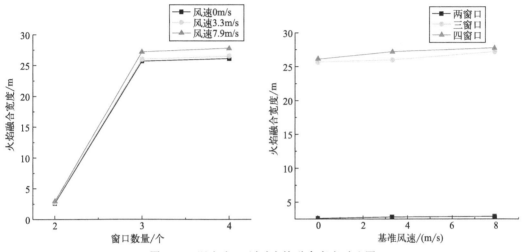

图 4-45　湿度为 37% 时火焰融合宽度对比图

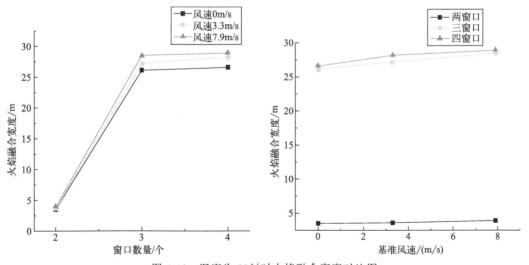

图 4-46　湿度为 63% 时火焰融合宽度对比图

　　由图 4-45～图 4-47 可知，当湿度为 37%、63% 和 86% 时，火焰融合宽度随着基准风速的增大而增大，在任意湿度下，横向连续燃烧窗口个数越多，火焰融合宽度越高。

　　设基准风速 3.3m/s 时与基准风速 0m/s 时的火焰融合宽度相比增长幅度为 a，基准风速 7.9m/s 时与基准风速 3.3m/s 时的火焰融合宽度相比增长幅度为 b,其火焰融合宽度对比增长幅度计算汇总如表 4-17 所示。

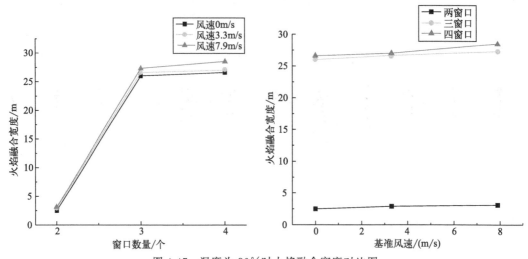

图 4-47   湿度为 86% 时火焰融合宽度对比图

表 4-17   湿度 37%、63% 和 86% 时随基准风速升高火焰融合宽度的增长幅度   单位:%

项目		横向两窗口	横向三窗口	横向四窗口
湿度 37%	a	7.69	1.17	1.53
	b	3.57	4.62	4.91
湿度 63%	a	2.86	4.21	6.02
	b	8.33	4.78	2.48
湿度 86%	a	10.71	2.31	1.50
	b	9.68	2.63	5.56

由表 4-17 分析可知,当湿度为 37%,横向连续燃烧两窗口的情况下,基准风速 3.3m/s 时比 0m/s 时、7.9m/s 时比 3.3m/s 时火焰融合宽度增长了 7.69%、3.57%。当湿度为 37%,横向连续燃烧三窗口的情况下,基准风速 3.3m/s 时比 0m/s 时、7.9m/s 时比 3.3m/s 时火焰融合宽度分别增长了 1.17%、4.62%。当湿度为 37%,横向连续燃烧四窗口的情况下,基准风速 3.3m/s 时比 0m/s 时、7.9m/s 时比 3.3m/s 时火焰融合宽度分别增长了 1.53%、4.91%。

当湿度为 63%,横向连续燃烧两窗口的情况下,基准风速 3.3m/s 时比 0m/s 时、7.9m/s 时比 3.3m/s 时火焰融合宽度分别增长了 2.86%、8.33%。当湿度为 63%,横向连续燃烧三窗口的情况下,基准风速 3.3m/s 时比 0m/s 时、7.9m/s 时比 3.3m/s 时火焰融合宽度分别增长了 4.21%、4.78%。当湿度为 63%,横向连续燃烧四窗口的情况下,基准风速 3.3m/s 时比 0m/s 时、7.9m/s 时比 3.3m/s 时火焰融合宽度分别增长了 6.02%、2.48%。

当湿度为 86%,横向连续燃烧两窗口的情况下,基准风速 3.3m/s 时比 0m/s 时、7.9m/s 时比 3.3m/s 时分别增长了 10.71%、9.68%。当湿度为 86%,横向连续燃烧三窗口的情况下,基准风速 3.3m/s 时比 0m/s 时、7.9m/s 时比 3.3m/s 时分别增长了 2.31%、2.63%。当湿度为 86%,横向连续燃烧四窗口的情况下,基准风速 3.3m/s 时比 0m/s 时、7.9m/s 时比 3.3m/s 时分别增长了 1.50%、5.56%。

根据表 4-17 进行分析可得，在环境湿度 37%、63% 和 86% 条件下，当温度到达 540℃，基准风速 3.3m/s 时与 0m/s 时相比，横向连续燃烧多窗口的火焰融合宽度变化依次为：两窗口提高了 2.86%～10.71%、三窗口提高了 1.17%～4.21%、四窗口提高了 1.5%～6.02%；基准风速 7.9m/s 时与 3.3m/s 时相比，宽度变化依次为：两窗口提高了 3.57%～9.68%、三窗口提高了 2.63%～4.78%、四窗口提高了 2.48%～5.56%。

基准风速 0m/s 时，不同湿度对应的两窗口、三窗口、四窗口火焰融合宽度如表 4-18 所示。

表 4-18　基准风速 0m/s 时 540℃ 对应的火焰融合宽度　　　　　　　　　单位：m

横向连续燃烧窗口数量	湿度 37% 时火焰融合宽度	湿度 63% 时火焰融合宽度	湿度 86% 时火焰融合宽度
两窗口	2.6	3.5	2.8
三窗口	25.7	26.1	26
四窗口	26.1	26.6	26.6

由表 4-18 计算分析可得，当基准风速 0m/s，火焰横向连续燃烧两窗口、三窗口、四窗口温度达到 540℃ 时，火焰融合宽度的变化分别为：湿度 63% 时比湿度 37% 时分别提升了 0.9m、0.4m、0.5m；湿度 86% 时比湿度 63% 时分别降低了 0.7m、0.1m、0m。基准风速为 0m/s 时，三种湿度条件下多窗口火焰融合宽度变化分别为：横向连续燃烧三窗口时比两窗口时分别提升了 23.1m、22.6m、23.2m；横向连续燃烧四窗口时比三窗口时分别提升了 0.4m、0.5m、0.6m。

综上分析可知，当基准风速为 0m/s 时，湿度 37% 条件下的火焰融合宽度最小，湿度 63% 条件下的火焰融合宽度最大；随着横向连续燃烧窗口数量的增加，达到 540℃ 时的火焰融合宽度逐渐提升。

基准风速 3.3m/s 时，不同湿度对应的两窗口、三窗口、四窗口火焰融合宽度如表 4-19 所示。

表 4-19　基准风速 3.3m/s 时 540℃ 对应的火焰融合宽度　　　　　　　　单位：m

横向连续燃烧窗口数量	湿度 37% 时火焰融合宽度	湿度 63% 时火焰融合宽度	湿度 86% 时火焰融合宽度
两窗口	2.8	3.6	3.1
三窗口	26	27.2	26.6
四窗口	26.5	28.2	27

由表 4-19 计算分析可得，当基准风速 3.3m/s，横向连续燃烧两窗口、三窗口、四窗口温度达到 540℃ 时，三种湿度条件下多窗口燃烧火焰融合宽度的变化分别为：湿度 63% 时比湿度 37% 时分别增加了 0.8m、1.2m、1.7m；湿度 86% 时比湿度 63% 时分别降低了 0.5m、0.6m、1.2m。基准风速为 3.3m/s 时，三种湿度条件下多窗口燃烧火焰融合宽度变化分别为：横向连续三窗口时比两窗口时分别提升了 23.2m、23.6m、23.5m；横向连续四窗口时比三窗口时分别提升了 0.5m、1m、0.4m。

综上分析可知，当基准风速 3.3m/s 时，湿度 37% 条件下的火焰融合宽度最小，湿度 63% 条件下的火焰融合宽度最大；随着横向连续燃烧窗口数量的增加，达到 540℃ 时的火焰融合宽度也增大。

表 4-20　基准风速 7.9m/s 时 540℃对应的火焰融合宽度　　　　单位：m

横向连续燃烧窗口数量	湿度 37%时火焰融合宽度	湿度 63%时火焰融合宽度	湿度 86%时火焰融合宽度
两窗口	2.9	3.9	3.4
三窗口	27.2	28.5	27.3
四窗口	27.8	28.9	28.5

由表 4-20 可得，当基准风速为 7.9m/s，横向连续燃烧两窗口、三窗口、四窗口温度达到 540℃时，三种湿度条件下多窗口燃烧火焰融合宽度的变化分别为：湿度 63%时比湿度 37%时分别增加了 1m、1.3m、1.1m；湿度 86%时比湿度 63%时分别降低了 0.5m、1.2m、0.4m。基准风速为 7.9m/s 时，三种湿度条件下多窗口火焰融合宽度变化分别为：横向连续燃烧三窗口时比两窗口时分别增加了 24.3m、24.6m、23.9m；横向连续燃烧四窗口时比三窗口时分别增加了 0.6m、0.4m、1.2m。

上述分析结果表明，基准风速 7.9m/s 时，湿度 37%条件下的火焰融合宽度最小，而湿度 63%条件下的火焰融合宽度最大；随着横向连续燃烧窗口数量的增加，达到 540℃的火焰融合宽度也增加。

根据表 4-18～表 4-20 得出的结果，基准风速从 0m/s 到 7.9m/s，横向连续燃烧二到四窗口，达到 540℃时，湿度 63%相较于湿度 37%的条件下的火焰融合宽度分别上升了 0.8～1m、0.4～1.3m、0.5～1.7m。湿度 86%相较于湿度 63%的条件下的火焰融合宽度分别下降了 0.5～0.7m、0.1～1.2m、0～1.2m。

根据表 4-18～表 4-20 得出的结果，在环境湿度 37%、63%和 86%的条件下，当温度达到 540℃时，基准风速 3.3m/s 时与 0m/s 时相比，火焰融合宽度的变化分别为：横向连续燃烧两窗口上升了 0.1～0.3m、横向连续燃烧三窗口上升了 0.3～1.1m、横向连续燃烧四窗口上升了 0.4～1.6m。基准风速 7.9m/s 与 3.3m/s 相比，火焰融合宽度的变化分别为：横向连续燃烧两窗口上升了 0.1～0.3m、横向连续燃烧三窗口上升了 0.7～1.3m、横向连续燃烧四窗口上升了 0.7～1.5m。

图 4-48～图 4-50 为基准风速 0m/s、3.3m/s、7.9m/s 时不同湿度条件下的火焰融合宽度对比图。

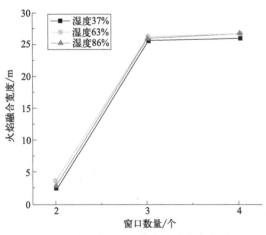

图 4-48　基准风速 0m/s 时火焰融合宽度对比图

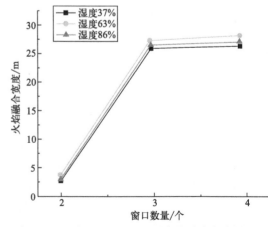

图 4-49　基准风速 3.3m/s 时火焰融合宽度对比图

　　由图 4-48～图 4-50 可得，在基准风速 0m/s、3.3m/s 和 7.9m/s 的条件下，湿度 37% 时火焰融合宽度最低；在基准风速 0m/s、3.3m/s 和 7.9m/s 的条件下，湿度 63% 时火焰融合宽度最高。

　　设环境湿度 63% 时与湿度 37% 时的火焰融合宽度相比增长幅度为 a，环境湿度 86% 时与湿度 63% 时的火焰融合宽度相比增长幅度为 b，不同湿度条件下，横向连续燃烧两窗口、三窗口、四窗口，基准风速为 0m/s、3.3m/s、7.9m/s 时的火焰融合宽度增长幅度如表 4-21 所示。

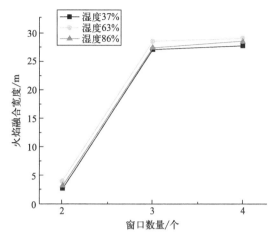

图 4-50　基准风速 7.9m/s 时火焰融合宽度对比图

表 4-21　不同湿度条件下火焰融合宽度增长幅度　　　　　　　单位:%

项目		横向两窗口	横向三窗口	横向四窗口
基准风速 0m/s	a	34.62	1.56	1.92
	b	−20	−0.38	0
基准风速 3.3m/s	a	42.86	4.62	6.42
	b	−13.89	−2.21	−4.26
基准风速 7.9m/s	a	34.48	4.78	3.96
	b	−12.82	−4.21	−1.38

　　对表 4-21 分析可知，当基准风速为 0m/s，横向连续燃烧两窗口时，湿度 63% 比湿度 37% 条件下火焰融合宽度增长了 34.62%，湿度 86% 比湿度 63% 条件下火焰融合宽度降低了 20%。当基准风速为 0m/s，横向连续燃烧三窗口时，湿度 63% 比湿度 37% 条件下，火焰融合宽度增长了 1.56%，湿度 63% 比湿度 86% 条件下火焰融合宽度降低了 0.38%。当基准风速为 0m/s，横向连续燃烧四窗口时，湿度 63% 比湿度 37% 条件下的火焰融合宽度增长了 1.92%，湿度 63% 与湿度 86% 条件下火焰融合宽度没有发生变化。当基准风速为 3.3m/s，横向连续燃烧两窗口时，湿度 63% 比 37% 条件下的火焰融合宽度增长了 42.86%，湿度 86% 比 63% 条件下的火焰融合宽度降低了 13.89%。当基准风速为 3.3m/s，横向连续燃烧三窗口时，湿度 63% 比湿度 37% 条件下的火焰融合宽度增长了 4.62%，湿度 86% 比湿度 63% 条件下的火焰融合宽度降低了 2.21%。当基准风速 3.3m/s，横向连续燃烧四窗口时，湿度 63% 比湿度 37% 条件下的火焰融合宽度增长了 6.42%，湿度 86% 比湿度 63% 条件下的火焰融合宽度降低了 4.26%。当基准风速 7.9m/s，横向连续燃烧两窗口时，湿度 63% 比湿度 37% 条件下的火焰融合宽度增长了 34.48%，湿度 86% 比湿度 63% 条件下的火焰融合宽度降低了 12.82%。当基准风速 7.9m/s，横向连续燃烧三窗口时，湿度 63% 比湿度 37% 条件下的火焰融合宽度增长了 4.78%，湿度 86% 比湿度 63% 条件下的火焰融合宽度降低了 4.21%。当基准风速 7.9m/s，横向连续燃烧四窗口时，湿度 63% 比湿度 37% 条件下的火焰融合宽度增长了 3.96%，湿度 86% 比湿度 63% 条件下的火焰融合宽度降低了 1.38%。

　　根据表 4-21 得出的结果，基准风速 0m/s、3.3m/s、7.9m/s，横向连续燃烧两窗口到四窗口，火焰温度达到 540℃时，湿度 63％相较于湿度 37％的条件下，火焰融合宽度分别上升了 34.48％～42.86％、1.56％～4.78％、1.92％～6.42％；湿度 86％相较于湿度 63％的条件下，火焰融合宽度分别下降了 12.82％～20％、0.38％～4.21％、0％～4.26％。

设横向连续燃烧三窗口时与连续燃烧四窗口时火焰融合宽度相比下降幅度为 a，横向连续燃烧两窗口时与连续燃烧三窗口时的火焰融合宽度相比下降幅度为 b，其火焰融合宽度下降幅度汇总如表 4-22 所示。

表 4-22　横向连续燃烧多窗口火焰融合宽度下降幅度　　　　单位：％

项目		基准风速 0m/s	基准风速 3.3m/s	基准风速 7.9m/s
湿度 37％	a	1.53	1.89	2.16
	b	89.88	89.23	89.34
湿度 63％	a	1.88	3.55	1.38
	b	86.59	86.76	86.32
湿度 86％	a	2.26	1.48	4.21
	b	89.23	88.35	87.55

通过表 4-22 可得，当湿度分别为 37％、63％和 86％，温度达到 540℃时，在基准风速 0m/s 的条件下，横向连续燃烧三窗口比四窗口火焰融合宽度下降了 1.53％～2.26％，横向连续燃烧两窗口比三窗口火焰融合宽度下降了 86.59％～89.88％；在基准风速 3.3m/s 的条件下，横向连续燃烧三窗口比四窗口火焰融合宽度下降了 1.48％～3.55％，横向连续燃烧两窗口比三窗口火焰融合宽度下降了 86.76％～89.23％；在基准风速 7.9m/s 的条件下，横向连续燃烧三窗口比四窗口火焰融合宽度下降了 1.38％～4.21％，横向连续燃烧两窗口比三窗口火焰融合宽度下降了 86.32％～89.34％。

上述结论表明，基准风速和城市湿度都会对连体高层建筑火焰融合宽度带来很大的影响。随着横向连续燃烧窗口数量的增加，火焰融合宽度会升高。

4.3　矩形平面与 H 形平面连体高层建筑火灾模拟计算结果对比分析

4.3.1　不同基准风速下的对比

表 4-7 数据分析表明，对于矩形平面连体高层建筑，在湿度在 37％、63％和 86％条件下，当温度到达 540℃，基准风速 3.3m/s 时与 0m/s 时相比，火焰融合宽度变化为：两窗口提高了 2.86％～25％，三窗口提高了 2.93％～5.85％，四窗口提高了 0.36％～8.65％；基准风速 7.9m/s 时与 3.3m/s 时相比，火焰融合宽度变化为：两窗口提高了 8％～13.33％，三窗口提高了 1.75％～3.69％，四窗口提高了 3.54％～18.98％。对于 H 形平面连体高层建筑，基于表 4-18～表 4-20 可知，在湿度 37％、63％和 86％的情况下，当温度到达 540℃时，基准风速 3.3m/s 时与 0m/s 时相比，火焰融合宽度的变化为：两窗口增长了 0.1～0.3m，三窗口增长了 0.3～1.1m，四窗口增长了 0.4～1.6m。基准风速 7.9m/s 时与 3.3m/s 时相比，火焰融合宽度的变化为：两窗口上升了 0.1～0.3m，三窗口上升了 0.7～1.3m，四窗口上升了 0.7～1.5m。通过对矩形平面和 H 形平面连体高层建筑火灾模拟计算结果比较可以看出，在任意湿度环境下，温度升高到 540℃时的火焰融合宽度均随基准风速的增大而增大，基准风速对这两种连体结构建筑的火灾都有较大的影响。

4.3.2   不同湿度条件下的对比

对于矩形平面连体高层建筑，基于表 4-12 分析可知，当湿度为 37％、63％和 86％，温度到达 540℃时，在基准风速为 0m/s 的条件下，横向连续燃烧三窗口比四窗口火焰融合宽度降低了 3.37％～5.96％，横向连续燃烧两窗口比三窗口火焰融合宽度降低了 82.93％～90.05％；在基准风速为 3.3m/s 的条件下，横向连续燃烧三窗口比四窗口火焰融合宽度降低了 7.46％～13.89％，横向连续燃烧两窗口比三窗口火焰融合宽度降低了 83.41％～88.04％；在基准风速为 7.9m/s 的条件下，横向连续燃烧三窗口比四窗口火焰融合宽度降低了 8.12％～11.89％，横向连续燃烧两窗口比三窗口火焰融合宽度降低了 82.67％～87.44％。

对于 H 形平面连体高层建筑，基于表 4-22 分析结果可知，当环境湿度为 37％、63％和 86％，温度达到 540℃时，在基准风速为 0m/s 的条件下，横向连续燃烧三窗口比四窗口火焰融合宽度降低了 1.53％～2.26％，横向连续燃烧两窗口比三窗口火焰融合宽度降低了 86.59％～89.88％；在基准风速为 3.3m/s 的条件下，横向连续燃烧三窗口比四窗口火焰融合宽度降低了 1.48％～3.55％，横向连续燃烧两窗口比三窗口火焰融合宽度降低了 86.76％～89.23％；在基准风速为 7.9m/s 的条件下，横向连续燃烧三窗口比四窗口火焰融合宽度降低了 1.38％～4.21％，横向连续燃烧两窗口比三窗口火焰融合宽度降低了 86.32％～89.34％。

对比矩形平面和 H 形平面连体高层建筑火灾模拟计算结果可知，当湿度为 37％～86％，两种连体结构建筑都经历了火焰融合宽度先升高后降低的情况。湿度对于两种外立面高层建筑火灾的影响都比较显著，湿度较高或者较低都会抑制火焰横向蔓延。同时在湿度 37％、63％和 86％条件下，不同基准风速时，横向连续燃烧二到四窗口 H 形平面连体高层建筑的火焰融合宽度比矩形平面连体高层建筑更大。

对比矩形平面和 H 形平面连体高层建筑模拟结果可知，在湿度 37％、63％和 86％条件下，矩形平面和 H 形平面连体高层建筑的火焰融合宽度随着基准风速的增加而增大，而湿度 63％条件下火焰融合宽度又大于湿度 37％时和 86％时的火焰融合宽度。当湿度为 37％、63％和 86％时，在不同基准风速条件下，当横向连续燃烧二到四窗口时，H 形平面连体高层建筑火焰融合宽度均比矩形平面连体高层建筑更大。在湿度为 63％，基准风速 7.9m/s 时，矩形平面连体高层建筑连续燃烧四窗口火焰融合宽度稳定在 25.3m，H 形平面高层建筑连续燃烧四窗口火焰融合宽度稳定在 28.9m。

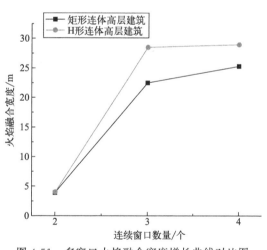

图 4-51   多窗口火焰融合宽度增长曲线对比图

同时根据图 4-2～图 4-19 和图 4-27～图 4-44 分析可知，矩形平面和 H 形平面连体高层建筑的阻隔区多窗口燃烧规律类似，都是在连续燃烧两窗口的时候火焰横向蔓延较小，三窗口时横向蔓延燃烧到另一侧，矩形平面连体高层建筑横向连续燃烧两窗口比三窗口火焰融合宽度降低 82.67％～90.05％，横向连续燃烧三窗口仅比四窗口火焰融合宽度降低 3.37％～8.12％；H 形平面连体高层建筑横向连续燃烧两窗口比三窗口降低 86.32％～89.88％，横向连续燃烧三窗口仅比四窗口降低 1.17％～7.69％。因此两种连体结构建筑都应在横向连续两窗口处设置防火玻璃门窗来防止火焰的横向蔓延。

4.4 高层连体建筑外部蔓延阻隔区布置建议

本章对矩形平面与 H 形平面连体高层建筑在基准风速、环境湿度和横向连续燃烧窗口数量等因素影响下羽流火焰的蔓延进行了数值模拟研究，分析了危险温度高度的变化规律。通过参考前人的研究成果，结合数值模拟所得数据，拟合得到危险温度高度，为同类型高层建筑的外部蔓延阻隔区的设置提供理论依据。总体结论及建议如下：

（1）对于矩形平面和 H 形平面连体高层建筑火灾，在 37%、63% 和 86% 湿度条件下，连续燃烧二到四窗口，达到危险温度 540℃ 时，火焰融合宽度随着基准风速的增加而增大。

（2）对于矩形平面和 H 形平面连体高层建筑火焰横向蔓延，在二到四窗口横向连续燃烧情况下，湿度 63% 相比于湿度 37% 和 86%，对火焰融合宽度的影响更大，湿度为 37% 时对火焰融合宽度的影响最小。湿度以及基准风速均为两种连体高层建筑火灾的重要影响因素。

（3）对比矩形和 H 形连体高层建筑模拟结果可知，当湿度为 37%、63% 和 86% 时，在不同基准风速条件下，当火焰横向燃烧二到四窗口时，H 形连体高层建筑火焰融合宽度均比矩形连体高层建筑更大。

（4）在一定的连续燃烧窗口数量范围内，火焰融合宽度随着连续燃烧窗口数量的增加而增大。两种连体高层建筑在基准风速 7.9m/s，湿度 63% 条件下，连续燃烧四窗口火焰融合宽度最大，矩形平面连体高层建筑火焰融合宽度稳定在 25.3m，H 形平面连体高层建筑火焰融合宽度稳定在 28.9m。连续燃烧三窗口时火焰融合宽度的增长远大于两窗口的情况，建议在每隔两个窗口处设置防火玻璃门窗来防止火焰的横向蔓延。

第5章

带连廊高层建筑外墙火焰蔓延机理及防控策略

5.1 连廊至外立面距离影响下外墙火焰蔓延数值分析

本节对带有连廊的凹形平面形式结构的实体建筑进行数值模拟分析，火灾建筑模型为18层住宅楼，其层高为3.0m，侧墙长度固定为4.6m，墙体厚度为0.2m，楼板厚度为0.1m，总高54m，房间开间尺寸为3m，进深尺寸为3.6m，满足实际规范要求。该建筑模型如图5-1所示。火源位于房间靠近窗口位置，如图5-2所示。

(a) 平面图　　　　　　　　　　　(b) 立面图

图 5-1　带连廊高层建筑模型

为探究带连廊高层建筑窗口喷火的影响因素，本节分别以火灾荷载密度、连廊宽度距离、窗户尺寸作为变量进行研究。设置了三种连廊至外立面距离，分别为1.5m、2m及2.5m；三种热释放速率，分别为6MW、7MW及8MW，三种热释放速率对应的火灾荷载密度为 0.56MW/m²、0.65MW/m²、0.74MW/m²；窗户尺寸根据不同的通风因子和窗口高宽比 λ 分别设置为1.8m×1.8m、1.8m×1.6m、1.5m×1.8m、1.2m×1.7m、1.5m×1.4m。对单窗口建筑模型的窗口喷火进行模拟研究时，测点1和测点2分别选取热电偶 THCP1.2、THCP2.2，

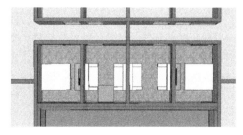

图 5-2　火源位置

窗口尺寸工况设置如表 5-1 所示。

表 5-1　窗口尺寸工况

工况序号	窗户宽度 B/m	窗户高度 H/m	窗户面积 A/m²	通风因子 $A\sqrt{H}$/m^{5/2}	窗口高宽比 λ
1	1.5	1.4	2.1	2.484	0.93
2	1.2	1.7	2.04	2.659	1.41
3	1.5	1.8	2.7	3.622	1.142
4	1.8	1.6	2.88	3.642	0.89
5	1.8	1.8	3.24	4.347	1

5.1.1　连廊距离外立面 1.5m

通过数值模拟计算可知，连廊距离外立面 1.5m，且火灾荷载密度为 0.56MW/m²、0.65MW/m²、0.74MW/m² 时，不同窗口尺寸工况下测点 1 和测点 2 的温度曲线如图 5-3～图 5-5 所示。

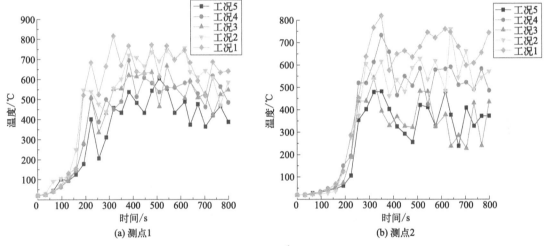

(a) 测点1　　　　　　　　　　(b) 测点2

图 5-3　火灾荷载密度 0.56MW/m² 时不同窗口尺寸的温度曲线

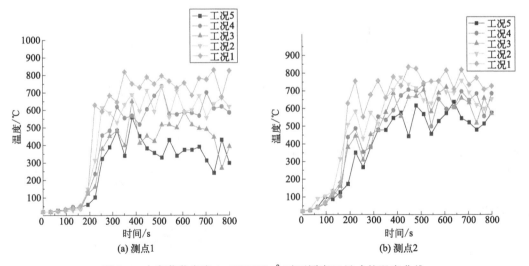

(a) 测点1　　　　　　　　　　(b) 测点2

图 5-4　火灾荷载密度 0.65MW/m² 时不同窗口尺寸的温度曲线

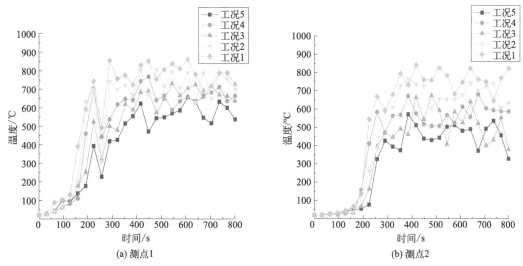

图 5-5　火灾荷载密度 0.74MW/m² 时不同窗口尺寸的温度曲线

由图 5-3 可知，前 200s 为可燃物在房间内燃烧状态，从 200～300s，火焰开始向窗口燃烧，火焰的温度使得玻璃破碎并从窗口喷出火焰，向上燃烧，在 300s 左右达到温度峰值，然后火势趋于稳定燃烧状态。工况 1、2 的温度曲线在工况 3、4 的温度曲线的上方，并且工况 3、4 的温度曲线在工况 5 的温度曲线的上方，由此可知，当窗口尺寸的通风因子较小时，其燃烧温度总体比通风因子较大时更高。

由图 5-4 可知，在 200～500s 的时间段内，工况 1、2 的温度曲线在工况 3、4 温度曲线的上方，并且工况 3、4 的温度曲线在工况 5 的温度曲线的上方。

从三组曲线图可知，火灾荷载密度为 0.65MW/m² 时温度曲线趋势与 0.56MW/m² 时相同，但是火灾荷载密度为 0.65MW/m² 五种工况的最低温度比 0.56MW/m² 时的最低温度要高，温度曲线整体在 0.56MW/m² 时的上方。同时五种工况下在火灾荷载密度为 0.74MW/m² 时，每个测点的整体温度曲线相比于 0.65MW/m² 时有所升高，温度曲线趋势与 0.56MW/m² 和 0.65MW/m² 基本一致。当火灾荷载密度发生变化时，将不同工况的温度曲线进行对比，其变化规律基本一致。

整合数据可得测点 1 和测点 2 的平均温度和最高温度，如表 5-2 所示。

表 5-2　测点 1 和测点 2 温度指标

火灾荷载密度 /(MW/m²)	工况序号	测点 1 平均温度/℃	测点 1 最高温度/℃	测点 2 平均温度/℃	测点 2 最高温度/℃
0.56	1	736	815	672	820
	2	656	750	592	745
	3	537	690	466	670
	4	586	695	581	730
	5	446	605	352	550
0.65	1	737	835	716	817
	2	660	777	588	734
	3	604	720	486	650

火灾荷载密度 /(MW/m²)	工况序号	测点1平均温度/℃	测点1最高温度/℃	测点2平均温度/℃	测点2最高温度/℃
0.65	4	633	736	541	717
	5	503	616	396	558
0.74	1	742	854	736	839
	2	698	802	658	767
	3	634	730	503	663
	4	648	767	572	672
	5	552	621	469	571

从表 5-2 可知，工况 1 时测点 1、2 的最高温度和平均温度最高，也就是窗口尺寸 1.5m×1.4m、通风因子最小的时候；工况 5 时其最高温度和平均温度最低，也就是窗口尺寸 1.8m×1.8m、通风因子最大的时候。随着火灾荷载的增加，其温度指标也随着通风条件和高宽比的改变而发生变化。通风因子变小时，两个测点的最高温度和平均温度均增大。当通风因子近似时，高宽比越小，其温度指标越高。窗口喷火的温度与窗口尺寸的通风因子有关，而当窗口尺寸的通风因子近似时，与窗口高宽比有关。

5.1.2　连廊距离外立面 2.0m

通过数值模拟计算可知，连廊距离外立面 2m，且火灾荷载密度为 0.56MW/m²、0.65MW/m²、0.74MW/m² 时，不同窗口尺寸工况下测点 1 和测点 2 的温度曲线如图 5-6～图 5-8 所示。

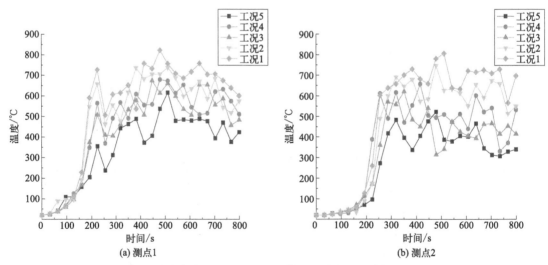

图 5-6　火灾荷载密度 0.56MW/m² 时不同窗口尺寸的温度曲线

由图 5-6 可知，随着连廊至外立面的距离变大，不同窗口尺寸的温度曲线变化趋势保持不变，并且火势从 200s 开始不断上升，其到达剧烈燃烧的时间范围基本一致，但连廊至外立面距离为 1.5m 时其高温持续时间相较于距离为 2m 时更长。说明连廊至外立面的距离对窗口喷火有一定的影响。从两个测点的五组工况对比来看，虽然改变了连廊至外立面的距离，但是通风因子越小，温度曲线整体越高的规律仍然满足。

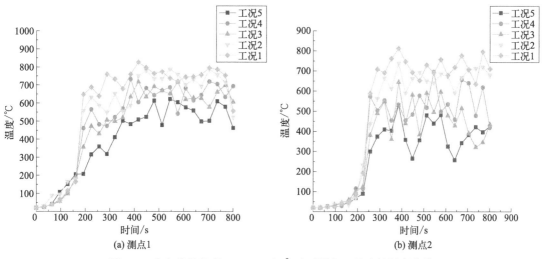

图 5-7　火灾荷载密度 0.65MW/m^2 时不同窗口尺寸的温度曲线

由图 5-7 可知，当火灾荷载密度升高时，温度曲线的变化趋势没有 0.56MW/m^2 时明显，当火势进入到全盛期时，火势变化趋于平稳，而且各个工况之间整体温度差减小。当火灾荷载密度升高时，各工况的整体温度曲线更高。当连廊至外立面的距离发生变化时，各工况温度曲线的变化趋势保持不变。初步可得出连廊至外立面距离的改变只能影响温度指标的高低，而不能改变燃烧趋势的规律。

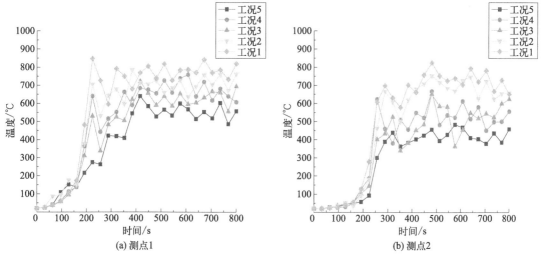

图 5-8　火灾荷载密度 0.74MW/m^2 时不同窗口尺寸的温度曲线

图 5-8 为距离外立面 2m 的连廊模型单窗口发生火灾且火灾荷载密度为 0.74MW/m^2 的情况下，五种工况分别在测点 1 和测点 2 的温度曲线对比图。测点 1 因为在二层，火灾的持续能力较强，测点 2 在三层，明显可以看出温度曲线有波动，但是各工况之间整体温度的大小趋势保持不变。

整合数据可得测点 1 和测点 2 的平均温度和最高温度，如表 5-3 所示。

表 5-3　测点 1 和测点 2 温度指标

火灾荷载密度 /(MW/m²)	工况序号	测点 1 平均温度/℃	测点 1 最高温度/℃	测点 2 平均温度/℃	测点 2 最高温度/℃
0.56	1	693	823	658	806
	2	637	756	541	728
	3	541	673	421	620
	4	577	679	492	658
	5	428	616	428	523
0.65	1	705	828	702	812
	2	659	789	585	739
	3	595	718	465	644
	4	621	733	536	695
	5	480	624	371	531
0.74	1	713	847	704	824
	2	676	784	629	753
	3	624	721	472	651
	4	661	759	551	668
	5	538	659	444	546

从表 5-3 可知，窗户的高宽比对窗口喷火温度的影响无法形成线性规律，但通风条件可以影响工况 1、2、3、4、5 的温度指标。当通风因子越小时，外立面测点所测得的温度越高。距离外立面 2m 的连廊测点 1 和测点 2 的最高温度和平均温度与距离外立面 1.5m 的连廊相比略有下降，说明当连廊至外立面的距离加大时，无论是温度峰值还是整个燃烧过程的平均温度，都低于距离外立面 1.5m 的连廊。0.65MW/m² 火灾荷载密度条件下，与 0.56MW/m² 时相比，五种工况的温度指标在一定程度上都有所升高，工况 2、3、4 温度指标变化较大，工况 1、5 温度指标变化较小。而且同 0.56MW/m² 时一样，在火灾荷载密度为 0.65MW/m² 时，对比连廊至外立面距离为 1.5m 时，其最高温度和平均温度都有一定程度的整体下降趋势。与火灾荷载密度为 0.56MW/m² 和 0.65MW/m² 时相比较，0.74MW/m² 的测点 1 和测点 2 的各个工况的最高温度整体有所升高，但是部分工况相较于 0.65MW/m² 的最高温度升高效果并不明显。对于平均温度，0.74MW/m² 的平均温度整体呈上升趋势，可以得出火灾荷载密度对于窗口喷火温度成正比的规律。同距离外立面为 1.5m 的连廊相比，其最高温度变化不大，但是平均温度有明显的下降趋势，说明改变连廊至外立面的距离可以影响整个火灾发展的过程。

5.1.3　连廊距离外立面 2.5m

通过数值模拟计算可知，连廊距离外立面 2.5m，且火灾荷载密度为 0.56MW/m²、0.65MW/m²、0.74MW/m² 时，不同窗口尺寸工况下测点 1 和测点 2 的温度曲线如图 5-9～图 5-11 所示。

由图 5-10 可知，火灾荷载密度 0.65MW/m² 时，测点 1 各工况温度曲线在 300s 处达到峰值，相比于 0.56MW/m² 时提前，说明火灾荷载密度的变化可以影响火势规模的变化。从曲线图上看，火灾荷载密度 0.65MW/m² 时，测点 2 的温度曲线相较于 0.56MW/m² 时

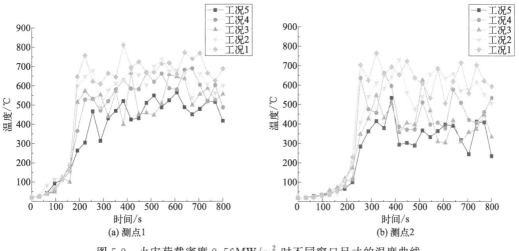

图 5-9　火灾荷载密度 $0.56\mathrm{MW/m}^2$ 时不同窗口尺寸的温度曲线

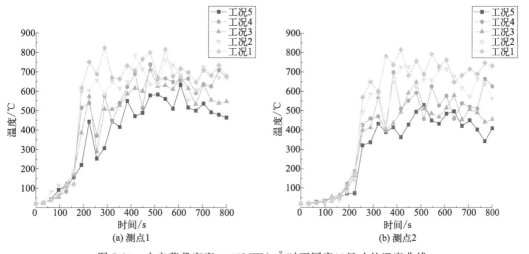

图 5-10　火灾荷载密度 $0.65\mathrm{MW/m}^2$ 时不同窗口尺寸的温度曲线

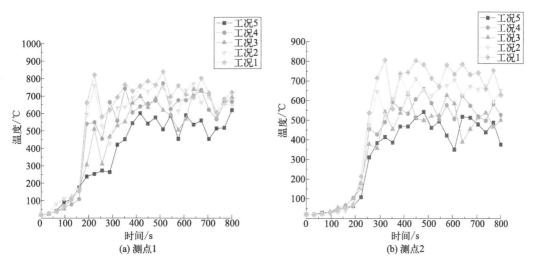

图 5-11　火灾荷载密度 $0.74\mathrm{MW/m}^2$ 时不同窗口尺寸的温度曲线

明显更加平稳，各工况之间的温度差变小，火势更加有持续性。可以得出窗口火焰喷出蔓延时，火灾荷载密度越大，火灾后续的延续性也就越强的规律。

结合以上三组曲线图可知，五组工况的温度曲线呈规律变化。当窗口通风因子较小时，窗口喷火的温度指标越高，改变连廊至外立面的距离时亦不影响其规律。而当通风因子近似，窗口的高宽比越小时，其温度指标也越高。

整合数据可得测点 1 和测点 2 的平均温度和最高温度，如表 5-4 所示。

表 5-4　测点 1 和测点 2 温度指标

火灾荷载密度 /(MW/m²)	工况序号	测点 1 平均 温度/℃	测点 1 最高 温度/℃	测点 2 平均 温度/℃	测点 2 最高 温度/℃
0.56	1	689	811	642	764
	2	629	741	538	711
	3	529	668	392	625
	4	546	691	471	661
	5	429	567	338	534
0.65	1	684	822	690	814
	2	644	784	572	727
	3	590	711	430	648
	4	626	738	525	699
	5	483	632	373	528
0.74	1	704	821	678	807
	2	679	761	613	739
	3	622	698	468	633
	4	631	742	557	658
	5	511	600	447	542

由表 5-4 可知，从测点 1 和测点 2 的最高温度来看，随着连廊至外立面距离的不断增加，各个工况的整体最高温度是呈下降趋势的，但是下降趋势不明显。从测点 1 和测点 2 的平均温度来看，随着连廊至外立面距离的不断增加，各个工况的平均温度是呈明显整体下降的趋势的，这就说明连廊至外立面的距离虽然不能改变火势极限温度的大小，但是对于火势过程发展的温度是有一定的影响的。从 $0.65MW/m^2$ 火灾荷载密度的平均温度来分析，连廊至外立面的距离越大，火灾整体温度指标呈下降趋势。从通风条件看，窗口喷火的温度指标与窗口尺寸的通风因子及高宽比有关，随着通风因子变小其温度指标增大，而当窗口尺寸的通风因子近似时，窗口的高宽比越小，其温度指标越高。

5.1.4　结果分析

本节对带有连廊的凹形平面形式建筑模型进行了火灾模拟计算，通过改变连廊至外立面的距离、火灾场景的通风条件以及火灾荷载密度，获得一系列的温度数据。通过综合数据分析，可以得到下述结论。

5.1.4.1　改变连廊距离

图 5-12～图 5-14 为改变连廊距离，火灾荷载密度分别为 $0.56MW/m^2$、$0.65MW/m^2$、$0.74MW/m^2$ 时不同工况下的温度曲线。

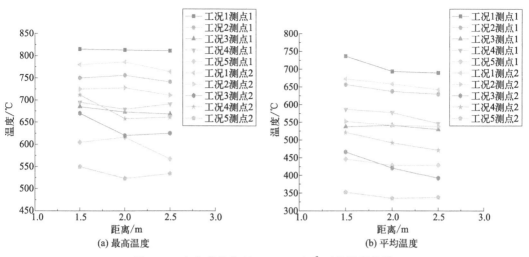

图 5-12　火灾荷载密度 $0.56\mathrm{MW/m^2}$ 时的温度曲线

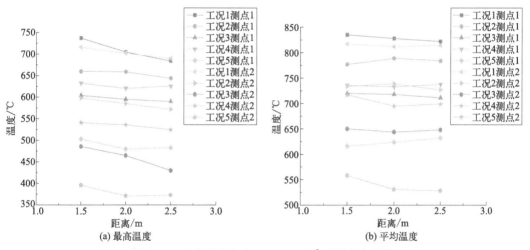

图 5-13　火灾荷载密度 $0.65\mathrm{MW/m^2}$ 时的温度曲线

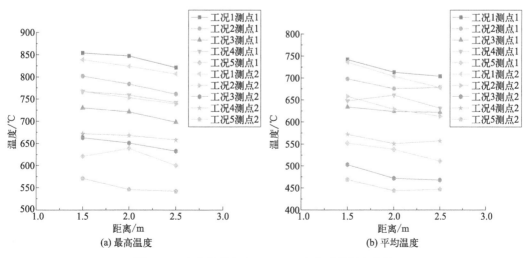

图 5-14　火灾荷载密度 $0.74\mathrm{MW/m^2}$ 时的温度曲线

　　分析上面的图表数据，并且结合前几小节的温度数据，可以发现：火灾荷载密度为 $0.56MW/m^2$ 条件下，连廊至外立面的距离从 1.5m 增加至 2.5m 时，从最高温度上看，工况 1、4 有下降趋势，工况 2、3、5 则保持稳定；从平均温度上看，工况 1 整体下降 38.5℃，工况 2 整体下降 20.5℃，工况 3 整体下降 41℃，工况 4 整体下降 45℃，工况 5 整体下降 15.5℃。火灾荷载密度为 $0.65MW/m^2$ 条件下，连廊至外立面的距离从 1.5m 增加至 2.5m 时，从最高温度上看，各工况均有下降趋势，但是变化不明显；从平均温度上看，工况 1 整体下降 39.5℃，工况 2 整体下降 16.5℃，工况 3 整体下降 35℃，工况 4 整体下降 11.5℃，工况 5 整体下降 21.5℃。火灾荷载密度为 $0.74MW/m^2$ 条件下，连廊至外立面的距离从 1.5m 增加至 2.5m 时，从最高温度上看，除了工况 5 保持平稳趋势，工况 1、2、3、4 均保持明显整体下降趋势；从平均温度上看，工况 1 整体下降 48℃，工况 2 整体下降 32℃，工况 3 整体下降 23.5℃，工况 4 整体下降 17℃，工况 5 整体下降 31.5℃。

5.1.4.2　改变火灾荷载密度

　　图 5-15～图 5-17 为改变火灾荷载密度（体现为热释放速率的变化），连廊距离外立面 1.5m、2m、2.5m 时不同工况下的温度曲线。

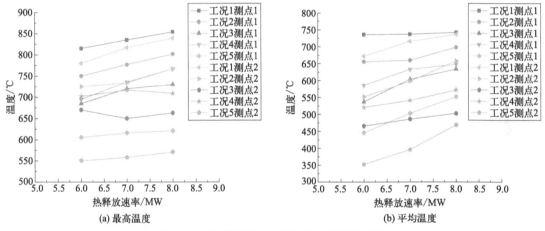

图 5-15　连廊距离外立面 1.5m 时温度曲线

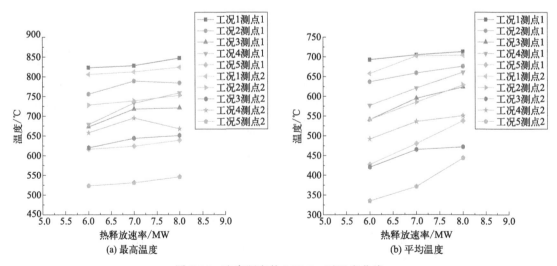

图 5-16　连廊距离外立面 2m 时温度曲线

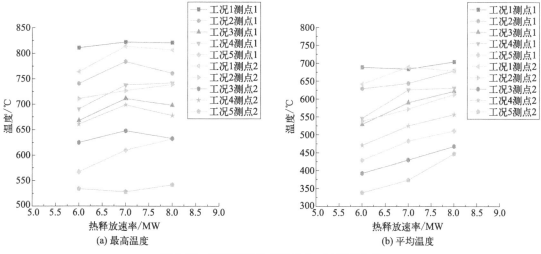

图 5-17　连廊距离外立面 2.5m 时温度曲线

当连廊至外立面距离固定，无论是 1.5m、2m、2.5m 的连廊模型，当火灾荷载密度增加时，各工况的最高温度和平均温度均有不同程度的上升，说明火灾荷载密度能够影响不同工况下的窗口喷火能力。窗口喷火的温度指标与通风条件也就是窗口尺寸有关，当通风条件越差的时候，火焰在单位面积喷出的能量就越高，建筑外立面的温度也就越高。而当通风条件近似时，温度指标的变化随着窗口尺寸高宽比 λ 的变化而变化，高宽比 λ 越小时，温度指标越高。

通过改变连廊至外立面的距离进行模拟探究，可以得到如下结论：当连廊至外立面的距离增大时，建筑外立面的最高温度变化不明显，但建筑外立面的平均温度明显呈整体下滑趋势，这说明当连廊至外立面的距离越近时，窗口上方温度持续升高，而距离越远时，火焰向上蔓延的能力减弱，造成温度指标降低。

5.2　纵向窗口数量影响下带连廊高层建筑外墙火焰蔓延数值分析

为了研究连廊至外立面距离、竖向连续燃烧窗口数量和火灾荷载密度对窗口火焰融合的影响，本节结合 5.1 节所使用的建筑模型，设置了三种连廊至外立面距离，分别为 1.5m、2m 及 2.5m；三种火灾荷载密度，分别为 $0.56MW/m^2$、$0.65MW/m^2$ 及 $0.74MW/m^2$。热电偶选取为 THCP1.1、THCP2.1、THCP3.1、THCP4.1、…、THCP18.1。借鉴上一节通风因子对于窗口喷火的影响分析，选用窗口尺寸为 1.5m×1.4m，其中 1.5m 为窗口的宽度，1.4m 为窗口的高度。并分别对竖向连续燃烧两窗口、三窗口以及四窗口条件下的火灾情况进行了数值模拟研究，以揭示危险温度时火焰融合高度变化的规律。连廊至外立面距离为 1.5m、2m 和 2.5m 时工况设置如表 5-5 所示。

表 5-5　工况设置

工况	连廊至外立面距离/m	火灾荷载密度/(MW/m²)	连续燃烧窗口数量
工况一	1.5	0.56	竖向两窗口
			竖向三窗口
			竖向四窗口

工况	连廊至外立面 距离/m	火灾荷载密度 /(MW/m²)	连续燃烧窗口数量
工况一	1.5	0.65	竖向两窗口
			竖向三窗口
			竖向四窗口
		0.74	竖向两窗口
			竖向三窗口
			竖向四窗口
工况二	2	0.56	竖向两窗口
			竖向三窗口
			竖向四窗口
		0.65	竖向两窗口
			竖向三窗口
			竖向四窗口
		0.74	竖向两窗口
			竖向三窗口
			竖向四窗口
工况三	2.5	0.56	竖向两窗口
			竖向三窗口
			竖向四窗口
		0.65	竖向两窗口
			竖向三窗口
			竖向四窗口
		0.74	竖向两窗口
			竖向三窗口
			竖向四窗口

5.2.1　连廊距离外立面 1.5m

5.2.1.1　竖向相邻两窗口

（1）火灾荷载密度 $0.56MW/m^2$

对模型各工况的模拟结果分析可得，当连廊至外立面距离为 1.5m 时，在火灾荷载密度 $0.56MW/m^2$ 条件下，高层建筑竖向相邻两窗口燃烧羽流火焰融合的温度曲线和温度分布等温线如图 5-18 所示。

结合温度曲线和温度分布等温线分析可知，连廊至外立面距离为 1.5m 且火灾荷载密度为 $0.56MW/m^2$ 的情况下，345～355s 时间段窗口火焰融合温度最高，竖向相邻两窗口在危险温度 T_1、T_2 时火焰融合高度分别为 4.6m、12.5m。

（2）火灾荷载密度 $0.65MW/m^2$

当连廊至外立面距离为 1.5m 时，在火灾荷载密度 $0.65MW/m^2$ 条件下，高层建筑竖向

相邻两窗口燃烧羽流火焰融合的温度曲线和温度分布等温线如图 5-19 所示。

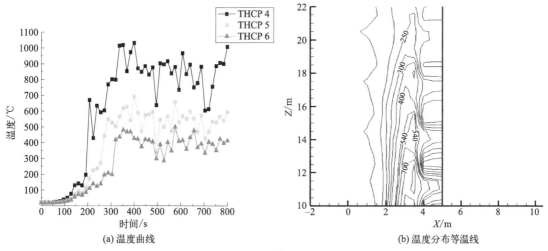

(a) 温度曲线　　　　　　　　　　　　(b) 温度分布等温线

图 5-18　火灾荷载密度 $0.56MW/m^2$ 时的温度曲线及温度分布等温线

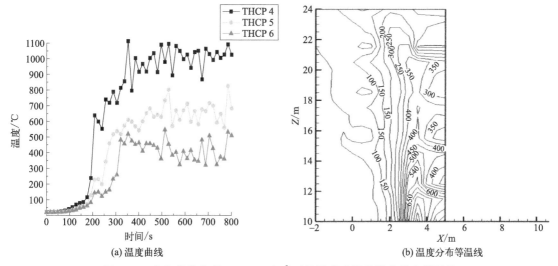

(a) 温度曲线　　　　　　　　　　　　(b) 温度分布等温线

图 5-19　火灾荷载密度 $0.65MW/m^2$ 时的温度曲线及温度分布等温线

结合温度曲线和温度分布等温线分析可知，连廊至外立面距离为 1.5m 且火灾荷载密度为 $0.65MW/m^2$ 的情况下，418~428s 时间段窗口火焰融合温度最高，竖向相邻两窗口在危险温度 T_1、T_2 时火焰融合高度分别为 4.8m、13.7m。

（3）火灾荷载密度 $0.74MW/m^2$

当连廊至外立面距离为 1.5m 时，在火灾荷载密度 $0.74MW/m^2$ 条件下，高层建筑竖向相邻两窗口燃烧羽流火焰融合的温度曲线和温度分布等温线如图 5-20 所示。

结合温度曲线和温度分布等温线分析可知，连廊至外立面距离为 1.5m 且火灾荷载密度为 $0.74MW/m^2$ 的情况下，470~480s 时间段窗口火焰融合温度最高，竖向相邻两窗口在危险温度 T_1、T_2 时火焰融合高度分别为 5.8m、14.8m。

5.2.1.2　竖向相邻三窗口

（1）火灾荷载密度 $0.56MW/m^2$

当连廊至外立面距离为 1.5m 时，在火灾荷载密度 $0.56MW/m^2$ 条件下，高层建筑竖向

相邻三窗口燃烧羽流火焰融合的温度曲线和温度分布等温线如图 5-21 所示。

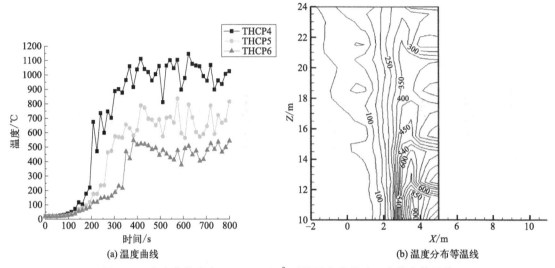

图 5-20　火灾荷载密度 0.74MW/m² 时的温度曲线及温度分布等温线

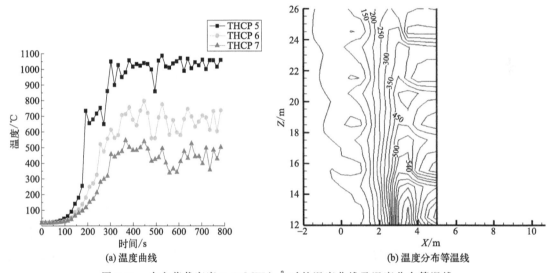

图 5-21　火灾荷载密度 0.56MW/m² 时的温度曲线及温度分布等温线

结合温度曲线和温度分布等温线分析可知，连廊至外立面距离为 1.5m 且火灾荷载密度为 0.56MW/m² 的情况下，330～340s 时间段窗口火焰融合温度最高，竖向相邻三窗口在危险温度 T_1、T_2 时火焰融合高度分别为 4.3m、13.8m。

（2）火灾荷载密度 0.65MW/m²

当连廊至外立面距离为 1.5m 时，在火灾荷载密度 0.65MW/m² 条件下，高层建筑竖向相邻三窗口燃烧羽流火焰融合的温度曲线和温度分布等温线如图 5-22 所示。

结合温度曲线和温度分布等温线分析可知，连廊至外立面距离为 1.5m 且火灾荷载密度为 0.65MW/m² 的情况下，325～335s 时间段窗口火焰融合温度最高，竖向相邻三窗口在危险温度 T_1、T_2 时火焰融合高度分别为 5.6m、13.9m。

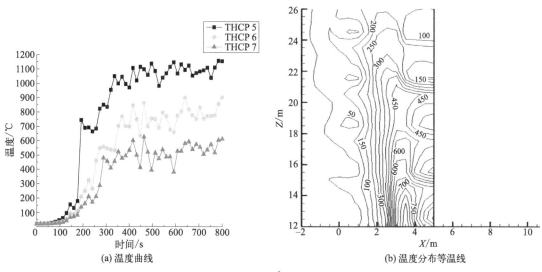

图 5-22　火灾荷载密度 0.65MW/m² 时的温度曲线及温度分布等温线

（3）火灾荷载密度 0.74MW/m²

当连廊至外立面距离为 1.5m 时，在火灾荷载密度 0.74MW/m² 条件下，高层建筑竖向相邻三窗口燃烧羽流火焰融合的温度曲线和温度分布等温线如图 5-23 所示。

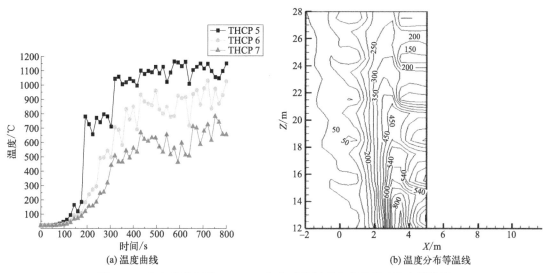

图 5-23　火灾荷载密度 0.74MW/m² 时的温度曲线及温度分布等温线

结合温度曲线和温度分布等温线分析可知，连廊至外立面距离为 1.5m 且火灾荷载密度为 0.74MW/m² 的情况下，328～338s 时间段窗口火焰融合温度最高，竖向相邻三窗口在危险温度 T_1、T_2 时火焰融合高度分别为 5.9m、15.3m。

5.2.1.3　竖向相邻四窗口

（1）火灾荷载密度 0.56MW/m²

当连廊至外立面距离为 1.5m 时，在火灾荷载密度 0.56MW/m² 条件下，高层建筑竖向相邻四窗口燃烧羽流火焰融合的温度曲线和温度分布等温线如图 5-24 所示。

结合温度曲线和温度分布等温线分析可知，连廊距离外立面为 1.5m 且火灾荷载密度为

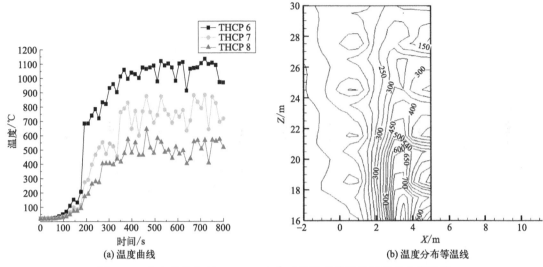

图 5-24   火灾荷载密度 0.56MW/m² 时的温度曲线及温度分布等温线

0.56MW/m² 的情况下，352～362s 时间段窗口火焰融合温度最高，竖向相邻四窗口在危险温度 T_1、T_2 时火焰融合高度分别为 5.8m、14m。

（2）火灾荷载密度 0.65MW/m²

当连廊至外立面距离为 1.5m 时，在火灾荷载密度 0.65MW/m² 条件下，高层建筑竖向相邻四窗口燃烧羽流火焰融合的温度曲线和温度分布等温线如图 5-25 所示。

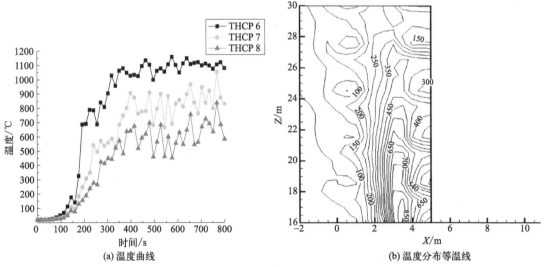

图 5-25   火灾荷载密度 0.65MW/m² 时的温度曲线及温度分布等温线

结合温度曲线和温度分布等温线分析可知，连廊至外立面距离为 1.5m 且火灾荷载密度为 0.65MW/m² 的情况下，375～385s 时间段窗口火焰融合温度最高，竖向相邻四窗口在危险温度 T_1、T_2 时火焰融合高度分别为 7.5m、14.5m。

（3）火灾荷载密度 0.74MW/m²

当连廊至外立面距离为 1.5m 时，在火灾荷载密度 0.74MW/m² 条件下，高层建筑竖向相邻四窗口燃烧羽流火焰融合的温度曲线和温度分布等温线如图 5-26 所示。

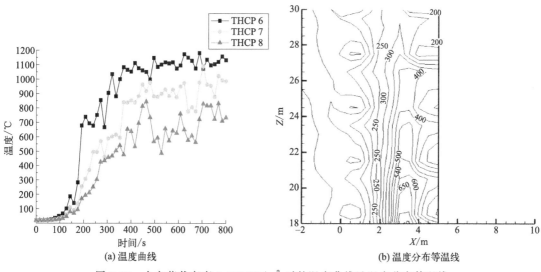

图 5-26　火灾荷载密度 $0.74MW/m^2$ 时的温度曲线及温度分布等温线

　　结合温度曲线和温度分布等温线分析可知，连廊至外立面距离为 1.5m 且火灾荷载密度为 $0.74MW/m^2$ 的情况下，373～383s 时间段窗口火焰融合温度最高，竖向相邻四窗口在危险温度 T_1、T_2 火焰融合高度分别为 6.4m、15.7m。

　　对本小节等温线进行分析，并结合上一节单窗口燃烧的数据，可以得到在连廊距离外立面 1.5m 的条件下不同窗口火焰融合的危险温度高度如表 5-6 所示。

表 5-6　连廊距离外立面 1.5m 时的危险温度高度

连续燃烧窗口数量	火灾荷载密度 /(MW/m²)	T_1 时的火焰融合 高度/m	T_2 时的火焰融合 高度/m
单窗口	0.56	3.7	10.3
	0.65	4.1	11.5
	0.74	5.2	12.9
竖向两窗口	0.56	4.6	12.5
	0.65	4.8	13.7
	0.74	5.8	14.8
竖向三窗口	0.56	4.3	13.8
	0.65	5.6	13.9
	0.74	5.9	15.3
竖向四窗口	0.56	5.8	14
	0.65	7.5	14.5
	0.74	6.4	15.7

　　当连廊距离外立面为 1.5m 时，对不同数量窗口燃烧至其危险温度 T_1 和 T_2 时的火焰融合高度进行对比分析。当火灾荷载密度为 $0.56MW/m^2$，竖向相邻两窗口燃烧时其危险温度高度比单窗口分别提升了 0.9m 和 2.2m，竖向相邻三窗口燃烧时其危险温度高度比竖向

相邻两窗口分别提升了-0.3m 和 1.3m，竖向相邻四窗口燃烧时其危险温度高度比竖向相邻三窗口分别提升了 1.5m 和 0.2m。当火灾荷载密度为 0.65MW/m²，竖向相邻两窗口燃烧时其危险温度高度比单窗口分别提升了 0.7m 和 2.2m，竖向相邻三窗口燃烧时其危险温度高度比竖向相邻两窗口分别提升了 0.8m 和 0.2m，竖向相邻四窗口燃烧时其危险温度高度比竖向相邻三窗口分别提升了 1.9m 和 0.6m。当火灾荷载密度为 0.74MW/m²，竖向相邻两窗口燃烧时其危险温度高度比单窗口分别提升了 0.6m 和 1.9m，竖向相邻三窗口燃烧时其危险温度高度比竖向相邻两窗口分别提升了 0.1m 和 0.5m，竖向相邻四窗口燃烧时其危险温度高度比竖向相邻三窗口分别提升了 0.5m 和 0.4m。

5.2.2　连廊距离外立面 2m

5.2.2.1　竖向相邻两窗口

（1）火灾荷载密度 0.56MW/m²

当连廊至外立面距离为 2.0m 时，在火灾荷载密度 0.56MW/m² 条件下，高层建筑竖向相邻四窗口燃烧羽流火焰融合的温度曲线和温度分布等温线如图 5-27 所示。

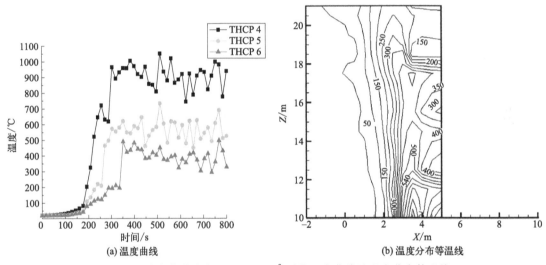

(a) 温度曲线　　　　　　　　(b) 温度分布等温线

图 5-27　火灾荷载密度 0.56MW/m² 时的温度曲线及温度分布等温线

结合温度曲线和温度分布等温线分析可知，连廊至外立面距离为 2.0m 且火灾荷载密度为 0.56MW/m² 的情况下，380~390s 时间段窗口火焰融合温度最高，竖向相邻两窗口在危险温度 T_1、T_2 时火焰融合高度分别为 3.4m、11.5m。

（2）火灾荷载密度 0.65MW/m²

当连廊至外立面距离为 2.0m 时，在火灾荷载密度 0.65MW/m² 条件下，高层建筑竖向相邻两窗口燃烧羽流火焰融合的温度曲线和温度分布等温线如图 5-28 所示。

结合温度曲线和温度分布等温线分析可知，连廊至外立面距离为 2.0m 且火灾荷载密度为 0.65MW/m² 的情况下，375~385s 时间段窗口火焰融合温度最高，竖向相邻两窗口在危险温度 T_1、T_2 时火焰融合高度分别为 4.1m、12.9m。

（3）火灾荷载密度 0.74MW/m²

当连廊至外立面距离为 2.0m 时，在火灾荷载密度 0.74MW/m² 条件下，高层建筑竖向相邻两窗口燃烧羽流火焰融合的温度曲线和温度分布等温线如图 5-29 所示。

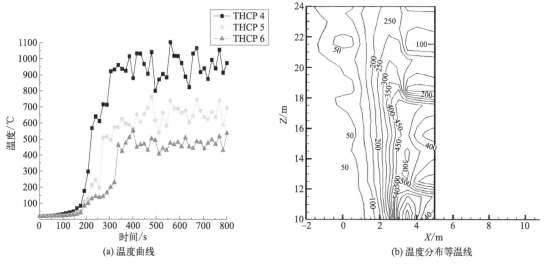

图 5-28　火灾荷载密度 $0.65\mathrm{MW/m^2}$ 时的温度曲线及温度分布等温线

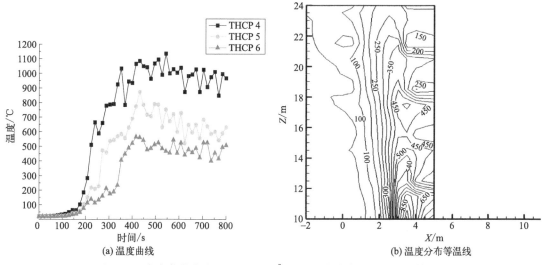

图 5-29　火灾荷载密度 $0.74\mathrm{MW/m^2}$ 时的温度曲线及温度分布等温线

结合温度曲线和温度分布等温线分析可知，连廊至外立面距离为 2.0m 且火灾荷载密度为 $0.74\mathrm{MW/m^2}$ 的情况下，413～423s 时间段窗口火焰融合温度最高，竖向相邻两窗口在危险温度 T_1、T_2 时火焰融合高度分别为 5.1m、14.1m。

5.2.2.2　竖向相邻三窗口

（1）火灾荷载密度 $0.56\mathrm{MW/m^2}$

当连廊至外立面距离为 2.0m 时，在火灾荷载密度 $0.56\mathrm{MW/m^2}$ 条件下，高层建筑竖向相邻三窗口燃烧羽流火焰融合的温度曲线和温度分布等温线如图 5-30 所示。

结合温度曲线和温度分布等温线分析可知，连廊至外立面距离为 2.0m 且火灾荷载密度为 $0.56\mathrm{MW/m^2}$ 的情况下，315～325s 时间段窗口火焰融合温度最高，竖向相邻三窗口在危险温度 T_1、T_2 时火焰融合高度分别为 3.6m、13.1m。

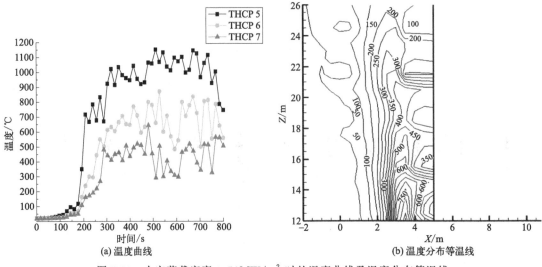

图 5-30　火灾荷载密度 0.56MW/m² 时的温度曲线及温度分布等温线

（2）火灾荷载密度 0.65MW/m²

当连廊至外立面距离为 2.0m 时，在火灾荷载密度 0.65MW/m² 条件下，高层建筑竖向相邻三窗口燃烧羽流火焰融合的温度曲线和温度分布等温线如图 5-31 所示。

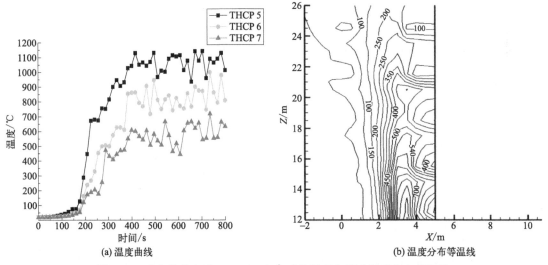

图 5-31　火灾荷载密度 0.65MW/m² 时的温度曲线及温度分布等温线

结合温度曲线和温度分布等温线分析可知，连廊至外立面距离为 2.0m 且火灾荷载密度为 0.65MW/m² 的情况下，397～407s 时间段窗口火焰融合温度最高，竖向相邻三窗口在危险温度 T_1、T_2 时火焰融合高度分别为 5.5m、13.7m。

（3）火灾荷载密度 0.74MW/m²

当连廊至外立面距离为 2m 时，在火灾荷载密度 0.74MW/m² 条件下，高层建筑竖向相邻三窗口燃烧羽流火焰融合的温度曲线和温度分布等温线如图 5-32 所示。

结合温度曲线和温度分布等温线分析可知，连廊至外立面距离为 2.0m 且火灾荷载密度为 0.74MW/m² 的情况下，349～359s 时间段窗口火焰融合温度最高，竖向相邻三窗口在危险温度 T_1、T_2 时火焰融合高度分别为 4.9m、15.1m。

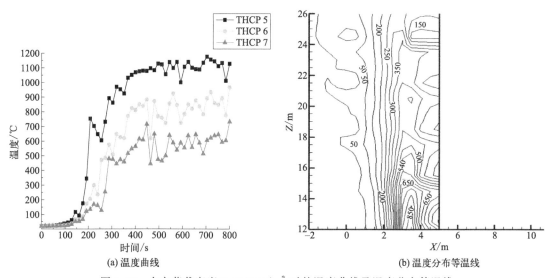

图 5-32　火灾荷载密度 $0.74MW/m^2$ 时的温度曲线及温度分布等温线

5.2.2.3　竖向相邻四窗口

（1）火灾荷载密度 $0.56MW/m^2$

当连廊至外立面距离为 2m 时，在火灾荷载密度 $0.56MW/m^2$ 条件下，高层建筑竖向相邻四窗口燃烧羽流火焰融合的温度曲线和温度分布等温线如图 5-33 所示。

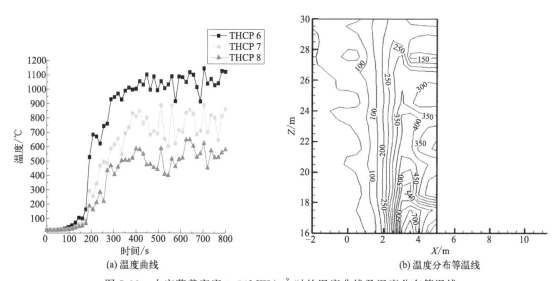

图 5-33　火灾荷载密度 $0.56MW/m^2$ 时的温度曲线及温度分布等温线

结合温度曲线和温度分布等温线分析可知，连廊至外立面距离为 2.0m 且火灾荷载密度为 $0.56MW/m^2$ 的情况下，320~330s 时间段窗口火焰融合温度最高，竖向相邻四窗口在危险温度 T_1、T_2 时火焰融合高度分别为 3.6m、13.6m。

（2）火灾荷载密度 $0.65MW/m^2$

当连廊至外立面距离为 2m 时，在火灾荷载密度 $0.65MW/m^2$ 条件下，高层建筑竖向相邻四窗口燃烧羽流火焰融合的温度曲线和温度分布等温线如图 5-34 所示。

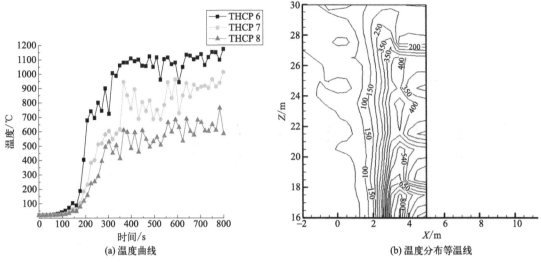

图 5-34   火灾荷载密度 $0.65\mathrm{MW/m^2}$ 时的温度曲线及温度分布等温线

结合温度曲线和温度分布等温线分析可知,连廊至外立面距离为 $2.0\mathrm{m}$ 且火灾荷载密度为 $0.65\mathrm{MW/m^2}$ 的情况下,$316\sim326\mathrm{s}$ 时间段窗口火焰融合温度最高,竖向相邻四窗口在危险温度 T_1、T_2 时火焰融合高度分别为 $5.7\mathrm{m}$、$13.8\mathrm{m}$。

(3) 火灾荷载密度 $0.74\mathrm{MW/m^2}$

当连廊至外立面距离为 $2\mathrm{m}$ 时,在火灾荷载密度 $0.74\mathrm{MW/m^2}$ 条件下,高层建筑竖向相邻四窗口燃烧羽流火焰融合的温度曲线和温度分布等温线如图 5-35 所示。

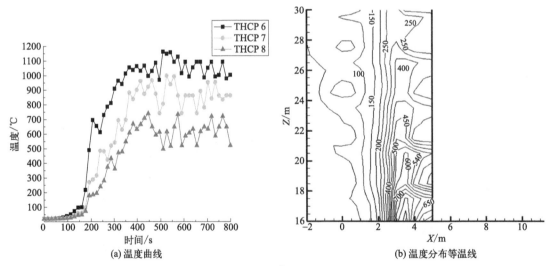

图 5-35   火灾荷载密度 $0.74\mathrm{MW/m^2}$ 时的温度曲线及温度分布等温线

结合温度曲线和温度分布等温线分析可知,连廊至外立面距离为 $2.0\mathrm{m}$ 且火灾荷载密度为 $0.74\mathrm{MW/m^2}$ 的情况下,$343\sim353\mathrm{s}$ 时间段窗口火焰融合温度最高,竖向相邻四窗口在危险温度 T_1、T_2 时火焰融合高度分别为 $5.8\mathrm{m}$、$15.5\mathrm{m}$。

对本小节等温线进行分析,并结合上一节单窗口燃烧的数据,可以得到在连廊距离外立面 $2\mathrm{m}$ 的条件下不同窗口火焰融合的危险温度高度如表 5-7 所示。

表 5-7　连廊距离外立面 2m 的危险温度高度

连续燃烧窗口数量	火灾荷载密度 /(MW/m²)	T_1 时的火焰融合 高度/m	T_2 时的火焰融合 高度/m
单窗口	0.56	3.2	9.6
	0.65	4.3	11.2
	0.74	4.7	12.3
竖向两窗口	0.56	3.4	11.5
	0.65	4.1	12.9
	0.74	5.1	14.1
竖向三窗口	0.56	3.6	13.1
	0.65	5.5	13.7
	0.74	4.9	15.1
竖向四窗口	0.56	3.6	13.6
	0.65	5.7	13.8
	0.74	5.8	15.5

当连廊至外立面距离为 2m 时，对不同数量窗口燃烧至其危险温度 T_1 和 T_2 时的火焰融合高度进行对比分析。当火灾荷载密度为 0.56MW/m²，竖向相邻两窗口燃烧时其危险温度高度比单窗口分别提升了 0.2m 和 1.9m，竖向相邻三窗口燃烧时其危险温度高度比竖向相邻两窗口分别提升了 0.2m 和 1.6m，竖向相邻四窗口燃烧时其危险温度高度比竖向相邻三窗口分别提升了 0m 和 0.5m。当火灾荷载密度为 0.65MW/m²，竖向相邻两窗口燃烧时其危险温度高度比单窗口分别提升了 -0.2m 和 1.7m，竖向相邻三窗口燃烧时其危险温度高度比竖向相邻两窗口分别提升了 1.4m 和 0.8m，竖向相邻四窗口燃烧时其危险温度高度比竖向相邻三窗口分别提升了 0.2m 和 0.1m。当火灾荷载密度为 0.74MW/m²，竖向相邻两窗口燃烧时其危险温度高度比单窗口分别提升了 0.4m 和 1.8m，竖向相邻三窗口燃烧时其危险温度高度比竖向相邻两窗口分别提升了 -0.2m 和 1m，竖向相邻四窗口燃烧时其危险温度高度比竖向相邻三窗口分别提升了 0.9m 和 0.4m。

5.2.3　连廊距离外立面 2.5m

5.2.3.1　竖向相邻两窗口

（1）火灾荷载密度 0.56MW/m²

当连廊至外立面距离为 2.5m 时，在火灾荷载密度 0.56MW/m² 条件下，高层建筑竖向相邻两窗口燃烧羽流火焰融合的温度曲线和温度分布等温线如图 5-36 所示。

结合温度曲线和温度分布等温线分析可知，连廊至外立面距离为 2.5m 且火灾荷载密度为 0.56MW/m² 的情况下，314～324s 时间段窗口火焰融合温度最高，竖向相邻两窗口在危险温度 T_1、T_2 时火焰融合高度分别为 2.8m、10.5m。

（2）火灾荷载密度 0.65MW/m²

当连廊至外立面距离为 2.5m 时，在火灾荷载密度 0.65MW/m² 条件下，高层建筑竖向相邻两窗口燃烧羽流火焰融合的温度曲线和温度分布等温线如图 5-37 所示。

结合温度曲线和温度分布等温线分析可知，连廊至外立面距离为 2.5m 且火灾荷载密度为 0.65MW/m² 的情况下，360～370s 时间段窗口火焰融合温度最高，竖向相邻两窗口在危

险温度 T_1、T_2 时火焰融合高度分别为 3.6m、13.4m。

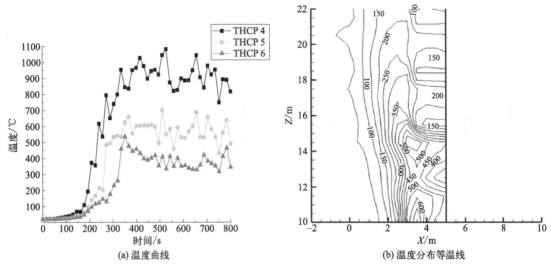

图 5-36　火灾荷载密度 0.56MW/m² 时的温度曲线及温度分布等温线

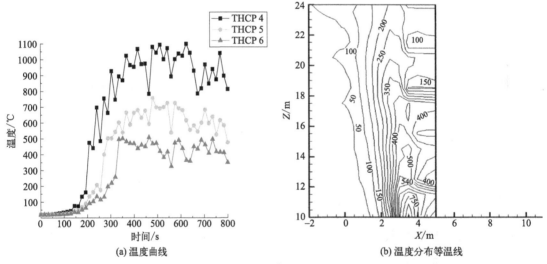

图 5-37　火灾荷载密度 0.65MW/m² 时的温度曲线及温度分布等温线

（3）火灾荷载密度 0.74MW/m²

当连廊至外立面距离为 2.5m 时，在火灾荷载密度 0.74MW/m² 条件下，高层建筑竖向相邻两窗口燃烧羽流火焰融合的温度曲线和温度分布等温线如图 5-38 所示。

结合温度曲线和温度分布等温线分析可知，连廊至外立面距离为 2.5m 且火灾荷载密度为 0.74MW/m² 的情况下，355~365s 时间段窗口火焰融合温度最高，竖向相邻两窗口在危险温度 T_1、T_2 时火焰融合高度分别为 4.4m、13.7m。

5.2.3.2　竖向相邻三窗口

（1）火灾荷载密度 0.56MW/m²

当连廊至外立面距离为 2.5m 时，在火灾荷载密度 0.56MW/m² 条件下，高层建筑竖向相邻三窗口燃烧羽流火焰融合的温度曲线和温度分布等温线如图 5-39 所示。

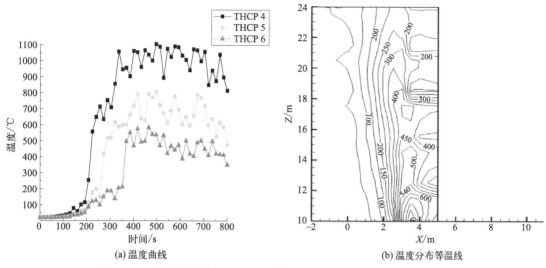

图 5-38 火灾荷载密度 $0.74MW/m^2$ 时的温度曲线及温度分布等温线

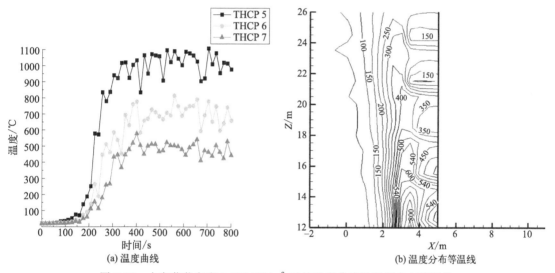

图 5-39 火灾荷载密度 $0.56MW/m^2$ 时的温度曲线及温度分布等温线

结合温度曲线和温度分布等温线分析可知，连廊至外立面距离为 2.5m 且火灾荷载密度为 $0.56MW/m^2$ 的情况下，325～335s 时间段窗口火焰融合温度最高，竖向相邻三窗口在危险温度 T_1、T_2 时火焰融合高度分别为 4.3m、13.4m。

（2）火灾荷载密度 $0.65MW/m^2$

当连廊至外立面距离为 2.5m 时，在火灾荷载密度 $0.65MW/m^2$ 条件下，高层建筑竖向相邻三窗口燃烧羽流火焰融合的温度曲线和温度分布等温线如图 5-40 所示。

结合温度曲线和温度分布等温线分析可知，连廊至外立面距离为 2.5m 且火灾荷载密度为 $0.65MW/m^2$ 的情况下，410～420s 时间段窗口火焰融合温度最高，竖向相邻三窗口在危险温度 T_1、T_2 时火焰融合高度分别为 4.1m、13.6m。

（3）火灾荷载密度 $0.74MW/m^2$

当连廊至外立面距离为 2.5m 时，在火灾荷载密度 $0.74MW/m^2$ 条件下，高层建筑竖向

相邻三窗口燃烧羽流火焰融合的温度曲线和温度分布等温线如图 5-41 所示。

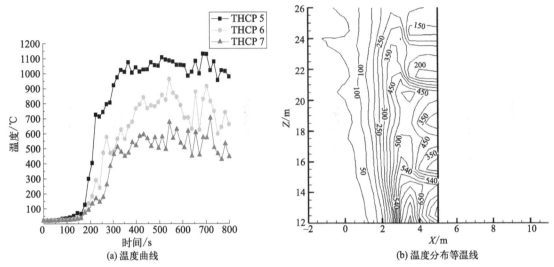

图 5-40 火灾荷载密度 0.65MW/m² 时的温度曲线及温度分布等温线

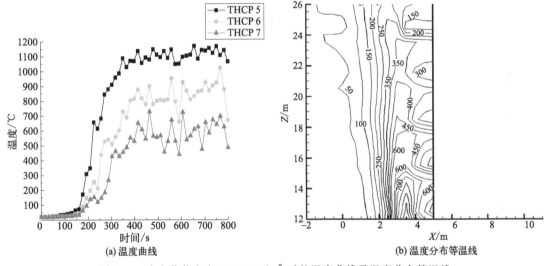

图 5-41 火灾荷载密度 0.74MW/m² 时的温度曲线及温度分布等温线

结合温度曲线和温度分布等温线分析可知，连廊至外立面距离为 2.5m 且火灾荷载密度为 0.74MW/m² 的情况下，372~382s 时间段窗口火焰融合温度最高，竖向相邻三窗口在危险温度 T_1、T_2 时火焰融合高度分别为 5.3m、14.5m。

5.2.3.3 竖向相邻四窗口

（1）火灾荷载密度 0.56MW/m²

当连廊至外立面距离为 2.5m 时，在火灾荷载密度 0.56MW/m² 条件下，高层建筑竖向相邻四窗口燃烧羽流火焰融合的温度曲线和温度分布等温线如图 5-42 所示。

结合温度曲线和温度分布等温线分析可知，连廊至外立面距离为 2.5m 且火灾荷载密度为 0.56MW/m² 的情况下，315~325s 时间段窗口火焰融合温度最高，竖向相邻四窗口在危险温度 T_1、T_2 时火焰融合高度分别为 5.3m、13.2m。

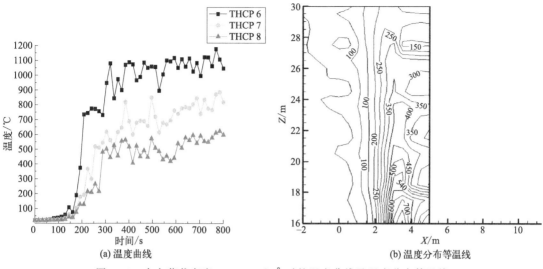

图 5-42　火灾荷载密度 $0.56MW/m^2$ 时的温度曲线及温度分布等温线

（2）火灾荷载密度 $0.65MW/m^2$

当连廊至外立面距离为 2.5m 时，在火灾荷载密度 $0.65MW/m^2$ 条件下，高层建筑竖向相邻四窗口燃烧羽流火焰融合的温度曲线和温度分布等温线如图 5-43 所示。

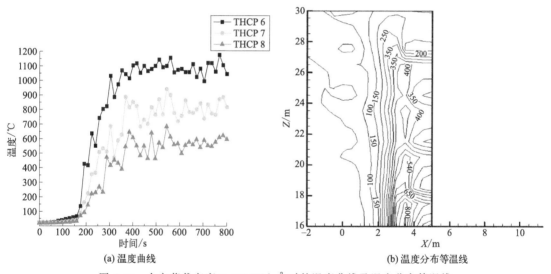

图 5-43　火灾荷载密度 $0.65MW/m^2$ 时的温度曲线及温度分布等温线

结合温度曲线和温度分布等温线分析可知，连廊至外立面距离为 2.5m 且火灾荷载密度为 $0.65MW/m^2$ 的情况下，302～312s 时间段窗口火焰融合温度最高，竖向相邻四窗口在危险温度 T_1、T_2 时火焰融合高度分别为 4.2m、13.4m。

（3）火灾荷载密度 $0.74MW/m^2$

当连廊至外立面距离为 2.5m 时，在火灾荷载密度 $0.74MW/m^2$ 条件下，高层建筑竖向相邻四窗口燃烧羽流火焰融合的温度曲线和温度分布等温线如图 5-44 所示。

结合温度曲线和温度分布等温线分析可知，连廊至外立面距离为 2.5m 且火灾荷载密度为 $0.74MW/m^2$ 的情况下，340～350s 时间段窗口火焰融合温度最高，竖向相邻四窗口在危险温度 T_1、T_2 时火焰融合高度分别为 5.7m、14.9m。

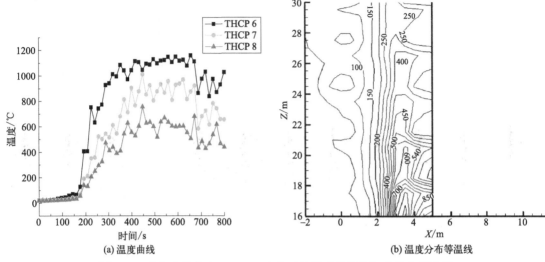

图 5-44　火灾荷载密度 $0.74MW/m^2$ 时的温度曲线及温度分布等温线

　　对本小节等温线进行分析，并结合上一节单窗口燃烧的数据，可以得到在连廊距离外立面为 2.5m 条件下不同窗口火焰融合的危险温度高度如表 5-8 所示。

表 5-8　连廊距离外立面 2.5m 时的危险温度高度

连续燃烧窗口数量	火灾荷载密度 /(MW/m²)	T_1 时的火焰融合高度/m	T_2 时的火焰融合高度/m
单窗口	0.56	2.7	8.8
	0.65	3.9	10.7
	0.74	4.2	11.7
竖向两窗口	0.56	2.8	10.5
	0.65	3.6	13.4
	0.74	4.4	13.7
竖向三窗口	0.56	4.3	13.4
	0.65	4.1	13.6
	0.74	5.3	14.5
竖向四窗口	0.56	5.3	13.2
	0.65	4.2	13.4
	0.74	5.7	14.9

　　当连廊至外立面距离为 2.5m 时，对不同数量窗口燃烧至其危险温度 T_1 和 T_2 时的火焰融合高度进行对比分析。当火灾荷载密度为 $0.56MW/m^2$，竖向相邻两窗口燃烧时其危险温度高度比单窗口分别提升了 0.1m 和 1.7m，竖向相邻三窗口燃烧时其危险温度高度比竖向相邻两窗口分别提升了 1.5m 和 2.9m，竖向相邻四窗口燃烧时其危险温度高度比竖向相邻三窗口分别提升了 1m 和 -0.2m。当火灾荷载密度为 $0.65MW/m^2$，竖向相邻两窗口燃烧时其危险温度高度比单窗口分别提升了 -0.3m 和 2.7m，竖向相邻三窗口燃烧时其危险温度高度比竖向相邻两窗口分别提升了 0.5m 和 0.2m，竖向相邻四窗口燃烧时其危险温度高度比竖向相邻三窗口分别提升了 0.1m 和 -0.2m。当火灾荷载密度为 $0.74MW/m^2$，竖向相

邻两窗口燃烧时其危险温度高度比单窗口分别提升了 0.2m 和 2m，竖向相邻三窗口燃烧时其危险温度高度比竖向相邻两窗口分别提升了 0.9m 和 0.8m，竖向相邻四窗口燃烧时其危险温度高度比竖向相邻三窗口分别提升了 0.4m 和 0.4m。

本节对高层连廊建筑模型进行了火灾模拟计算，通过改变连廊与建筑外立面的距离、火灾荷载密度以及竖向窗口的数量等影响因素，进而得出了一系列的温度曲线和温度分布等温线。综合分析数据可以得到如下结论：

（1）连廊至外立面距离为 2m 的高层建筑与距离为 1.5m 高层建筑相比较，当火灾荷载密度为 $0.56MW/m^2$，连廊至外立面距离为 2m 的高层建筑较距离 1.5m 时，单窗口燃烧至危险温度 T_1 和 T_2 时的火焰融合高度降低了 0.5m 和 0.7m，竖向相邻两窗口燃烧至危险温度 T_1 和 T_2 时的火焰融合高度降低了 1.2m 和 1m，竖向相邻三窗口燃烧至危险温度 T_1 和 T_2 时的火焰融合高度降低了 0.7m 和 0.7m，竖向相邻四窗口燃烧至危险温度 T_1 和 T_2 时的火焰融合高度降低了 2.2m 和 0.4m；当火灾荷载密度为 $0.65MW/m^2$，连廊至外立面距离为 2m 的高层建筑较距离为 1.5m 时，单窗口燃烧至危险温度 T_1 和 T_2 时的火焰融合高度升高了 0.2m 和 −0.3m，竖向相邻两窗口燃烧至危险温度 T_1 和 T_2 时的火焰融合高度降低了 0.7m 和 0.6m，竖向相邻三窗口燃烧至危险温度 T_1 和 T_2 时的火焰融合高度降低了 0.1m 和 0.8m，竖向相邻四窗口燃烧至危险温度 T_1 和 T_2 时的火焰融合高度降低了 1.8m 和 0.7m；当火灾荷载密度为 $0.74MW/m^2$，连廊至外立面距离为 2m 的高层建筑较距离为 1.5m 时，单窗口燃烧至危险温度 T_1 和 T_2 时的火焰融合高度降低了 0.5m 和 0.6m，竖向相邻两窗口燃烧至危险温度 T_1 和 T_2 时的火焰融合高度降低了 0.7m 和 0.7m，竖向相邻三窗口燃烧至危险温度 T_1 和 T_2 时的火焰融合高度降低了 1m 和 0.2m，竖向相邻四窗口燃烧至危险温度 T_1 和 T_2 时的火焰融合高度降低了 0.6m 和 0.2m。

（2）连廊至外立面距离为 2.5m 的高层建筑与距离为 2m 高层建筑相比较，当火灾荷载密度为 $0.56MW/m^2$，连廊至外立面距离为 2.5m 的高层建筑较距离为 2m 时，单窗口燃烧至危险温度 T_1 和 T_2 时的火焰融合高度升高了 −0.5m 和 −0.8m，竖向相邻两窗口燃烧至危险温度 T_1 和 T_2 时的火焰融合高度降低了 0.6m 和 1m，竖向相邻三窗口燃烧至危险温度 T_1 和 T_2 时的火焰融合高度升高了 0.7m 和 0.3m，竖向相邻四窗口燃烧至危险温度 T_1 和 T_2 时的火焰融合高度升高了 1.7m 和 −0.4m；当火灾荷载密度为 $0.65MW/m^2$，连廊至外立面距离为 2.5m 的高层建筑较距离为 2m 时，单窗口燃烧至危险温度 T_1 和 T_2 时的火焰融合高度降低了 0.4m 和 0.5m，竖向相邻两窗口燃烧至危险温度 T_1 和 T_2 时的火焰融合高度升高了 −0.5m 和 0.5m，竖向相邻三窗口燃烧至危险温度 T_1 和 T_2 时的火焰融合高度降低了 1.4m 和 0.1m，竖向相邻四窗口燃烧至危险温度 T_1 和 T_2 时的火焰融合高度降低了 1.5m 和 0.4m；当火灾荷载密度为 $0.74MW/m^2$，连廊至外立面距离为 2.5m 的高层建筑较距离为 2m 时，单窗口燃烧至危险温度 T_1 和 T_2 时的火焰融合高度降低了 0.5m 和 0.6m，竖向相邻两窗口燃烧至危险温度 T_1 和 T_2 时的火焰融合高度降低了 0.7m 和 0.4m，竖向相邻三窗口燃烧至危险温度 T_1 和 T_2 时的火焰融合高度升高了 0.4m 和 −0.6m，竖向相邻四窗口燃烧至危险温度 T_1 和 T_2 时的火焰融合高度降低了 0.1m 和 0.6m。

通过数据汇总分析可知，带连廊高层建筑竖向多窗口羽流火焰与外保温材料燃烧火焰融合之后，其燃烧至危险温度 T_1 和 T_2 时的火焰融合高度随着连续燃烧窗口数量的增加而增大。随着竖向连续燃烧窗口数量提升至三个窗口，危险温度时的火焰融合高度明显高于竖向两窗口以及单窗口。竖向四窗口燃烧至危险温度时的火焰融合高度与竖向三窗口相比较，提升幅度趋于平缓。对于不同连廊宽度的建筑，随着连廊距离外立面越来越远，相同火灾荷载密度以及相同竖向连续燃烧窗口数量在危险温度时的火焰融合高度趋于减小，说明连廊距离建筑外立面越近，羽流火焰向上卷吸空气能力越强，其燃烧至危险温度 T_1 和 T_2 时的火焰融合高度就越高。出于最不利因素的考量，应该采用连廊距离高层建筑外立面 1.5m 的模型，选取竖向三窗口和火灾荷载密度为 0.74MW/m² 的影响因素条件，研究分析高层建筑外部蔓延阻隔区的设立规律。

以上对高层有连廊建筑进行了数值模拟研究，为探究竖向多窗口羽流火焰的融合规律，通过改变不同的连廊至外立面距离、不同的火灾荷载密度等影响因素，得出不同连续窗口数量燃烧羽流火焰的模拟结果并加以分析，最终得出了危险温度 T_1 和 T_2 时的火焰融合高度，为高层建筑外部蔓延阻隔区的设置提供了理论基础，并通过数值模拟方式验证了阻隔区对于建筑外立面竖向火蔓延的阻隔作用。

5.3   结构因子影响下平行连廊一侧外墙火焰蔓延数值分析

带连廊高层建筑由于含有封闭式竖向通道，连廊部分极易产生烟囱效应，结构因子（定义垂直连廊一侧外墙与平行连廊一侧外墙长度之比为结构因子）会对烟囱效应产生影响，基准风速在结构因子的影响下，会在不同程度上改变烟囱效应的作用效果。因此，研究结构因素与环境因素对带连廊高层建筑外墙火焰蔓延的影响具有重要的意义，本节综合考虑结构因子和基准风速等因素对火焰高度的影响，为建立带连廊高层建筑外部蔓延阻隔区提供了一定的理论基础，并提出了具体的阻隔区设置方案。

本节以某带连廊高层建筑作为计算模型，其共 33 层，总高度为 99m，层高 3m，墙体厚度 0.2m，楼板厚度 0.1m。建筑内部房间尺寸为 3.3m×3.6m，垂直连廊一侧外墙长度固定为 8.1m，连廊与外墙之间的距离为 1.5m，窗口尺寸 1.8m×1.5m。对于网格划分，PyroSim 采用的网格尺寸为 0.350m×0.360m×0.375m，单元个数为 136000，可燃物类型为聚氨酯，在每层窗口中心处布置热电偶 THCP01～THCP33 共 33 处，建筑模型如图 5-45 所示。火源位置在第 6 层，在靠近窗户的房间里，如图 5-46 所示，热释放速率设定为 6MW，火灾类型为超快速火，时间为 179s。

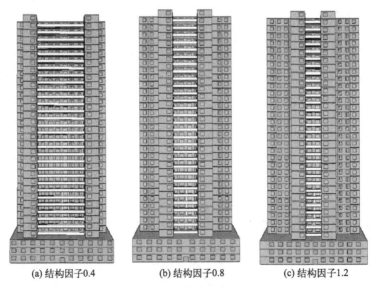

(a) 结构因子0.4   (b) 结构因子0.8   (c) 结构因子1.2

图 5-45   带连廊高层建筑模型

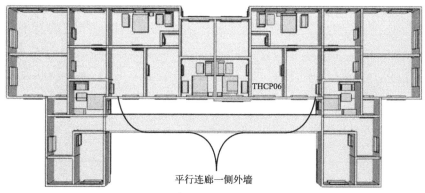

平行连廊一侧外墙

图 5-46　带连廊高层建筑模型平行连廊一侧外墙火源位置

为研究火灾发生时平行连廊一侧外墙火焰蔓延变化规律，分别改变连续燃烧窗口数量、结构因子、基准风速进行模拟计算。参考实际建筑尺寸，侧墙长度固定为 8.1m，选取 6.9m、10.2m、20.1m 为平行连廊一侧外墙宽度，结构因子分别为 1.2、0.8 和 0.4。依据天气情况，选取 0m/s（无风）、5.4m/s（三级风）、10.7m/s（五级风）作为基准风速变量，火焰分别燃烧至连续两窗口、三窗口、四窗口，如图 5-47 所示。其详细工况如表 5-9～表 5-11 所示，当基准风速为 5.4m/s 和 10.7m/s 时，各层高风速平均值如表 5-12、表 5-13 所示。

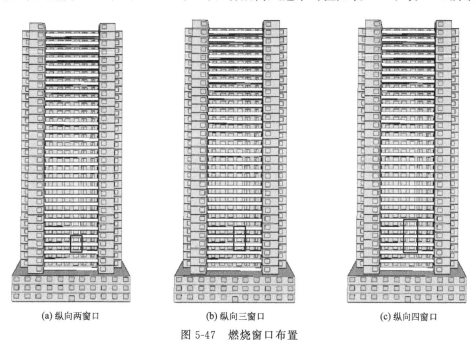

(a) 纵向两窗口　　　　　　　(b) 纵向三窗口　　　　　　　(c) 纵向四窗口

图 5-47　燃烧窗口布置

表 5-9　纵向两窗口连续燃烧工况设置

工况序号	结构因子	基准风速/(m/s)
1	0.4	0
		5.4
		10.7

续表

工况序号	结构因子	基准风速/(m/s)
2	0.8	0
		5.4
		10.7
3	1.2	0
		5.4
		10.7

表 5-10　纵向三窗口连续燃烧工况设置

工况序号	结构因子	基准风速/(m/s)
4	0.4	0
		5.4
		10.7
5	0.8	0
		5.4
		10.7
6	1.2	0
		5.4
		10.7

表 5-11　纵向四窗口连续燃烧工况设置

工况序号	结构因子	基准风速/(m/s)
7	0.4	0
		5.4
		10.7
8	0.8	0
		5.4
		10.7
9	1.2	0
		5.4
		10.7

表 5-12　基准风速 5.4m/s 时各层高风速

高度/m	风速/(m/s)	高度/m	风速/(m/s)
15	5.4	30	6.29
18	5.62	33	6.42
21	5.81	36	6.55
24	5.99	39	6.66
27	6.15	42	6.77

续表

高度/m	风速/(m/s)	高度/m	风速/(m/s)
45	6.88	75	7.69
48	6.97	78	7.76
51	7.24	81	7.83
54	7.16	84	7.89
57	7.24	87	7.94
60	7.33	90	8.01
63	7.4	93	8.06
66	7.48	96	8.12
69	7.55	99	8.18
72	7.63	—	—

表 5-13　基准风速 10.7m/s 时各层高风速

高度/m	风速/(m/s)	高度/m	风速/(m/s)
15	10.7	60	14.52
18	11.14	63	14.67
21	11.52	66	14.82
24	11.87	69	14.97
27	12.18	72	15.11
30	12.46	75	15.25
33	12.73	78	15.38
36	12.97	81	15.51
39	13.20	84	15.63
42	13.42	87	15.75
45	13.62	90	15.87
48	13.82	93	15.98
51	14.01	96	16.10
54	14.18	99	16.21
57	14.35	—	—

5.3.1　结构因子 0.4

5.3.1.1　基准风速 0m/s

经数值模拟计算可得，结构因子为 0.4，室外基准风速为 0m/s 时，带连廊高层建筑竖直方向连续燃烧二到四窗口的温度分布等温线和温度曲线如图 5-48 和图 5-49 所示，其中，Z 为沿 Z 轴方向带连廊高层建筑高度，X 为沿 X 轴方向带连廊高层建筑宽度。

分析可知，随着连续燃烧窗口数量增加，温度曲线中火焰最高温度从 800℃ 上升到 900℃。火焰燃烧至连续二、三、四窗口且温度达到 540℃ 时，火焰总高度分别是 22.88m、27.75m、31.5m，火焰融合高度分别为 4.88m、8.25m、10.5m。

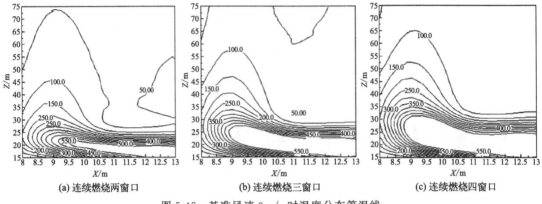

图 5-48　基准风速 0m/s 时温度分布等温线

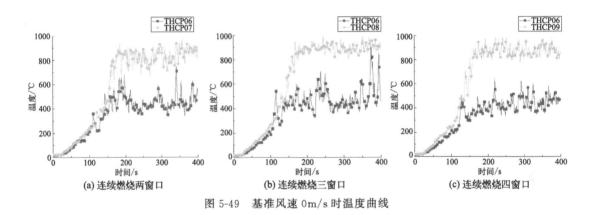

图 5-49　基准风速 0m/s 时温度曲线

5.3.1.2　基准风速 5.4m/s

经数值模拟计算可得，结构因子为 0.4，基准风速为 5.4m/s 时，带连廊高层建筑竖直方向连续燃烧二到四窗口的温度分布等温线和温度曲线如图 5-50 和图 5-51 所示。

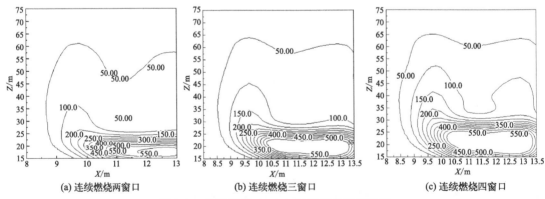

图 5-50　基准风速 5.4m/s 时温度分布等温线

分析可知，随着连续燃烧窗口数量增加，温度曲线中火焰最高温度从 400℃ 上升到 1000℃。火焰燃烧至连续二、三、四窗口且温度达到 540℃ 时，火焰总高度分别为 21m、24m、27m，火焰融合高度分别为 3m、4.5m、6m。

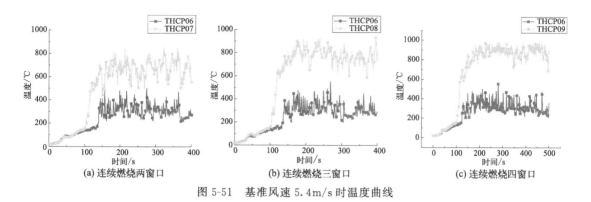

图 5-51　基准风速 5.4m/s 时温度曲线

5.3.1.3　基准风速 10.7m/s

经数值模拟计算可得，结构因子为 0.4，基准风速为 10.7m/s 时，带连廊高层建筑竖直方向连续燃烧二到四窗口的温度分布等温线和温度曲线如图 5-52 和图 5-53 所示。

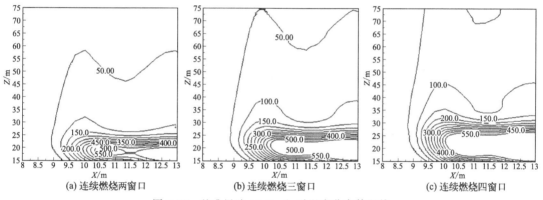

图 5-52　基准风速 10.7m/s 时温度分布等温线

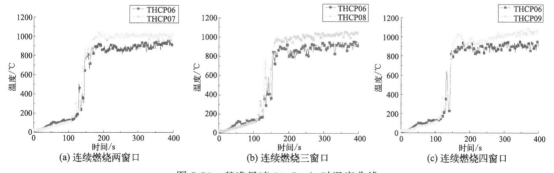

图 5-53　基准风速 10.7m/s 时温度曲线

分析可知，随着连续燃烧窗口数量增加，温度曲线中火焰最高温度从 900℃上升到 1100℃。火焰燃烧至连续二、三、四窗口且温度达到 540℃时，火焰总高度分别是 21m、23.75m、26.88m，火焰融合高度分别为 3m、4.25m、5.88m。

根据上文所述，在结构因子为 0.4 的条件下，基准风速分别为 0m/s、5.4m/s、10.7m/s，纵向燃烧至连续二、三、四窗口，达到危险温度 540℃时其火焰融合高度如表 5-14 所示。

表 5-14   结构因子为 0.4 时火焰融合高度   单位：m

连续燃烧窗口数量	基准风速 0m/s 时 火焰融合高度	基准风速 5.4m/s 时 火焰融合高度	基准风速 10.7m/s 时 火焰融合高度
二	4.88	3	3
三	8.25	4.5	4.25
四	10.5	6	5.88

由表 5-14 可知，当结构因子一定，达到危险温度 540℃，纵向燃烧至连续二、三、四窗口条件下，室外无风时比基准风速 5.4m/s 时火焰融合高度增长了 1.88m、3.75m、4.5m，基准风速 5.4m/s 时比基准风速 10.7m/s 时火焰融合高度增长了 0m、0.25m、0.12m。在基准风速为 0m/s、5.4m/s、10.7m/s 条件下，连续燃烧三窗口时比连续燃烧两窗口时火焰融合高度增长了 3.37m、1.5m、1.25，连续燃烧四窗口时比连续燃烧三窗口时火焰融合高度增长了 2.25m、1.5m、1.63m。

图 5-54 为结构因子 0.4 时火焰融合高度对比图，可以看出，其火焰融合高度随基准风速的增大而减小，随连续燃烧窗口数量增大而增大。当基准风速为 0m/s、连续燃烧四窗口时火焰融合高度最大，连续燃烧两窗口、基准风速为 10.7m/s 时火焰融合高度最小。

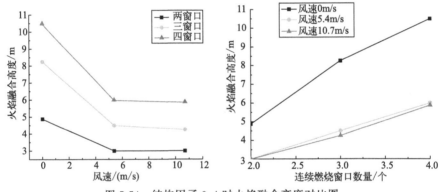

图 5-54   结构因子 0.4 时火焰融合高度对比图

不同连续燃烧窗口数量下，达到危险温度 540℃，基准风速 0m/s、5.4m/s、10.7m/s 时火焰融合高度增长幅度如表 5-15 所示。

表 5-15   连续多窗口燃烧火焰融合高度增长幅度   单位:%

连续燃烧窗口数量	基准风速 0m/s 时	基准风速 5.4m/s 时	基准风速 10.7m/s 时
二	—	—	—
三	40.85	33.33	29.41
四	21.43	25	27.72

不同基准风速下，达到危险温度 540℃，纵向连续燃烧两窗口、三窗口、四窗口时火焰融合高度增长幅度如表 5-16 所示。

表 5-16   不同基准风速下火焰融合高度增长幅度

基准风速/(m/s)	连续两窗口时/%	连续三窗口时/%	连续四窗口时/%
0	—	—	—
5.4	−38.52	−45.45	−42.86
10.7	0	−5.56	−2

根据以上数据可知，火焰融合高度随基准风速的增大而减小，随纵向连续燃烧窗口数量的增大而增大。这说明基准风速的增大对结构因子为 0.4 的带连廊高层建筑外墙火焰蔓延有抑制作用，而连续燃烧窗口数量的增大有促进作用。基准风速为 0m/s、纵向连续燃烧四窗口时，火焰融合高度最大。

5.3.2　结构因子 0.8

5.3.2.1　基准风速 0m/s

经数值模拟计算可得，结构因子为 0.8，基准风速为 0m/s 时，带连廊高层建筑竖直方向连续燃烧二到四窗口的温度分布等温线和温度曲线如图 5-55 和图 5-56 所示，其中，Z 为沿 Z 轴方向带连廊高层建筑高度，X 为沿 X 轴方向带连廊高层建筑宽度。

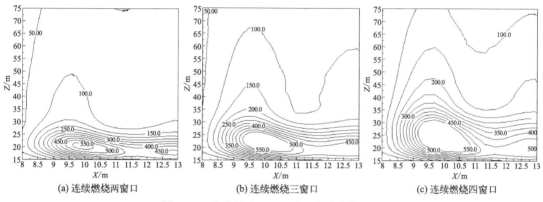

(a) 连续燃烧两窗口　　(b) 连续燃烧三窗口　　(c) 连续燃烧四窗口

图 5-55　基准风速 0m/s 时温度分布等温线

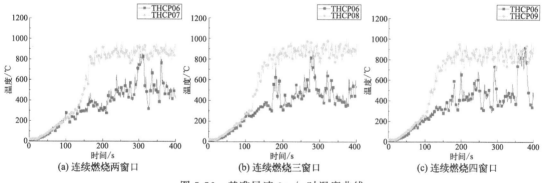

(a) 连续燃烧两窗口　　(b) 连续燃烧三窗口　　(c) 连续燃烧四窗口

图 5-56　基准风速 0m/s 时温度曲线

分析可知，随着连续燃烧窗口数量增加，温度曲线中火焰最高温度从 600℃ 上升到 900℃。火焰燃烧至连续二、三、四窗口且温度达到 540℃ 时，火焰总高度分别是 23.5m、27.93m、32.5m，火焰融合高度分别为 5.5m、8.43m、11.5m。

5.3.2.2　基准风速 5.4m/s

经数值模拟计算可得，结构因子为 0.8，基准风速为 5.4m/s 时，带连廊高层建筑竖直方向连续燃烧二到四窗口的温度分布等温线和温度曲线如图 5-57 和图 5-58 所示，其中，Z 为沿 Z 轴方向带连廊高层建筑高度，X 为沿 X 轴方向带连廊高层建筑宽度。

分析可知，随着连续燃烧窗口数量增加，温度曲线中火焰最高温度从 600℃ 上升到 1000℃。火焰燃烧至连续二、三、四窗口且温度达到 540℃ 时，火焰总高度分别是 21.53m、

25.06m、28.15m，火焰融合高度分别为 3.53m、5.56m、7.15m。

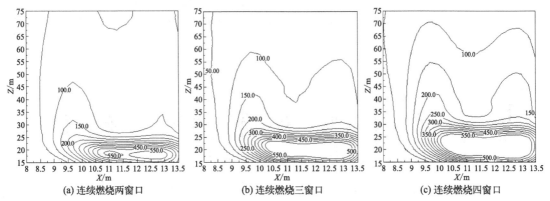

(a) 连续燃烧两窗口   (b) 连续燃烧三窗口   (c) 连续燃烧四窗口

图 5-57   基准风速 5.4m/s 时温度分布等温线

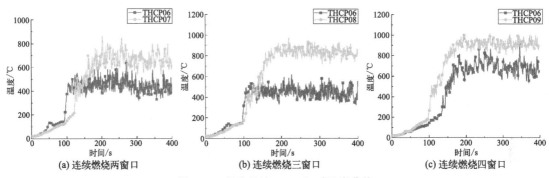

(a) 连续燃烧两窗口   (b) 连续燃烧三窗口   (c) 连续燃烧四窗口

图 5-58   基准风速 5.4m/s 时温度曲线

5.3.2.3   基准风速 10.7m/s

经数值模拟计算可得，结构因子为 0.8，基准风速为 10.7m/s 时，带连廊高层建筑竖直方向连续燃烧二到四窗口的温度分布等温线和温度曲线如图 5-59 和图 5-60 所示，其中，Z 为沿 Z 轴方向带连廊高层建筑高度，X 为沿 X 轴方向带连廊高层建筑宽度。

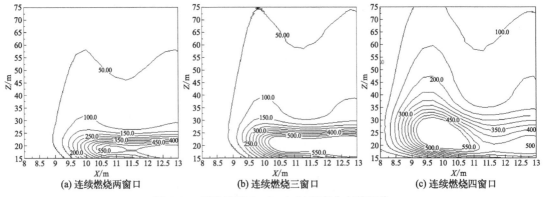

(a) 连续燃烧两窗口   (b) 连续燃烧三窗口   (c) 连续燃烧四窗口

图 5-59   基准风速 10.7m/s 时温度分布等温线

分析可知，随着连续燃烧窗口数量增加，温度曲线中火焰最高温度从 600℃ 上升到 1000℃。火焰燃烧至连续二、三、四窗口且温度达到 540℃ 时，火焰总高度分别是 21.37m、24.75m、27.88m，火焰融合高度分别为 3.37m、5.25m、6.88m。

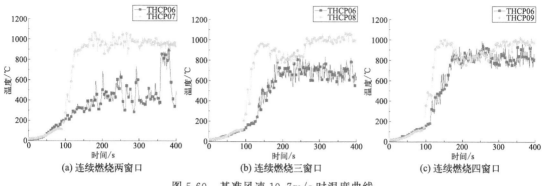

图 5-60　基准风速 10.7m/s 时温度曲线

根据上文所述，在结构因子为 0.8 的条件下，基准风速分别为 0m/s、5.4m/s、10.7m/s，纵向连续燃烧二、三、四窗口，达到危险温度 540℃ 时火焰融合高度如表 5-17 所示。

表 5-17　结构因子为 0.8 时火焰融合高度　　　　　　单位：m

连续燃烧窗口数量	基准风速 0m/s 时火焰融合高度	基准风速 5.4m/s 时火焰融合高度	基准风速 10.7m/s 时火焰融合高度
二	5.5	3.53	3.37
三	8.43	5.56	5.25
四	11.5	7.15	6.88

由表 5-17 可知，当结构因子一定，达到危险温度 540℃，在两窗口、三窗口、四窗口连续燃烧条件下，室外无风时比基准风速 5.4m/s 时火焰融合高度增长了 2.03m、2.87m、4.35m，基准风速 5.4m/s 时比基准风速 10.7m/s 时火焰融合高度增长了 0.16m、0.31m、0.27m。在基准风速为 0m/s、5.4m/s、10.7m/s 条件下，连续燃烧三窗口时比连续燃烧两窗口时火焰融合高度增长了 2.93m、2.03m、1.88，连续燃烧四窗口时比连续燃烧三窗口时火焰融合高度增长了 3.07m、1.59m、1.63m。

图 5-61 为结构因子 0.8 时火焰融合高度对比图，可以看出，火焰融合高度随基准风速的增大而减小，随连续燃烧窗口数量增大而增大，当基准风速为 0m/s、连续燃烧四窗口时火焰融合高度最大，连续燃烧两窗口、基准风速为 10.7m/s 时火焰融合高度最小。

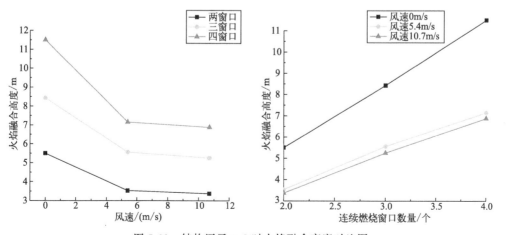

图 5-61　结构因子 0.8 时火焰融合高度对比图

不同连续燃烧窗口数量下，达到危险温度540℃，基准风速0m/s、5.4m/s、10.7m/s时火焰融合高度增长幅度如表5-18所示。

表5-18 连续多窗口火焰融合高度增长幅度 单位：%

连续燃烧窗口数量	基准风速0m/s时	基准风速5.4m/s时	基准风速10.7m/s时
二	—	—	—
三	34.75	36.51	35.81
四	26.70	22.24	23.69

不同基准风速下，达到危险温度540℃，连续燃烧两窗口、三窗口、四窗口时火焰融合高度增长幅度如表5-19所示。

表5-19 不同基准风速下火焰融合高度增长幅度

基准风速/(m/s)	连续两窗口时/%	连续三窗口时/%	连续四窗口时/%
0	—	—	—
5.4	−35.82	−34.05	−37.83
10.7	−4.53	−5.58	−3.78

根据以上数据可知，火焰融合高度随基准风速的增大而减小，随纵向连续燃烧窗口数量增大而增大。这说明基准风速的增加对结构因子为0.8的带连廊高层建筑外墙火焰蔓延有抑制作用，连续燃烧窗口数量的增大有促进作用。基准风速为0m/s、连续燃烧四窗口时，火焰融合高度最大。

5.3.3 结构因子1.2

5.3.3.1 基准风速0m/s

经数值模拟计算可得，结构因子为1.2，基准风速为0m/s时，带连廊高层建筑竖直方向连续燃烧二到四窗口的温度分布等温线和温度曲线如图5-62和图5-63所示。

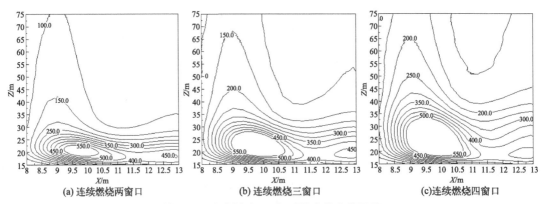

(a) 连续燃烧两窗口　(b) 连续燃烧三窗口　(c)连续燃烧四窗口

图5-62 基准风速0m/s时温度分布等温线

分析可知，随着连续燃烧窗口数量增加，温度曲线中火焰最高温度从800℃上升到900℃。火焰燃烧至连续二、三、四窗口且温度达到540℃时，火焰总高度分别是24.5m、28.13m、33.75m，火焰融合高度分别为6.5m、8.63m、12.75m。

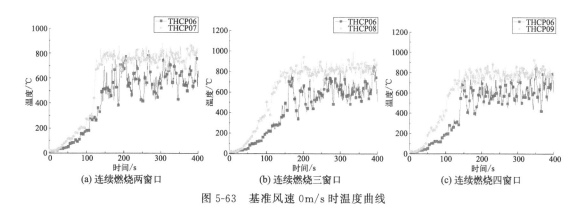

图 5-63　基准风速 0m/s 时温度曲线

5.3.3.2　基准风速 5.4m/s

经数值模拟计算可得，结构因子为 1.2，基准风速为 5.4m/s 时，带连廊高层建筑竖直方向连续燃烧二到四窗口的温度分布等温线和温度曲线如图 5-64 和图 5-65 所示。

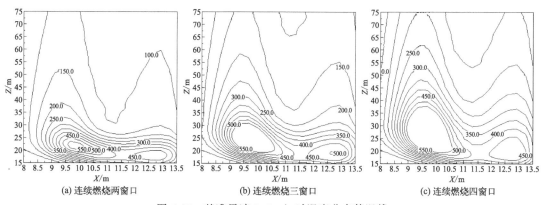

图 5-64　基准风速 5.4m/s 时温度分布等温线

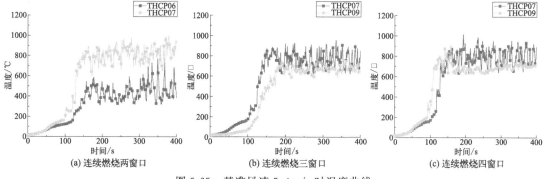

图 5-65　基准风速 5.4m/s 时温度曲线

分析可知，随着连续燃烧窗口数量增加，温度曲线中火焰最高温度从 850℃ 上升到 900℃。火焰燃烧至连续二、三、四窗口且温度达到 540℃ 时，火焰总高度分别是 24.76m、31.88m、39.75m，火焰融合高度分别为 6.76m、12.38m、18.75m。

5.3.3.3　基准风速 10.7m/s

经数值模拟计算可得，结构因子为 1.2，基准风速为 10.7m/s 时，带连廊高层建筑竖直方向连续燃烧二到四窗口的温度分布等温线和温度曲线如图 5-66 和图 5-67 所示。

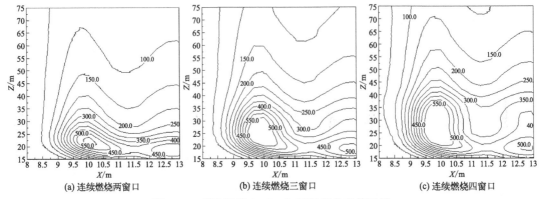

图 5-66　基准风速 10.7m/s 时温度分布等温线

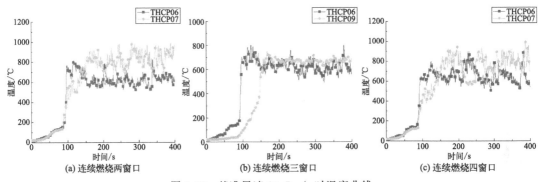

图 5-67　基准风速 10.7m/s 时温度曲线

分析可知，随着连续燃烧窗口数量增加，温度曲线中火焰最高温度从 800℃上升到 900℃。火焰燃烧至连续二、三、四窗口且温度达到 540℃时，火焰总高度分别是 27.75m、34.13m、40.13m，火焰融合高度分别为 9.75m、14.63m、19.13m。

根据上文所述，在结构因子为 1.2 的条件下，基准风速分别为 0m/s、5.4m/s、10.7m/s，纵向连续燃烧窗口数量分别为二、三、四，达到危险温度 540℃时，火焰融合高度如表 5-20 所示。

表 5-20　结构因子为 1.2 时火焰融合高度　　　　　　　单位：m

连续燃烧窗口数量	基准风速 0m/s 时火焰融合高度	基准风速 5.4m/s 时火焰融合高度	基准风速 10.7m/s 时火焰融合高度
二	6.5	6.76	9.75
三	8.63	12.38	14.63
四	12.75	18.75	19.13

由表 5-20 可知，当结构因子为 1.2，达到危险温度 540℃，在连续燃烧两窗口、三窗口、四窗口条件下，基准风速 5.4m/s 时比室外无风时火焰融合高度增长 0.26m、3.75m、6m，基准风速 10.7m/s 时比基准风速 5.4m/s 时火焰融合高度增长 2.99m、2.25m、0.38m。在基准风速为 0m/s、5.4m/s、10.7m/s 条件下，连续燃烧三窗口时比连续燃烧两窗口时火焰融合高度增长 2.13m、5.62m、4.88m，连续燃烧四窗口时比连续燃烧三窗口时

火焰融合高度增长 4.12m、6.37m、4.5m。

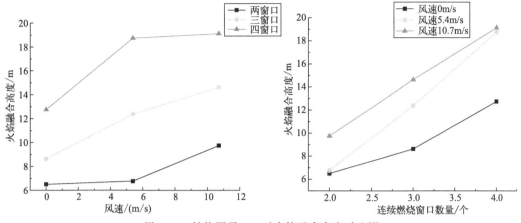

图 5-68　结构因子 1.2 时火焰融合高度对比图

由图 5-68 可以看出，火焰融合高度随基准风速的增大而增大，随连续燃烧窗口数量增大而增大。当基准风速 10.7m/s、连续燃烧四窗口时，火焰融合高度最大，连续燃烧两窗口、基准风速为 0 时，火焰融合高度最小。

不同连续燃烧窗口数量下，达到危险温度 540℃，基准风速 0m/s、5.4m/s、10.7m/s 时火焰融合高度增长幅度如表 5-21 所示。

表 5-21　连续多窗口火焰融合高度增长幅度　　　　　　　　　　单位:%

连续燃烧窗口数量	基准风速 0m/s 时	基准风速 5.4m/s 时	基准风速 10.7m/s 时
二	—	—	—
三	24.68	45.40	33.36
四	32.31	33.97	23.52

不同基准风速下，达到危险温度 540℃时，连续燃烧两窗口、三窗口、四窗口火焰融合高度增长幅度如表 5-22 所示。

表 5-22　不同基准风速下火焰融合高度增长幅度

基准风速/(m/s)	连续两窗口时/%	连续三窗口时/%	连续四窗口时/%
0	—	—	—
5.4	3.85	30.29	32
10.7	30.66	15.38	1.99

根据以上数据可知，火焰融合高度随基准风速的增大而增大，随连续燃烧窗口数量增大而增大。这说明基准风速和连续燃烧窗口数量的增加都会对结构因子为 1.2 的带连廊高层建筑外墙火焰蔓延有促进作用。基准风速为 10.7m/s、连续燃烧四窗口时，火焰融合高度最大。

5.3.4　数据分析

接下来对纵向连续燃烧两窗口、三窗口、四窗口，基准风速为 0m/s、5.4m/s、10.7m/s，达到危险温度 540℃时火焰融合高度进行分析。

纵向连续燃烧两窗口，达到危险温度540℃时火焰融合高度如表5-23所示。

表5-23 纵向连续燃烧两窗口火焰融合高度

结构因子	基准风速0m/s时火焰融合高度/m	基准风速5.4m/s时火焰融合高度/m	基准风速10.7m/s时火焰融合高度/m
0.4	4.88	3	3
0.8	5.5	3.53	3.37
1.2	6.5	6.76	9.75

由表5-23可知，连续两窗口燃烧，达到危险温度540℃，结构因子为0.4和0.8的条件下，基准风速5.4m/s时比基准风速0m/s时火焰融合高度减少1.88m、1.97m，基准风速10.7m/s时比基准风速5.4m/s时火焰融合高度减少0m、0.16m；结构因子为1.2的条件下，基准风速5.4m/s时比基准风速0m/s时火焰融合高度增长0.26m，基准风速10.7m/s时比基准风速5.4m/s时火焰融合高度增长2.99m。连续两窗口燃烧，达到危险温度540℃，基准风速为0m/s、5.4m/s、10.7m/s的条件下，结构因子为0.8时比结构因子为0.4时火焰融合高度增长0.62m、0.53m、0.37m，结构因子为1.2时比结构因子为0.8时火焰融合高度增长1m、3.23m、6.38m。

综合以上分析可知，连续两窗口燃烧达到危险温度540℃，结构因子为0.4和0.8时，火焰融合高度随基准风速增大而减小；结构因子为1.2时，火焰融合高度随基准风速增大而增大；基准风速为0m/s、5.4m/s、10.7m/s时，火焰融合高度随结构因子增大而增大。

纵向连续燃烧三窗口，达到危险温度540℃时火焰融合高度如表5-24所示。

表5-24 纵向连续燃烧三窗口火焰融合高度

结构因子	基准风速0m/s时火焰融合高度/m	基准风速5.4m/s时火焰融合高度/m	基准风速10.7m/s时火焰融合高度/m
0.4	8.25	4.5	4.25
0.8	8.43	5.56	5.25
1.2	8.63	12.38	14.63

当连续三窗口燃烧达到危险温度540℃，结构因子为0.4和0.8，基准风速5.4m/s时比基准风速0m/s时火焰融合高度减少3.75m、2.87m，基准风速10.7m/s时比基准风速5.4m/s时火焰融合高度减少0.25m、0.31m；当结构因子为1.2，基准风速5.4m/s时比基准风速0m/s时火焰融合高度增长3.75m，基准风速10.7m/s时比基准风速5.4m/s时火焰融合高度增长2.25m。

当连续三窗口燃烧达到危险温度540℃，基准风速为0m/s、5.4m/s、10.7m/s的条件下，结构因子为0.8时比结构因子为0.4时火焰融合高度增长0.18m、1.06m、1m，结构因子为1.2时比结构因子为0.8时火焰融合高度增长0.2m、6.82m、9.38m。

综合以上分析可知，当连续三窗口燃烧达到危险温度540℃，结构因子为0.4和0.8时，火焰融合高度随基准风速增大而减小；结构因子为1.2时，火焰融合高度随基准风速增大而增大；基准风速为0m/s、5.4m/s、10.7m/s时，火焰融合高度随结构因子增大而增大。

纵向连续燃烧四窗口，达到危险温度540℃时火焰融合高度如表5-25所示。

表 5-25　纵向连续燃烧四窗口火焰融合高度

结构因子	基准风速 0m/s 时火焰融合高度/m	基准风速 5.4m/s 时火焰融合高度/m	基准风速 10.7m/s 时火焰融合高度/m
0.4	10.5	6	5.88
0.8	11.5	7.15	6.88
1.2	12.75	18.75	19.13

当连续四窗口燃烧达到危险温度 540℃，结构因子为 0.4 和 0.8 的条件下，基准风速 5.4m/s 时比基准风速 0m/s 时火焰融合高度减少 4.5m、4.35m，基准风速 10.7m/s 时比基准风速 5.4m/s 时火焰融合高度减少 0.12m、0.27m；结构因子为 1.2 的条件下，基准风速 5.4m/s 时比基准风速 0m/s 时火焰融合高度增长 6m，基准风速 10.7m/s 时比基准风速 5.4m/s 时火焰融合高度增长 0.38m。

当连续四窗口燃烧达到危险温度 540℃，基准风速为 0m/s、5.4m/s、10.7m/s 的条件下，结构因子为 0.8 时比结构因子为 0.4 时火焰融合高度增长 1m、1.15m、1m，结构因子为 1.2 时比结构因子为 0.8 时火焰融合高度增长 1.25m、11.6m、12.25m。

综合以上分析可知，当连续四窗口燃烧达到危险温度 540℃，结构因子为 0.4 和 0.8 时，火焰融合高度随基准风速增大而减小；结构因子为 1.2 时，火焰融合高度随基准风速增大而增大；基准风速为 0m/s、5.4m/s、10.7m/s 时，火焰融合高度随结构因子增大而增大。

图 5-69～图 5-71 为纵向连续燃烧二、三、四窗口火焰融合高度对比图。

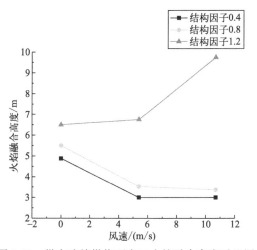
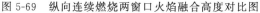
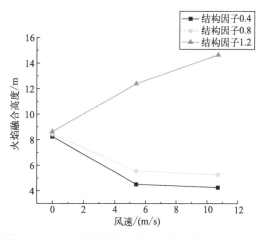

图 5-69　纵向连续燃烧两窗口火焰融合高度对比图　　图 5-70　纵向连续燃烧三窗口火焰融合高度对比图

由图 5-69～图 5-71 可以看出，火焰融合高度随结构因子的增大而增大；基准风速的影响与结构因子有关，结构因子为 0.4 和 0.8 时，火焰融合高度随基准风速增大而减小；结构因子为 1.2 时，火焰融合高度随基准风速增大而增大。结构因子为 1.2，基准风速为 10.7m/s 时火焰融合高度最大，结构因子为 0.4，基准风速为 10.7m/s 时火焰融合高度最小。不同窗口数量，达到危险温度 540℃，结构因子为 0.4、0.8 和 1.2，基准风速为 0m/s、5.4m/s 和 10.7m/s 条件下，火焰融合高度增长幅度如表 5-26 所示。其中，a 为连续燃烧三窗口时相比连续燃烧两窗口时的火焰融合高度增长幅度，b 为连续燃烧四窗口时相比连续燃烧三窗口时的火焰融合高度增长幅度。

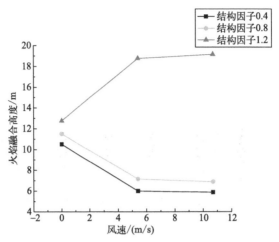

图 5-71 纵向连续燃烧四窗口火焰融合高度对比图

表 5-26 连续燃烧多窗口火焰融合高度增长幅度

结构因子		基准风速 0m/s 时/%	基准风速 5.4m/s 时/%	基准风速 10.7m/s 时/%
0.4	a	40.85	33.33	29.41
	b	21.43	25	27.72
0.8	a	34.75	36.51	35.81
	b	26.7	22.24	23.69
1.2	a	24.68	45.40	33.36
	b	32.31	33.97	35.52

以表 5-26 中结构因子为 0.4、基准风速 0m/s 时为例，连续燃烧三窗口比连续燃烧两窗口、连续燃烧四窗口比连续燃烧三窗口时火焰融合高度分别增长了 40.85%、21.43%。其余数据表示相似含义。

不同基准风速，达到危险温度 540℃，结构因子为 0.4、0.8 和 1.2 的情况下，连续燃烧两窗口、三窗口、四窗口时火焰融合高度增长幅度如表 5-27 所示。其中，a 为基准风速 5.4m/s 时相比基准风速 0m/s 时的火焰融合高度增长幅度，b 为基准风速 10.7m/s 时相比基准风速 5.4m/s 时的火焰融合高度增长幅度。

表 5-27 不同基准风速下火焰融合高度增长幅度

结构因子		连续燃烧两窗口/%	连续燃烧三窗口/%	连续燃烧四窗口/%
0.4	a	−38.52	−45.45	−42.56
	b	0	−5.56	9.9
0.8	a	−35.82	−34.05	−37.83
	b	−4.53	−5.58	−3.78
1.2	a	3.85	30.29	32
	b	30.66	15.38	1.99

以表 5-27 中连续燃烧两窗口、结构因子 0.4 为例，基准风速 5.4m/s 时比基准风速 0m/s 时、基准风速 10.7m/s 时比基准风速 5.4m/s 时火焰融合高度降低了 38.52%、0%。其余数据表示相似含义。

不同结构因子下火焰融合高度增长幅度如表 5-28 所示。其中，a 为结构因子为 0.8 时相比结构因子为 0.4 时的火焰融合高度增长幅度，b 为结构因子为 1.2 时相比结构因子为 0.8 时的火焰融合高度增长幅度。

表 5-28　不同结构因子下火焰融合高度增长幅度　　单位：%

连续燃烧窗口数量		基准风速 0m/s 时	基准风速 5.4m/s 时	基准风速 10.7m/s 时
二	a	11.27	15.01	10.98
	b	15.38	47.78	65.43
三	a	2.14	19.06	19.05
	b	2.32	55.08	64.11
四	a	8.70	16.08	14.53
	b	9.80	67.87	64.04

以表 5-28 中连续燃烧两窗口、基准风速 0m/s 时为例，结构因子为 0.8 时比结构因子为 0.4 时、结构因子为 1.2 时比结构因子为 0.8 时火焰融合高度增长了 11.27%、15.38%。其余数据表示相似含义。

分析可知，对于平行连廊一侧外墙纵向连续多窗口燃烧的情况，火焰融合高度随着结构因子增大而增大，当结构因子由 0.4 增加到 0.8 时，火焰融合高度增长幅度较小；结构因子由 0.8 增大到 1.2 时，火焰融合高度增长幅度较大。分析原因为：由于凹槽与连廊的存在，火焰不能从两侧及后方卷吸空气，连廊在局部上限制了火焰从前方卷吸更多的空气，因此该高层建筑的三面墙与连廊在局部形成了相对完整的中空结构。为了满足燃烧要求，火焰需要从凹槽与连廊局部形成的中空结构下方卷吸更多空气，空气将沿着中空结构产生一个向上气流，当平行连廊一侧外墙宽度减小时，从凹槽与连廊形成的中空结构下方卷吸空气速度明显提强，进而使烟囱效应充分发生而引起火焰加速蔓延。结构因子为 0.4 与结构因子为 0.8 的条件下，连续多窗口燃烧时火焰融合高度相差不大，而结构因子为 0.4 时平行连廊一侧外墙过宽，若设置外部蔓延阻隔区造价偏高，考虑消防因素，建议带连廊高层建筑的结构因子设置为 0.8。

5.3.5　外部蔓延阻隔区高度设置

由本节研究可知，带连廊高层建筑在结构因子为 1.2、基准风速为 10.7m/s 的情况下火焰融合高度达到最高值，且火焰融合高度随着窗口数量的增加持续提高。纵向连续五、六、七、八窗口燃烧的温度分布等温线如图 5-72 所示，由此可知，在结构因子 1.2，基准风速 10.7m/s 的情况下，达到危险温度 540℃时，连续五窗口燃烧火焰总高度为 44.37m，连续六窗口燃烧火焰总高度为 46.98m，连续七窗口燃烧火焰总高度为 50.13m，连续八窗口燃烧火焰总高度为 51.75m。

连续多窗口燃烧、达到危险温度 540℃时火焰融合高度及其增长幅度如表 5-29 和图 5-73 所示。

表 5-29　连续多窗口燃烧时火焰融合高度及其增长幅度

连续燃烧窗口数量	火焰融合高度/m	火焰融合高度的增长数值/m	火焰融合高度的增长比例/%
两窗口	9.75	—	—
三窗口	14.63	5.25	35.89
四窗口	19.13	2.85	14.90

续表

连续燃烧窗口数量	火焰融合高度/m	火焰融合高度的增长数值/m	火焰融合高度的增长比例/%
五窗口	21.87	2.74	10.37
六窗口	22.98	1.11	4.83
七窗口	24.58	1.60	6.51
八窗口	24.75	0.17	0.6

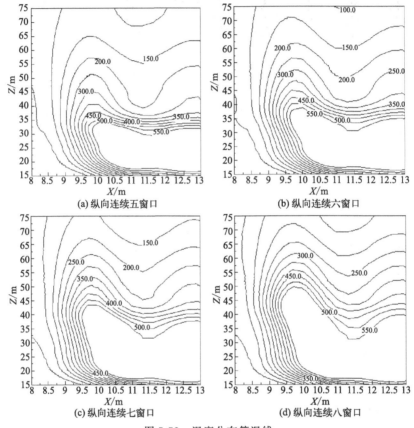

(a) 纵向连续五窗口　　　　(b) 纵向连续六窗口

(c) 纵向连续七窗口　　　　(d) 纵向连续八窗口

图 5-72　温度分布等温线

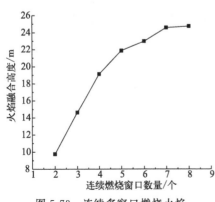

图 5-73　连续多窗口燃烧火焰
融合高度增长曲线

当连续燃烧窗口数量达到八窗口时,火焰融合高度与连续燃烧七窗口相差 0.17m,增长 0.6%,火焰融合高度基本趋于稳定,为 24.75m。若以此高度直接作为防火阻隔区高度放置在高层建筑中,则阻隔区下方的楼层无防火措施,可能会间接导致阻隔区下方楼层受火灾侵害加重,因此须根据火焰融合高度设计出防火阻隔区的合理方案。

5.3.6　平行连廊一侧外墙防火阻隔区方案设计

5.3.6.1　工况设定

本节共模拟三种工况,三种工况以表 5-20 中结构因子为 1.2 时火焰融合高度作为依据,选取最危险工况，即基准风速为 10.7m/s 时，结构因子为 1.2 的带连廊高层建筑作为防火阻隔区试验模型。该模型外立面被纵向分割成"阻隔区"与"普通区"，"阻隔区"全部采用"不燃外墙材料"和"防火玻璃门窗"。在模拟中不燃外墙保温材料简化为岩棉，普通区外墙材料简化为挤塑聚苯板（XPS）。起火房间设置在六层，将三种工况模拟结果与未设阻隔区模型的火焰融合高度进行对比。

工况 1 选取表 5-20 中，基准风速为 10.7m/s、连续两窗口燃烧时的火焰融合高度 9.75m 作为阻隔区高度，为了实际操作可行性，选取 9m（三层）外墙全部采用"不燃外墙材料"和"防火玻璃门窗"，其建筑模型如图 5-74(a) 所示。

工况 2 选取表 5-20 中，基准风速为 10.7m/s、连续三窗口燃烧时的火焰融合高度 14.63m 作为阻隔区高度，为了实际操作可行性，选取 15m（五层）外墙全部采用"不燃外墙材料"和"防火玻璃门窗"，其建筑模型如图 5-74(b) 所示。

工况 3 参考宋岩升、李自军的层间设置方法，本文设置为单窗口燃烧，设置 3m 单层防火阻隔区，其建筑模型如图 5-74(c) 所示。

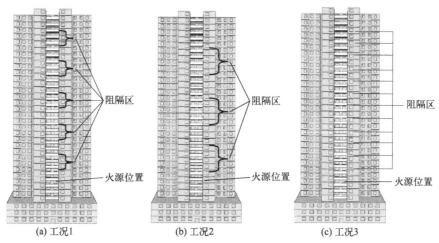

图 5-74　防火阻隔区设置

5.3.6.2　模拟结果

工况 1 模拟结果如图 5-75 所示。

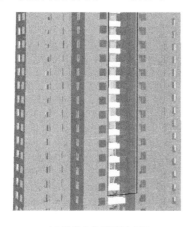

(a) 外墙火焰蔓延示意图

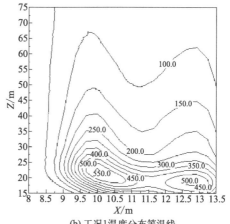

(b) 工况1温度分布等温线

图 5-75　工况 1 模拟结果图

　　将工况 1 设置了阻隔区的情况与未设阻隔区时如图 5-66(a) 所示的模拟结果和温度分布等温线进行对比分析可知，当 6 层、7 层的房间同时燃烧，未设阻隔区时其温度分布等温线如图 5-66(a) 所示，火焰将蔓延至 11 层，火焰融合高度为 9.75m；当在 8、9、10 层设置阻隔区后，火焰在到达 8 层、9 层阻隔区之间被阻隔，有效阻断了 10 层与 11 层火焰继续融合，抑制了火焰继续向上蔓延的趋势。此时火焰融合高度为 7.5m，与未设阻隔区相比火焰融合高度下降 2.25m。

　　工况 2 模拟结果如图 5-76 所示。

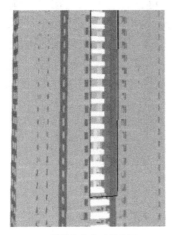 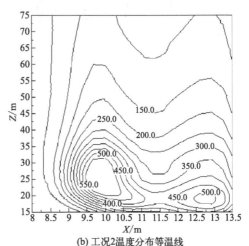

(a) 外墙火焰蔓延示意图　　　　(b) 工况2温度分布等温线

图 5-76　工况 2 模拟结果图

　　将工况 2 设置了阻隔区的情况与未设阻隔区时如图 5-66(b) 所示的模拟结果和温度分布等温线进行对比分析可知，当 6 层、7 层、8 层的房间同时燃烧时，未设阻隔区时其温度分布等温线如图 5-66(b) 所示，火焰将蔓延至 13 层，火焰融合高度为 14.63m；当在 9～13 层设置阻隔区后，火焰在到达 12、13 层阻隔区之间被阻隔，有效阻断了 13 层与 14 层的火焰继续融合，抑制了火焰继续向上蔓延的趋势。此时火焰融合高度为 14.25m，与未设阻隔区相比火焰融合高度下降 0.38m。

　　工况 3 模拟结果如图 5-77 所示。

 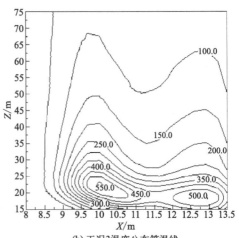

(a) 外墙火焰蔓延示意图　　　　(b) 工况3温度分布等温线

图 5-77　工况 3 模拟结果图

根据模拟结果和温度分布等温线进行分析,当 6 层房间单窗口燃烧时,未设阻隔区火焰将蔓延至 8 层,火焰融合高度为 4.1m;当在 7、9、11 层等隔层设置阻隔区后,火焰穿过 7 层阻隔区到达 8 层未被阻隔区阻隔,此时火焰融合高度为 3.35m,与未设阻隔区相比火焰融合高度下降 0.75m。

5.3.6.3　结果对比分析

根据上文所述,工况 1、工况 2、工况 3 火焰融合高度如表 5-30 所示。

表 5-30　不同工况下火焰融合高度

工况	未设阻隔区 火焰融合高度/m	设置阻隔区 火焰融合高度/m	下降比例 %
工况 1	9.75	7.5	23.08
工况 2	14.63	14.25	2.60
工况 3	4.1	3.35	18.29

根据以上数据可得,火灾初期时烟囱效应还未发挥充分,工况 1 设置连续三层的防火阻隔区可使火焰融合高度下降 2.25m,火焰未穿过阻隔区,很大程度上抑制了火灾的蔓延;工况 2 设置连续五层的防火阻隔区可使火焰融合高度下降 0.38m,火焰虽未穿过阻隔区,但火焰融合高度下降较小,对火灾蔓延的抑制效果甚微;工况 3 设置的单层阻隔区未能在阻隔区内阻断火焰蔓延。根据以上结论可得,工况 1 设置连续三层的防火阻隔区可有效抑制火焰融合高度的增长,火灾发生时火焰未能穿过阻隔区,可在阻隔区内阻断火焰继续向上蔓延。

5.4　结构因子影响下垂直连廊一侧外墙火焰蔓延数值分析

当火源位置在垂直连廊一侧外墙上时,为研究火灾发生时垂直连廊一侧外墙火焰蔓延的变化规律,本节结合实际高层建筑(计算模型见 5.3 节),分别改变了连续燃烧窗口数量、结构因子、基准风速进行模拟。其火源位置设置在第 6 层,热释放速率设置为 6MW,火灾类型为超快速火,当达到最大热释放率 6MW 时,时间为 179s。参考实际建筑尺寸,侧墙长度固定为 8.1m,选取 6.9m、10.2m、20.1m 为平行连廊一侧外墙宽度,此时结构因子分别为 1.2、0.8 和 0.4,另选取 0m/s(无风)、5.4m/s(三级风)、10.7m/s(五级风)三种风速情况,纵向连续两窗口、三窗口、四窗口为连续燃烧窗口数量,具体工况如表 5-31~表 5-33 所示。

表 5-31　纵向连续两窗口燃烧工况设置

工况编号	结构因子	基准风速/(m/s)
1	0.4	0
		5.4
		10.7
2	0.8	0
		5.4
		10.7
3	1.2	0
		5.4
		10.7

表 5-32　纵向连续三窗口燃烧工况设置

工况编号	结构因子	基准风速/(m/s)
4	0.4	0
		5.4
		10.7
5	0.8	0
		5.4
		10.7
6	1.2	0
		5.4
		10.7

表 5-33　纵向连续四窗口燃烧工况设置

工况编号	结构因子	基准风速/(m/s)
7	0.4	0
		5.4
		10.7
8	0.8	0
		5.4
		10.7
9	1.2	0
		5.4
		10.7

火源均设置在房间内，位于窗口附近，如图 5-78 所示。

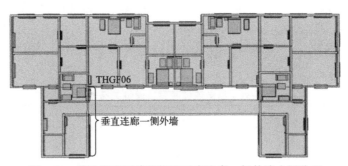

图 5-78　带连廊高层建筑模型垂直连廊一侧外墙火源位置

燃烧窗口布置情况如图 5-79 所示。

5.4.1　结构因子 0.4

5.4.1.1　基准风速 0m/s

经数值模拟计算可得，结构因子为 0.4，基准风速为 0m/s 时，带连廊高层建筑竖直方向连续二到四窗口燃烧的温度分布等温线和温度曲线如图 5-80 和图 5-81 所示，其中，Z 为

建筑沿 Z 轴方向的高度，X 为沿 X 轴方向的宽度。

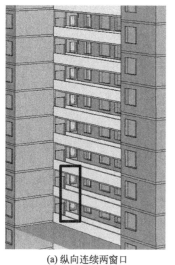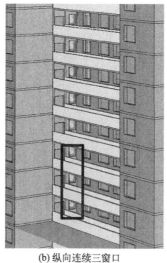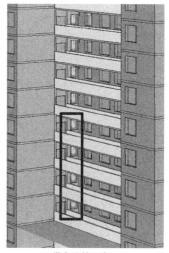

(a) 纵向连续两窗口　　　(b) 纵向连续三窗口　　　(c) 纵向连续四窗口

图 5-79　燃烧窗口布置

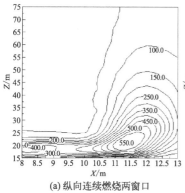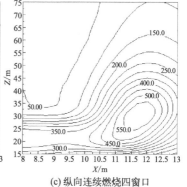

(a) 纵向连续燃烧两窗口　　(b) 纵向连续燃烧三窗口　　(c) 纵向连续燃烧四窗口

图 5-80　基准风速 0m/s 时温度分布等温线

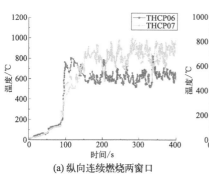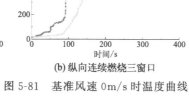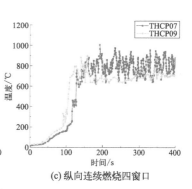

(a) 纵向连续燃烧两窗口　　(b) 纵向连续燃烧三窗口　　(c) 纵向连续燃烧四窗口

图 5-81　基准风速 0m/s 时温度曲线

分析图 5-80、图 5-81 可知，随着连续燃烧窗口数量增加，温度曲线中火焰最高温度从 600℃上升到 1000℃。纵向连续燃烧二、三、四窗口且温度达到 540℃时，火焰总高度分别是 28.5m、37.13m、42m，火焰融合高度分别为 10.5m、17.63m、21m。

5.4.1.2 基准风速 5.4m/s

经数值模拟计算可得,结构因子为 0.4,基准风速为 5.4m/s 时,带连廊高层建筑竖直方向连续二到四窗口燃烧的温度分布等温线和温度曲线如图 5-82 和图 5-83 所示。

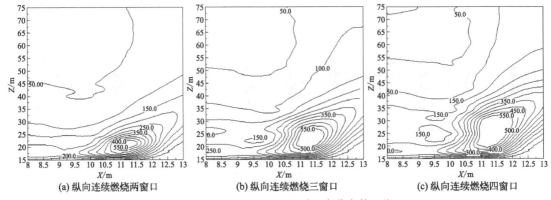

图 5-82 基准风速 5.4m/s 时温度分布等温线

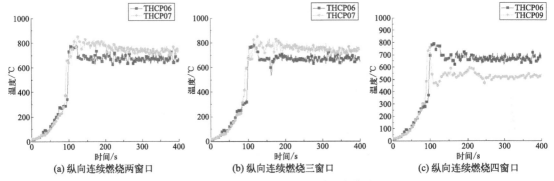

图 5-83 基准风速 5.4m/s 时温度曲线

分析图 5-82 和图 5-83 可知,随着连续燃烧窗口数量增加,温度曲线中火焰最高温度从 600℃上升到 800℃。纵向连续燃烧二、三、四窗口且温度达到 540℃时,火焰总高度分别是 23.63m、28.13m、32.25m,火焰融合高度分别为 5.625m、8.625m、11.25m。

5.4.1.3 基准风速 10.7m/s

经数值模拟计算可得,结构因子为 0.4,基准风速为 10.7m/s 时,带连廊高层建筑竖直方向连续二到四窗口燃烧的温度分布等温线和温度曲线如图 5-84 和图 5-85 所示。

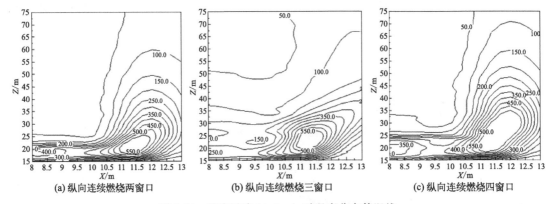

图 5-84 基准风速 10.7m/s 时温度分布等温线

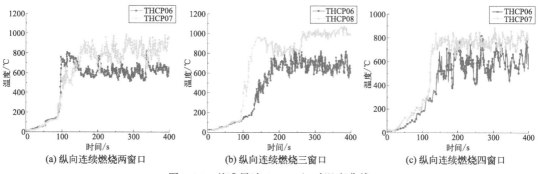

图 5-85　基准风速 10.7m/s 时温度曲线

分析图 5-84 和图 5-85 可知，随着连续燃烧窗口数量增加，温度曲线中火焰最高温度从 800℃ 上升到 1000℃。纵向连续燃烧二、三、四窗口且温度达到 540℃ 时，火焰总高度分别是 22.28m、26m、29.35m，火焰融合高度分别为 4.28m、6.5m、8.35m。

5.4.1.4　数据分析

根据上文所述，在结构因子为 0.4 的条件下，风速分别为 0m/s、5.4m/s、10.7m/s，纵向连续燃烧二、三、四窗口，达到危险温度 540℃ 时火焰融合高度如表 5-34 所示。

表 5-34　结构因子为 0.4 时火焰融合高度　　　　　　　　　　单位：m

连续燃烧窗口数量	基准风速 0m/s 时火焰融合高度	基准风速 5.4m/s 时火焰融合高度	基准风速 10.7m/s 时火焰融合高度
二	10.5	5.63	4.28
三	17.63	8.63	6.5
四	21	11.25	8.35

由表 5-34 可知，当结构因子一定，达到危险温度 540℃ 时，火焰融合高度随基准风速的增大而减小，随连续燃烧窗口数量增大而增大，说明基准风速增大对结构因子为 0.4 的带连廊高层建筑外墙火焰融合高度有抑制作用，连续燃烧窗口数量增大时则有促进作用，基准风速为 0m/s、连续燃烧四窗口时，火焰融合高度最大。在连续燃烧两窗口、三窗口、四窗口条件下，室外无风时比基准风速 5.4m/s 时火焰融合高度增长 4.87m、9m、9.75m，基准风速 5.4m/s 时比基准风速 10.7m/s 时火焰融合高度增长 1.35m、2.13m、2.9m；在基准风速为 0m/s、5.4m/s、10.7m/s 条件下，连续燃烧三窗口时比连续燃烧两窗口时火焰融合高度增长 7.13m、3m、2.22m，连续燃烧四窗口时比连续燃烧三窗口时火焰融合高度增长 3.37m、2.62m、1.85m。

由图 5-86 可以看出，火焰融合高度随基准风速的增大而减小，随连续燃烧窗口数量增大而增大，当基准风速 0m/s、连续燃烧四窗口时火焰融合高度最大，连续燃烧两窗口、基准风速为 5.4m/s 和 10.7m/s 时火焰融合高度最小。

不同连续燃烧窗口数量下，当达到危险温度 540℃，基准风速 0m/s、5.4m/s、10.7m/s 时火焰融合高度增长幅度如表 5-35 所示。

表 5-35　连续燃烧多窗口火焰融合高度增长幅度　　　　　　单位：%

连续燃烧窗口数量	基准风速 0m/s 时	基准风速 5.4m/s 时	基准风速 10.7m/s 时
二	—	—	—

连续燃烧窗口数量	基准风速 0m/s 时	基准风速 5.4m/s 时	基准风速 10.7m/s 时
三	40.43	34.78	34.15
四	16.07	23.33	22.15

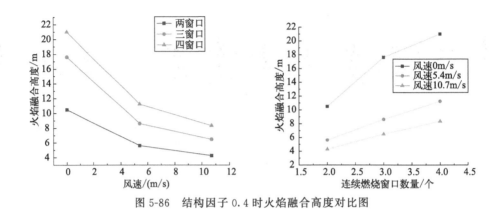

图 5-86　结构因子 0.4 时火焰融合高度对比图

不同基准风速下，当达到危险温度 540℃，连续燃烧两窗口、三窗口、四窗口时火焰融合高度增长幅度如表 5-36 所示。

表 5-36　不同基准风速下火焰融合高度增长幅度

基准风速/(m/s)	连续燃烧两窗口时/%	连续燃烧三窗口时/%	连续燃烧四窗口时/%
0	—	—	—
5.4	−46.43	−51.06	−46.43
10.7	−23.91	−24.63	−25.78

5.4.2　结构因子 0.8

5.4.2.1　基准风速 0m/s

经数值模拟计算可得，结构因子为 0.8，基准风速为 0m/s 时，带连廊高层建筑竖直方向连续二到四窗口燃烧的温度分布等温线和温度曲线如图 5-87 和图 5-88 所示。

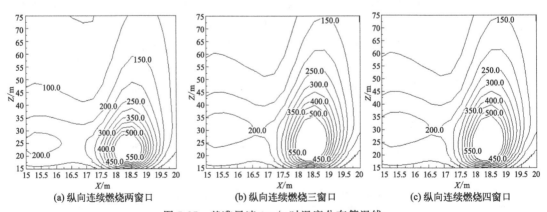

(a) 纵向连续燃烧两窗口　　　(b) 纵向连续燃烧三窗口　　　(c) 纵向连续燃烧四窗口

图 5-87　基准风速 0m/s 时温度分布等温线

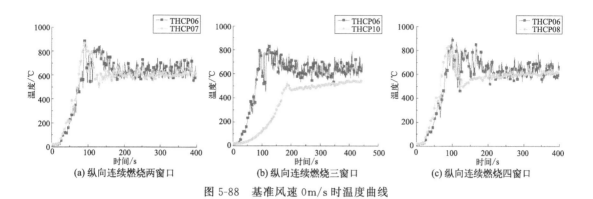

图 5-88 基准风速 0m/s 时温度曲线

分析图 5-87 和图 5-88 可知，随着连续燃烧窗口数量增加，温度曲线中火焰最高温度从850℃上升到 1000℃。纵向连续燃烧二、三、四窗口且温度达到 540℃ 时，火焰总高度分别是 30.75m、37.75m、40.75m，火焰融合高度分别为 12.75m、18.25m、19.75m。

5.4.2.2 基准风速 5.4m/s

经数值模拟计算可得，结构因子为 0.8，基准风速为 5.4m/s 时，带连廊高层建筑竖直方向连续二到四窗口燃烧的温度分布等温线和温度曲线如图 5-89 和图 5-90 所示。

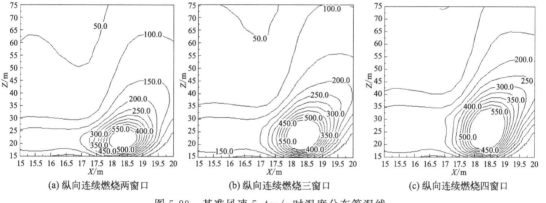

图 5-89 基准风速 5.4m/s 时温度分布等温线

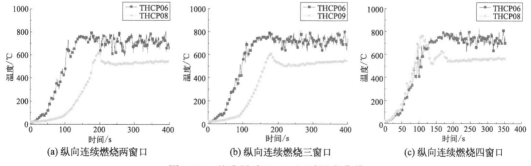

图 5-90 基准风速 5.4m/s 时温度曲线

分析图 5-89 和图 5-90 可知，随着连续燃烧窗口数量增加，温度曲线中火焰最高温度从600℃上升到 1000℃。纵向连续燃烧二、三、四窗口且温度达到 540℃ 时，火焰总高度分别是 25.88m、30.75m、35.63m，火焰融合高度分别为 7.88m、11.25m、14.63m。

5.4.2.3 基准风速 10.7m/s

经数值模拟计算可得，结构因子为 0.8，基准风速为 10.7m/s 时，带连廊高层建筑竖直方向连续二到四窗口燃烧的温度分布等温线和温度曲线如图 5-91 和图 5-92 所示。

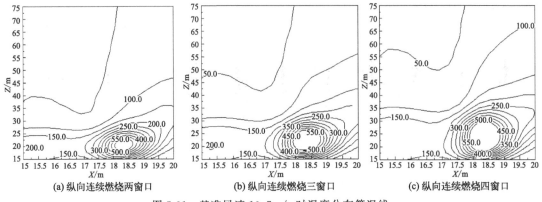

(a)纵向连续燃烧两窗口   (b)纵向连续燃烧三窗口   (c)纵向连续燃烧四窗口

图 5-91 基准风速 10.7m/s 时温度分布等温线

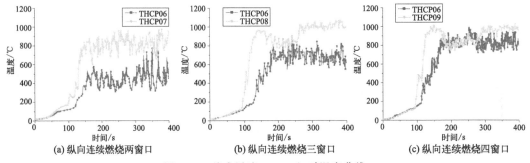

(a)纵向连续燃烧两窗口   (b)纵向连续燃烧三窗口   (c)纵向连续燃烧四窗口

图 5-92 基准风速 10.7m/s 时温度曲线

分析图 5-91 和图 5-92 可知，随着连续燃烧窗口数量增加，温度曲线中火焰最高温度从 850℃ 上升到 1000℃。纵向连续燃烧二、三、四窗口且温度达到 540℃ 时，火焰总高度分别是 24m、27.38m、30.75m，火焰融合高度分别为 6m、7.88m、9.75m。

5.4.2.4 数据分析

根据上文所述，在结构因子为 0.8 的条件下，风速分别为 0m/s、5.4m/s、10.7m/s，纵向连续燃烧三、四、五窗口，达到危险温度 540℃ 时火焰融合高度如表 5-37 所示。

表 5-37 结构因子为 0.8 时火焰融合高度   单位：m

连续燃烧窗口数量	基准风速 0m/s 时火焰融合高度	基准风速 5.4m/s 时火焰融合高度	基准风速 10.7m/s 时火焰融合高度
二	12.75	7.88	6
三	18.25	11.25	7.88
四	19.75	14.63	9.75

由表 5-37 可知，当结构因子一定，达到危险温度 540℃ 时，火焰融合高度随基准风速的增大而增大，随连续燃烧窗口数量增加而增加，说明基准风速以及连续燃烧窗口数量的增加对结构因子为 0.8 的带连廊高层建筑外墙火焰融合高度有促进作用，基准风速为 0m/s、连续燃烧四窗口时，火焰融合高度最大。在连续燃烧两窗口、三窗口、四窗口条件下，室外无

风时比基准风速 5.4m/s 时火焰融合高度增长 4.87m、7m、5.12m，基准风速 5.4m/s 时比
基准风速 10.7m/s 时火焰融合高度增长 1.88m、3.37m、4.88m；在基准风速为 0m/s、
5.4m/s、10.7m/s 条件下，连续燃烧三窗口时比连续燃烧两窗口时火焰融合高度增长
5.5m、3.37m、1.88，连续燃烧四窗口时比连续燃烧三窗口时火焰融合高度增长 1.5m、
3.38m、1.87m。

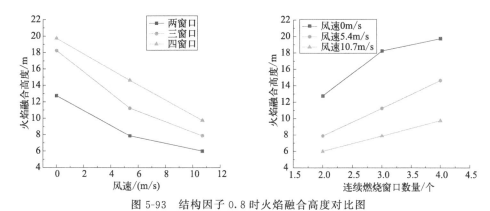

图 5-93　结构因子 0.8 时火焰融合高度对比图

由图 5-93 可以看出，火焰融合高度随基准风速的增大而减小，随连续燃烧窗口数量增
大而增大，当基准风速为 0m/s、连续燃烧四窗口时火焰融合高度最大，连续燃烧两窗口、
基准风速为 5.4m/s 和 10.7m/s 时火焰融合高度最小。

不同连续燃烧窗口数量下，达到危险温度 540℃，基准风速 0m/s、5.4m/s、10.7m/s
时火焰融合高度增长幅度如表 5-38 所示。

表 5-38　连续燃烧多窗口火焰融合高度增长幅度　　　　　　　　　　单位：%

连续燃烧窗口数量	基准风速 0m/s 时	基准风速 5.4m/s 时	基准风速 10.7m/s 时
二	—	—	—
三	30.13	29.96	23.86
四	7.79	23.10	19.18

不同基准风速下，当达到危险温度 540℃，连续燃烧两窗口、三窗口、四窗口时火焰融
合高度增长幅度如表 5-39 所示。

表 5-39　不同基准风速下火焰融合高度增长幅度

基准风速/(m/s)	连续燃烧两窗口时/%	连续燃烧三窗口时/%	连续燃烧四窗口时/%
0	—	—	—
5.4	−38.20	−38.36	−25.92
10.7	−23.86	−29.96	−33.36

5.4.3　结构因子 1.2

5.4.3.1　基准风速 0m/s

经数值模拟计算可得，结构因子为 1.2，基准风速为 0m/s 时，带连廊高层建筑竖直方
向连续二到四窗口燃烧的温度分布等温线和温度曲线如图 5-94 和图 5-95 所示。

分析图 5-94 和图 5-95 可知，随着连续燃烧窗口数量增加，温度曲线中火焰最高温度从

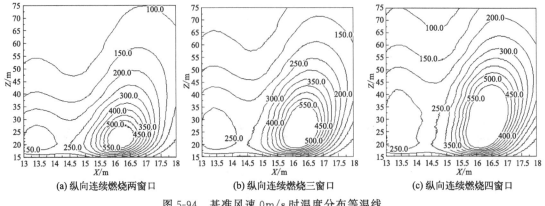

图 5-94   基准风速 0m/s 时温度分布等温线

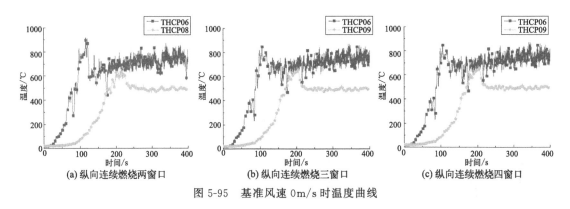

图 5-95   基准风速 0m/s 时温度曲线

600℃上升到 800℃。纵向连续燃烧二、三、四窗口且温度达到 540℃时，火焰总高度分别是 31.5m、39.375m、46.125m，火焰融合高度分别为 13.5m、19.875m、25.125m。

5.4.3.2   基准风速 5.4m/s

经数值模拟计算可得，结构因子为 1.2，基准风速为 5.4m/s 时，带连廊高层建筑竖直方向连续二到四窗口燃烧的温度分布等温线和温度曲线如图 5-96 和图 5-97 所示。

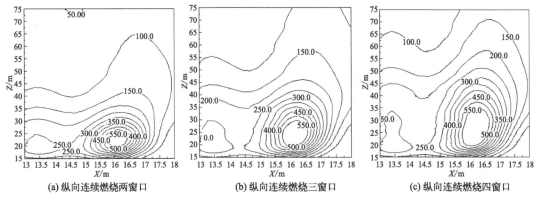

图 5-96   基准风速 5.4m/s 时温度分布等温线

分析图 5-96 和图 5-97 可知，随着连续燃烧窗口数量增加，温度曲线中火焰最高温度从 600℃上升到 800℃。纵向连续燃烧二、三、四窗口且温度达到 540℃时，火焰总高度分别是

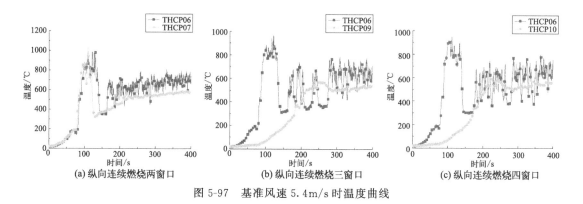

图 5-97　基准风速 5.4m/s 时温度曲线

27.38m、33.38m、39.38m，火焰融合高度分别为 9.38m、13.88m、18.38m。

5.4.3.3　基准风速 10.7m/s

经数值模拟计算可得，结构因子为 1.2，基准风速为 10.7m/s 时，带连廊高层建筑竖直方向连续二到四窗口燃烧的温度分布等温线和温度曲线如图 5-98 和图 5-99 所示。

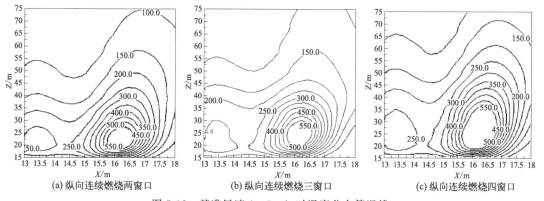

图 5-98　基准风速 10.7m/s 时温度分布等温线

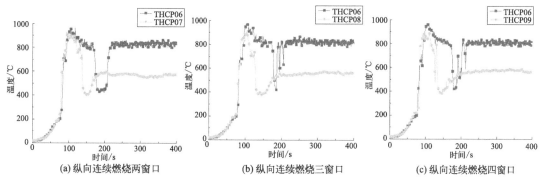

图 5-99　基准风速 10.7m/s 时温度曲线

分析图 5-98 和图 5-99 可知，随着连续燃烧窗口数量增加，温度曲线中火焰最高温度从 800℃上升到 1000℃。纵向连续燃烧二、三、四窗口且温度达到 540℃时，火焰总高度分别是 25.56m、28.75m、32.13m，火焰融合高度分别为 7.56m、9.25m、11.13m。

5.4.3.4 数据分析

根据上文所述，在结构因子为 1.2 的条件下，风速分别为 0m/s、5.4m/s、10.7m/s，纵向连续燃烧二、三、四窗口，达到危险温度 540℃ 时火焰融合高度如表 5-40 所示。

表 5-40 结构因子为 1.2 时火焰融合高度   单位：m

连续燃烧窗口数量	基准风速 0m/s 时火焰融合高度	基准风速 5.4m/s 时火焰融合高度	基准风速 10.7m/s 时火焰融合高度
二	13.5	9.38	7.56
三	19.88	13.88	9.25
四	25.13	18.38	11.13

由表 5-40 可知，当结构因子一定，达到危险温度 540℃ 时，火焰融合高度随基准风速的增大而减小，随连续燃烧窗口数量增大而增大，说明基准风速的增大对结构因子为 1.2 的带连廊高层建筑外墙火焰融合高度有抑制作用，而纵向连续燃烧窗口数量的增大有促进作用，基准风速为 0m/s、连续燃烧四窗口时，火焰融合高度最大。在连续燃烧两窗口、三窗口、四窗口条件下，室外无风时比基准风速 5.4m/s 时火焰融合高度增长 4.12m、6m、6.75m，基准风速 5.4m/s 时比基准风速 10.7m/s 时火焰融合高度增长 1.82m、4.63m、7.25m；在基准风速为 0m/s、5.4m/s、10.7m/s 条件下，连续燃烧三窗口时比连续燃烧两窗口时火焰融合高度增长 6.38m、4.5m、1.69m，连续燃烧四窗口时比连续燃烧三窗口时火焰融合高度增长 5.25m、4.5m、1.88m。

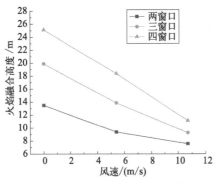 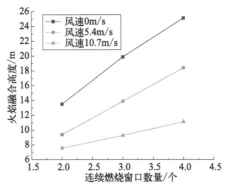

图 5-100 结构因子 1.2 时火焰融合高度对比图

由图 5-100 可以看出，火焰融合高度随基准风速的增大而减小，随连续燃烧窗口数量增大而增大，当基准风速 0m/s、连续燃烧四窗口时火焰融合高度最大，连续燃烧两窗口、基准风速为 10.7m/s 时火焰融合高度最小。

不同连续燃烧窗口数量下，当达到危险温度 540℃，基准风速 0m/s、5.4m/s、10.7m/s 时火焰融合高度增长幅度如表 5-41 所示。

表 5-41 连续燃烧多窗口火焰融合高度增长幅度   单位：%

连续燃烧窗口数量	基准风速 0m/s 时	基准风速 5.4m/s 时	基准风速 10.7m/s 时
二	—	—	—
三	32.08	32.42	18.27
四	20.90	24.48	16.89

不同基准风速下，当达到危险温度 540℃，连续燃烧两窗口、三窗口、四窗口时火焰融

合高度增长幅度如表 5-42 所示。

表 5-42　不同基准风速下火焰融合高度增长幅度

基准风速/(m/s)	连续燃烧两窗口时/%	连续燃烧三窗口时/%	连续燃烧四窗口时/%
0	—	—	—
5.4	−30.52	−30.16	−26.85
10.7	−19.40	−33.36	−39.45

5.4.4　数据分析

接下来对纵向连续燃烧两窗口、三窗口、四窗口，基准风速为 0m/s、5.4m/s、10.7m/s 条件下，达到危险温度 540℃时火焰融合高度进行分析。

纵向连续燃烧两窗口，达到危险温度 540℃时火焰融合高度如表 5-43 所示。

表 5-43　纵向连续燃烧两窗口火焰融合高度

结构因子	基准风速 0m/s 时火焰融合高度/m	基准风速 5.4m/s 时火焰融合高度/m	基准风速 10.7m/s 时火焰融合高度/m
0.4	10.5	5.63	4.28
0.8	12.75	7.88	6
1.2	13.5	9.38	7.56

连续燃烧窗口数量一定，结构因子为 0.4、0.8 和 1.2 条件下，达到危险温度 540℃时的火焰融合高度随基准风速增大而减小，基准风速 0m/s 时比基准风速 5.4m/s 时火焰融合高度增长 4.87m、4.87m、4.12m，基准风速 5.4m/s 时比基准风速 10.7m/s 时火焰融合高度增长 1.35m、1.88m、1.82m。连续燃烧窗口数量一定，基准风速为 0m/s、5.4m/s、10.7m/s 时，火焰融合高度随结构因子增大而增大，结构因子为 0.8 时比结构因子 0.4 时火焰融合高度增长 2.25m、2.25m、1.72m，结构因子 1.2 时比结构因子 0.8 时火焰融合高度增长 0.75m、1.5m、1.56m。

纵向连续燃烧三窗口，达到危险温度 540℃时火焰融合高度如表 5-44 所示。

表 5-44　纵向连续燃烧三窗口火焰融合高度

结构因子	基准风速 0m/s 时火焰融合高度/m	基准风速 5.4m/s 时火焰融合高度/m	基准风速 10.7m/s 时火焰融合高度/m
0.4	17.63	8.63	6.5
0.8	18.25	11.25	7.88
1.2	19.88	13.88	9.25

连续燃烧窗口数量一定，结构因子为 0.4、0.8 和 1.2 条件下，达到危险温度 540℃时的火焰融合高度随基准风速增大而减小，基准风速 0m/s 时比基准风速 5.4m/s 时火焰融合高度增长 9m、7m、6m，基准风速 5.4m/s 时比基准风速 10.7m/s 时火焰融合高度增长 2.13m、3.37m、4.63m。连续燃烧窗口数量一定，基准风速为 0m/s、5.4m/s、10.7m/s 时，火焰融合高度随结构因子增大而增大，结构因子为 0.8 时比结构因子 0.4 时火焰融合高度增长 0.62m、2.62m、1.38m，结构因子 1.2 时比结构因子 0.8 时火焰融合高度增长 1.63m、2.63m、1.37m。

纵向连续燃烧四窗口，达到危险温度 540℃时火焰融合高度如表 5-45 所示。

表 5-45　纵向连续燃烧四窗口火焰融合高度

结构因子	基准风速 0m/s 时火焰融合高度/m	基准风速 5.4m/s 时火焰融合高度/m	基准风速 10.7m/s 时火焰融合高度/m
0.4	19.75	11.25	8.35
0.8	21	14.63	9.75
1.2	25.13	18.38	11.13

连续燃烧窗口数量一定，结构因子为 0.4、0.8 和 1.2 条件下，达到危险温度 540℃时的火焰融合高度随基准风速增大而减小，基准风速 0m/s 时比基准风速 5.4m/s 时火焰融合高度增长 8.5m、6.37m、6.75m，基准风速 5.4m/s 时比基准风速 10.7m/s 时火焰融合高度增长 2.9m、4.88m、7.25m。连续燃烧窗口数量一定，基准风速为 0m/s、5.4m/s、10.7m/s 时，火焰融合高度随结构因子增大而增大，结构因子为 0.8 时比结构因子 0.4 时火焰融合高度增长 1.25m、3.38m、1.4m，结构因子 1.2 时比结构因子 0.8 时火焰融合高度增长 4.13m、3.75m、1.38m。

纵向连续燃烧二、三、四窗口火焰融合高度对比如图 5-101～图 5-103 所示。

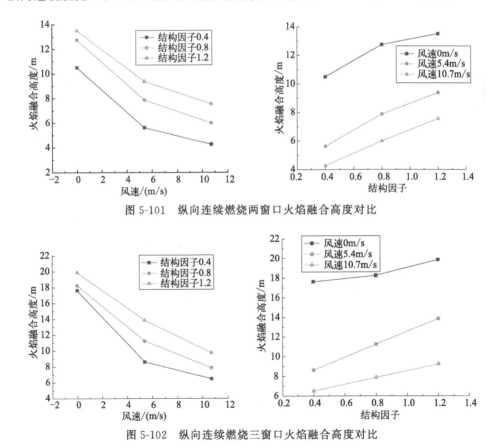

图 5-101　纵向连续燃烧两窗口火焰融合高度对比

图 5-102　纵向连续燃烧三窗口火焰融合高度对比

由图 5-101～图 5-103 可以看出，火焰融合高度随结构因子和连续燃烧窗口数量的增大而增大，随基准风速增大而减小。结构因子为 1.2、基准风速为 0m/s 时火焰融合高度最大，结构因子为 0.4、基准风速为 10.7m/s 时火焰融合高度最小。不同连续燃烧窗口数量，达到

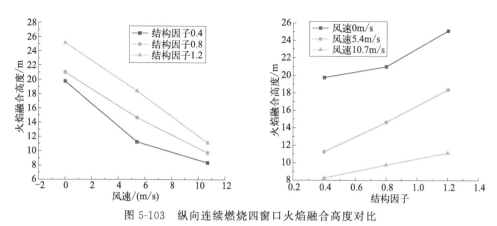

图 5-103　纵向连续燃烧四窗口火焰融合高度对比

危险温度 540℃，结构因子为 0.4、0.8 和 1.2，基准风速为 0m/s、5.4m/s 和 10.7m/s 条件下，火焰融合高度增长幅度如表 5-46 所示。其中，a 为连续燃烧三窗口时相比连续燃烧两窗口时的火焰融合高度增长幅度，b 为连续燃烧四窗口时相比连续燃烧三窗口时的火焰融合高度增长幅度。

表 5-46　连续燃烧多窗口火焰融合高度增长幅度

结构因子		基准风速 0m/s 时/%	基准风速 5.4m/s 时/%	基准风速 10.7m/s 时/%
0.4	a	40.43	34.78	34.15
	b	16.07	23.33	22.15
0.8	a	30.13	29.96	23.86
	b	7.79	23.10	19.18
1.2	a	32.08	32.42	18.27
	b	20.90	24.48	16.89

以表 5-46 中结构因子 0.4、基准风速 0m/s 时为例，连续燃烧三窗口比连续燃烧两窗口、连续燃烧四窗口比连续燃烧三窗口火焰融合高度增长了 40.43%、16.07%。其余数据表示相似含义。

不同基准风速下火焰融合高度增长幅度如表 5-47 所示。其中，a 为基准风速 5.4m/s 时相比基准风速 0m/s 时的火焰融合高度增长幅度，b 为基准风速 10.7m/s 时相比基准风速 5.4m/s 时的火焰融合高度增长幅度。

表 5-47　不同基准风速下火焰融合高度增长幅度

结构因子		连续燃烧两窗口/%	连续燃烧三窗口/%	连续燃烧四窗口/%
0.4	a	−46.43	−51.06	−46.43
	b	−23.91	−24.63	−25.78
0.8	a	−38.20	−38.86	−25.92
	b	−23.86	−29.76	−33.36
1.2	a	−30.52	−30.16	−26.85
	b	−19.40	−33.36	−39.45

以表 5-47 中连续燃烧两窗口、结构因子 0.4 时为例，基准风速 5.4m/s 时比基准风速 0m/s 时、基准风速 10.7m/s 时比基准风速 5.4m/s 时火焰融合高度降低了 46.43%、

23.91%。其余数据表示相似含义。

　　不同结构因子下火焰融合高度增长幅度如表5-48所示。其中，a为结构因子为0.8时相比结构因子为0.4时的火焰融合高度增长幅度，b为结构因子为1.2时相比结构因子为0.8时的火焰融合高度增长幅度。

表 5-48　不同结构因子下火焰融合高度增长幅度　　　　单位：%

连续燃烧窗口数量		基准风速 0m/s 时	基准风速 5.4m/s 时	基准风速 10.7m/s 时
二	a	17.64	28.55	28.66
	b	5.50	15.99	20.63
三	a	3.40	23.29	17.51
	b	8.20	18.95	14.81
四	a	5.95	23.10	14.36
	b	22.01	20.40	12.40

　　以表5-48中连续燃烧两窗口、基准风速0m/s时为例，结构因子为0.8时比结构因子为0.4时、结构因子为1.2时比结构因子为0.8时火焰融合高度上升了17.64%、5.50%。其余数据表示相似含义。

　　分析表5-46～表5-48可知，对于垂直连廊一侧外墙纵向连续多窗口燃烧的情况，火焰融合高度随结构因子和连续燃烧窗口数量的增加而增加。其中随着结构因子的增加，火焰融合高度增长了3.40%～28.55%；随着连续燃烧窗口数量的增加，火焰融合高度上升了7.99%～40.43%；随着基准风速的增加，火焰融合高度下降了19.40%～46.43%。分析原因为高层建筑垂直连廊一侧外墙发生火灾时，由于凹槽与连廊的存在，火焰不能从两侧及后方卷吸空气，同时连廊在局部上限制了火焰从前方卷吸更多的空气，因此该高层建筑的三面墙与连廊在局部形成了相对完整的中空结构，当平行连廊一侧外墙宽度减小时，需要从凹槽与连廊形成的中空结构下方卷吸更多空气，空气将沿着中空结构产生一个向上气流，从凹槽与连廊形成的中空结构下方卷吸空气速度明显增强，进而使烟囱效应充分发生而引起火焰加速蔓延。

5.4.5　外部蔓延阻隔区高度设置

　　由本节研究可知，垂直连廊一侧外墙区域在结构因子为1.2、基准风速为0m/s的情况下火焰融合高度达到最高值，且火焰融合高度随着连续燃烧窗口数量的增加持续提高。故在此条件下研究阻隔区高度的设置即可。纵向连续五、六、七、八窗口燃烧的温度分布等温线如图5-104所示。

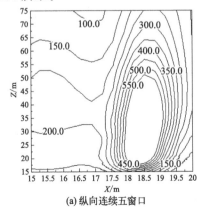

(a) 纵向连续五窗口

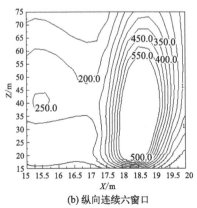

(b) 纵向连续六窗口

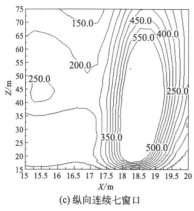

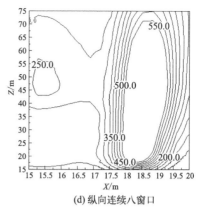

(c) 纵向连续七窗口   (d) 纵向连续八窗口

图 5-104 温度分布等温线

由此可知，在结构因子为 1.2、基准风速 10.7m/s 情况下，达到危险温度 540℃时，连续燃烧五窗口火焰总高度为 52.88m，连续燃烧六窗口火焰总高度为 60.75m，连续燃烧七窗口火焰总高度为 66.38m，连续燃烧八窗口火焰总高度为 67.13m。连续燃烧多窗口达到危险温度 T_1 时火焰融合高度增长幅度如表 5-49 和图 5-105 所示。

表 5-49 连续多窗口燃烧时火焰融合高度及其增长幅度

连续燃烧窗口数量	火焰融合高度/m	火焰融合高度的增长数值/m	火焰融合高度的增长比例/%
两窗口	13.5	—	—
三窗口	19.88	6.38	32.09
四窗口	25.13	5.25	20.89
五窗口	30.38	5.25	17.28
六窗口	36.75	6.37	17.33
七窗口	40.88	4.13	10.10
八窗口	41.13	0.25	0.6

当连续燃烧窗口数量达到八窗口时，火焰融合高度与连续燃烧七窗口相差 0.25m，增长 0.6%，火焰融合高度基本趋于稳定，为 41.13m。若以此高度直接作为防火阻隔区高度设置在高层建筑中，则阻隔区下方的楼层无防火措施，可能会间接导致阻隔区下方楼层受火灾侵害加重，因此须根据火焰融合高度设计出防火阻隔区设置的合理方案。

5.4.6 垂直连廊一侧外墙防火阻隔区方案设计

5.4.6.1 工况设定

本节共模拟三种工况，三种工况以表 5-40 结构因子为 1.2 时火焰融合高度作为依据，选取最危险工况，即基准风速为 0m/s 时，结构因子为 1.2 的带连廊高层建筑作为防火阻隔区试验模型。该模型外立面被纵向分割成"阻隔区"与"普通区"，"阻隔

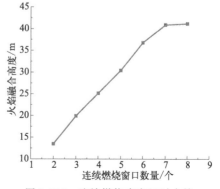

图 5-105 连续燃烧多窗口时火焰融合高度增长曲线

区"全部采用"不燃外墙材料"和"防火玻璃门窗"。在模拟中不燃的外墙保温材料简化为岩棉，普通区外墙材料简化为挤塑聚苯板（XPS）。起火房间设置在六层，将三种工况模拟结果与未设阻隔区模型的火焰融合高度进行对比。

工况1选取表5-40中，基准风速为0m/s、连续两窗口燃烧时的火焰融合高度13.5m作为阻隔区高度，为了实际操作可行性，选取12m（四层），外墙全部采用"不燃外墙材料"和"防火玻璃门窗"，其建筑模型如图5-106(a)所示。

工况2选取表5-40中，基准风速为0m/s、连续三窗口燃烧时的火焰融合高度19.88m作为阻隔区高度，为了实际操作可行性，选取18m（六层），外墙全部采用"不燃外墙材料"和"防火玻璃门窗"，其建筑模型如图5-106(b)所示。

工况3参考文献[21]中的层间设置方法，设置为单窗口燃烧，设置3m单层防火阻隔区，建筑模型如图5-106(c)所示。

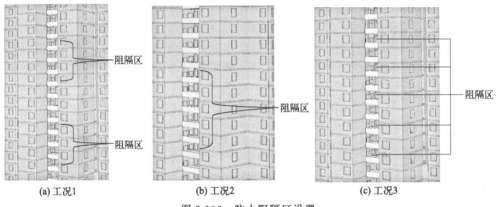

(a) 工况1   (b) 工况2   (c) 工况3

图 5-106 防火阻隔区设置

5.4.6.2 模拟结果

工况1模拟结果如图5-107所示。

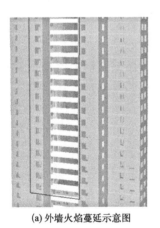

(a) 外墙火焰蔓延示意图

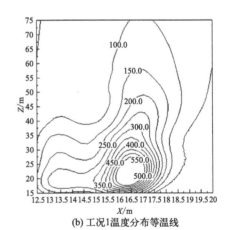

(b) 工况1温度分布等温线

图 5-107 工况 1 模拟结果图

将工况1设置了阻隔区的情况与未设阻隔区时如图5-94(a)所示的模拟结果和温度分布等温线进行对比分析可知，当6层、7层的房间同时燃烧，未设阻隔区时其温度分布等温线如图5-94(a)所示，火焰将蔓延至11层，火焰融合高度为13.5m；当在8~12层设置阻隔区后其温度分布等温线如图5-107(b)所示，火焰在到达9层到10层阻隔区之间被阻隔，有效阻断了 10 层与 11 层火焰继续融合，抑制了火焰继续向上蔓延的趋势，此时火焰融合高度为 10.13m，与未设阻隔区相比火焰融合高度下降 3.37m。

工况 2 模拟结果如图 5-108 所示。

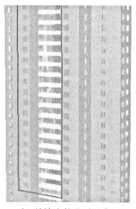

(a) 外墙火焰蔓延示意图

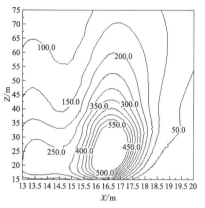

(b) 工况2温度分布等温线

图 5-108 工况 2 模拟结果图

将工况 2 设置了阻隔区的情况与未设阻隔区时如图 5-94(b) 所示的模拟结果和温度分布等温线进行对比分析可知，当 6 层、7 层、8 层的房间同时燃烧，未设阻隔区时其温度分布等温线如图 5-94(b) 所示，火焰将蔓延至 14 层，火焰融合高度为 19.88m；当在 9～14 层设置阻隔区后其温度分布等温线如图 5-108(b) 所示，火焰在到达 12 层与 13 层阻隔区之间被阻隔，有效阻断了 13 层与 14 层的火焰继续融合，抑制了火焰继续向上蔓延的趋势，此时火焰融合高度为 16.13m，与未设阻隔区相比火焰融合高度下降 3.75m。

工况 3 模拟结果如图 5-109 所示。

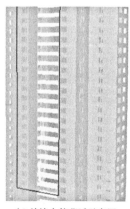

(a) 外墙火焰蔓延示意图

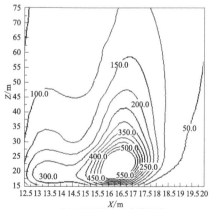

(b) 工况3温度分布等温线

图 5-109 工况 3 模拟结果图

根据模拟结果和温度等温线进行分析，当 6 层房间单窗口燃烧时，未设阻隔区火焰将蔓延至 8 层，火焰融合高度为 4.5m；当在 7、9、11 层等隔层设置阻隔区后，其温度分布等温线如图 5-109(b) 所示，火焰穿过 7 层阻隔区到达 8 层未被阻隔区阻隔，此时火焰融合高度为 3.75m，与未设阻隔区相比火焰融合高度下降 0.75m。

5.4.6.3　结果对比分析

根据上文所述，工况 1、工况 2、工况 3 火焰融合高度如表 5-50 所示。

表 5-50　不同工况下火焰融合高度

工况	未设阻隔区 火焰融合高度/m	设置阻隔区 火焰融合高度/m	下降比例 /%
工况 1	13.5	10.13	24.96
工况 2	19.88	16.13	18.86
工况 3	4.5	3.75	16.67

根据以上数据可知，在火灾初期，烟囱效应还未发挥充分，工况 1 连续四层的防火阻隔区可使火焰融合高度下降 3.37m，火焰未穿过阻隔区，很大程度上抑制了火灾的蔓延；工况 2 设置连续六层的防火阻隔区可使火焰融合高度下降 3.75m，火焰未穿过阻隔区，很大程度上抑制了火灾的蔓延；工况 3 设置的单层阻隔区未能在阻隔区内阻断火焰蔓延。根据以上分析可知，工况 1 设置连续四层和工况 2 设置连续六层的防火阻隔区均可有效抑制火焰融合高度的增长，两种工况设置其抑制火灾程度相差不大，但在造价方面，工况 1 更加经济合理，所以工况 1 为阻隔区的最佳设置方案。

5.4.7　平行与垂直连廊一侧外墙火焰融合高度对比

5.4.7.1　基准风速不同时平行与垂直连廊一侧外墙火焰融合高度对比

分析表 5-27 数据可知，对于带连廊高层建筑连廊部分的平行连廊一侧外墙区域，连续燃烧两窗口、三窗口、四窗口条件下，基准风速 5.4m/s 时比室外无风时火焰融合高度增长了 −45.45%～32%，基准风速 10.7m/s 时比基准风速 5.4m/s 时火焰融合高度增长了 −5.58%～30.66%；分析表 5-47 数据可知，连续燃烧两窗口、三窗口、四窗口条件下，基准风速 5.4m/s 时比室外无风时火焰融合高度降低了 26.85%～51.06%，基准风速 10.7m/s 时比基准风速 5.4m/s 时火焰融合高度降低了 19.40%～39.45%。

对平行连廊一侧外墙与垂直连廊一侧外墙的模拟结果进行对比可知，当起火房间在平行连廊一侧外墙时，基准风速的影响与结构因子有关，结构因子为 0.4 和 0.8 时，火焰融合高度随基准风速增大而减小；结构因子为 1.2 时，火焰融合高度随基准风速增大而增大。当起火房间在垂直连廊一侧外墙时，基准风速的影响与结构因子无关，火焰融合高度随基准风速增大而减小。且基准风速对垂直连廊一侧外墙火焰融合高度的影响大于对平行连廊一侧外墙的影响。

5.4.7.2　结构因子不同时平行与垂直连廊一侧外墙火焰融合高度对比

分析表 5-26 数据可知，对于带连廊高层建筑平行连廊一侧外墙区域，连续燃烧两窗口、三窗口、四窗口条件下，结构因子为 0.8 时比结构因子为 0.4 时火焰融合高度增长了 24.68%～45.40%，结构因子为 0.8 时比结构因子为 1.2 时火焰融合高度增长了 21.43%～35.52%；分析表 5-46 数据可知，连续燃烧两窗口、三窗口、四窗口条件下，结构因子为 0.8 时比结构因子为 0.4 时火焰融合高度增长了 18.27%～40.43%，结构因子为 0.8 时比结构因子为 1.2 时火焰融合高度增长了 16.07%～24.48%。

对平行连廊一侧外墙与垂直连廊一侧外墙模拟结果进行对比可知，当起火房间在平行连廊一侧外墙和垂直连廊一侧外墙时，火焰融合高度均随结构因子增大而增大，且结构因子对垂直连廊一侧外墙上火焰蔓延的影响大于平行连廊一侧外墙。

5.4.7.3　火焰融合高度对比

根据表 5-29、表 5-49 及图 5-110 可知，当起火房间在平行连廊一侧外墙，结构因子为 1.2、基准风速为 10.7m/s 时，火焰融合高度达到了最大值，且当连续燃烧窗口数量达到八窗口时火焰融合高度逐渐稳定，为 24.75m；当起火房间在垂直连廊一侧外墙，结构因子为 1.2、基准风速为 0m/s 的情况下火焰融合高度达到最高值，为 41.13m。

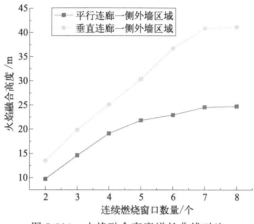

图 5-110　火焰融合高度增长曲线对比

5.5　带连廊高层建筑外部蔓延阻隔区布置建议

本章对带连廊的高层建筑进行了数值模拟研究，分析了不同窗户尺寸、连续燃烧窗口数量、连廊到建筑外立面的距离、火灾荷载密度、风速和结构因子等因素对于带连廊高层建筑火灾的影响，为带连廊高层建筑外部蔓延阻隔区的设置提供了理论基础。相应结论及建议如下：

（1）通风因子对于进入室内的空气量影响很大，因而也对建筑火灾有较大影响。随着通风因子不断减小，窗口上方温度升高，窗口喷火更剧烈。当通风因子大小相近时，窗口温度的变化随着高宽比 λ 变化而变化，高宽比 λ 越小，温度越高。

（2）随着连廊至外立面的距离增大，建筑外立面的最高温度有下降趋势，平均温度明显整体下滑。这说明当连廊至外立面距离越近时，连廊与外墙形成的空间内发生烟囱效应，窗口上方温度持续升高，而距离越远时，火焰向上蔓延的能力减弱，造成温度降低。随着火灾荷载密度增加，建筑外立面的温度不断升高。但是当火灾荷载密度达到 $0.74MW/m^2$ 时通风因子对于窗口喷火的影响程度降低。

（3）对于平行连廊一侧外墙和垂直连廊一侧外墙纵向窗口燃烧，随着连续燃烧窗口数量增加，结构因子对火焰融合高度影响越大，结构因子越大，火焰融合高度越高。

（4）对于平行连廊一侧外墙纵向窗口燃烧，基准风速对火焰融合高度的影响与结构因子有关，结构因子为 0.4 和 0.8 时，火焰融合高度随基准风速增大而减小；结构因子为 1.2 时，火焰融合高度随基准风速增大而增大。综合以上情况，当连廊部分结构因子小于 0.8 时，起火时建议施加迎风向风速为 5.4m/s 的风来抑制火焰总高度增长。

（5）对于平行连廊一侧外墙纵向窗口燃烧，随着窗口数量和基准风速的增加，火焰融合高度随着结构因子增大而增大，当结构因子由 0.4 增加到 0.8 时，火焰融合高度增长幅度较小；结构因子由 0.8 增大到 1.2 时，火焰融合高度增长幅度较大。考虑消防因素，建议带连廊高层建筑结构因子设置为 0.8。

(6) 对于垂直连廊一侧外墙纵向窗口燃烧，随着连续燃烧窗口数量和结构因子的增加，火焰融合高度随基准风速增大而降低。

(7) 对于平行连廊一侧外墙纵向窗口燃烧，当结构因子为 1.2、基准风速为 10.7m/s 时，火焰融合高度达到最高值，且随着连续燃烧窗口数量的增加，火焰融合高度不断提升。连续燃烧至八窗口时，火焰融合高度基本趋于稳定，为 24.75m。对于垂直连廊一侧外墙纵向窗口燃烧，在结构因子为 1.2、基准风速为 0m/s 的情况下火焰融合高度达到最高值，且随着连续燃烧窗口数量的增加，火焰融合高度不断提升。连续燃烧至八窗口时，火焰融合高度基本趋于稳定，为 41.13m。综合以上两种情况，建议带连廊高层建筑连续四层设置防火阻隔区，即可有效抑制火焰融合高度增长，在阻隔区内阻断火焰继续向上蔓延。

第6章

综合体建筑外墙火焰蔓延机理及防控策略

6.1 纵向连续燃烧窗口数量影响下办公区域火焰蔓延数值分析

为研究综合体建筑办公区域、酒店客房发生火灾时火焰蔓延的变化规律，分别改变了连续燃烧窗口数量、大气压强、氧气含量三种因素进行模拟。本章火灾建筑模型采用 35 层的综合体建筑，总高度 136.9m。其中裙房商业区 3 层，层高 5.1m，总共 15.3m。塔楼部分 32 层，4~15 层为办公区域，16~32 层为酒店客房，层高为 3.8m，共 121.6m，墙体厚度 0.2m，楼板厚度 0.1m。其中办公区域房间及酒店客房房间尺寸均为 3.9m×6.0m，窗口尺寸均为 2.1m×2.1m，并且酒店客房设置喷淋。其建筑模型外立面如图 6-1(a) 所示，火源

(a) 综合体建筑模型外立面

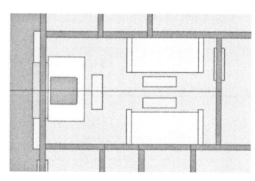

(b) 办公区域室内布置

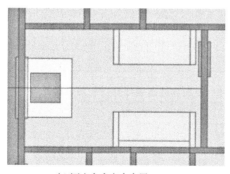

(c) 酒店客房室内布置

图 6-1 综合体建筑模型

位置在办公区域第 6 层、酒店客房第 16 层,热释放速率为 6MW,火源均设置在房间内,位于窗口附近,其室内布置如图 6-1(b)、图 6-1(c) 所示。火灾类型为超快速火,当达到最大热释放速率 6MW 时,时间为 179s。选取沈阳、太原、西宁的大气压强(三个城市的大气压强分别为国内主要城市大气压强的最大值、中间值和最小值)作为大气压强变量,分别为 101.3kPa、91.9kPa、78.3kPa,选取 19.5%、21.5%、23.5% 作为氧气含量(人体维持正常功能时氧气含量的最小值、中间值和最大值)变量,燃烧窗口布置为纵向连续三窗口、四窗口、五窗口,如图 6-2 所示。具体工况如表 6-1~表 6-3 所示。

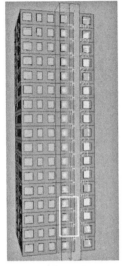
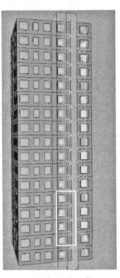
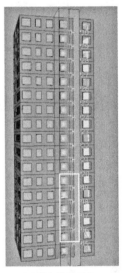

(a) 纵向连续三窗口　　　　　(b) 纵向连续四窗口　　　　　(c) 纵向连续五窗口

图 6-2　窗口布置

表 6-1　纵向连续燃烧三窗口工况设置

工况	大气压强/kPa	氧气含量/%
1	78.3	19.5
		21.5
		23.5
2	91.9	19.5
		21.5
		23.5
3	101.3	19.5
		21.5
		23.5

表 6-2　纵向连续燃烧四窗口工况设置

工况	大气压强/kPa	氧气含量/%
4	78.3	19.5
		21.5
		23.5

工况	大气压强/kPa	氧气含量/%
5	91.9	19.5
		21.5
		23.5
6	101.3	19.5
		21.5
		23.5

表 6-3　纵向连续燃烧五窗口工况设置

工况	大气压强/kPa	氧气含量/%
7	78.3	19.5
		21.5
		23.5
8	91.9	19.5
		21.5
		23.5
9	101.3	19.5
		21.5
		23.5

6.1.1　纵向连续燃烧三窗口

经数值模拟计算，纵向连续燃烧三窗口温度分布等温线如图 6-3～图 6-5 所示。图中横坐标 X 表示建筑物的横向宽度，纵坐标 Z 表示建筑物的纵向高度。

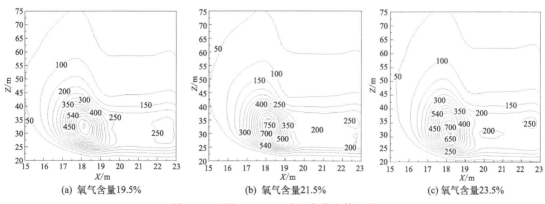

(a) 氧气含量19.5%　　　(b) 氧气含量21.5%　　　(c) 氧气含量23.5%

图 6-3　压强 78.3kPa 时温度分布等温线

由图 6-3 可知，压强为 78.3kPa，氧气含量分别为 19.5%、21.5%、23.5% 的情况下，达到危险温度 T_1 时，火焰总高度分别为 38.6m、38.93m、39.36m；达到危险温度 T_2 时，火焰总高度分别上升至 42.02m、42.32m、47.20m。

由图 6-4 可知，压强为 91.9kPa 时，氧气含量分别为 19.5%、21.5%、23.5% 的情况

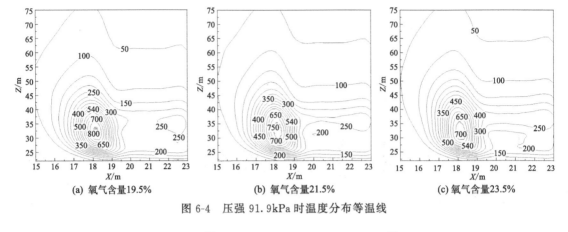

(a) 氧气含量19.5%　　　　(b) 氧气含量21.5%　　　　(c) 氧气含量23.5%

图 6-4　压强 91.9kPa 时温度分布等温线

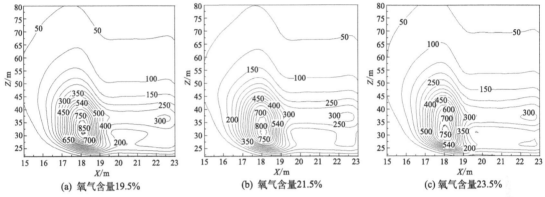

(a) 氧气含量19.5%　　　　(b) 氧气含量21.5%　　　　(c) 氧气含量23.5%

图 6-5　压强 101.3kPa 时温度分布等温线

下，达到危险温度 T_1 时，火焰总高度分别为 40m、40.8m、41.4m；达到危险温度 T_2 时，火焰总高度分别上升至 44.32m、44.92m、46.03m。

由图 6-5 可知，压强为 101.3kPa 时，氧气含量分别为 19.5%、21.5%、23.5%的情况下，达到危险温度 T_1 时，火焰总高度分别为 42.9m、43.2m、43.5m；达到危险温度 T_2 时，火焰总高度分别上升至 46.96m、47.55m、48.67m。

6.1.2　纵向连续燃烧四窗口

经数值模拟计算，纵向连续燃烧四窗口温度分布等温线如图 6-6～图 6-8 所示。

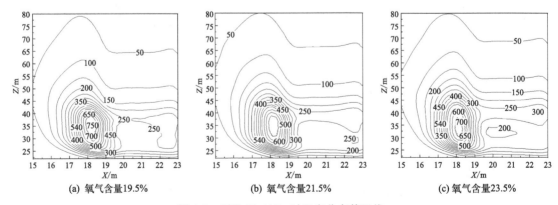

(a) 氧气含量19.5%　　　　(b) 氧气含量21.5%　　　　(c) 氧气含量23.5%

图 6-6　压强 78.3kPa 时温度分布等温线

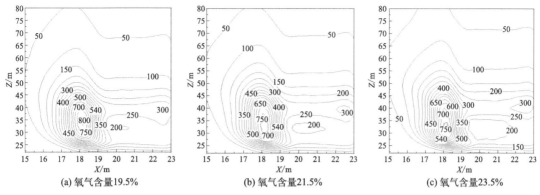

图 6-7　压强 91.9kPa 时温度分布等温线

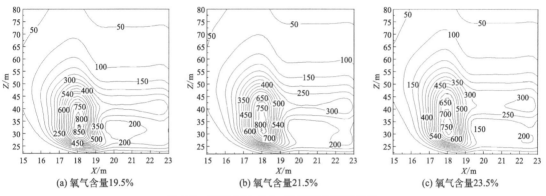

图 6-8　压强 101.3kPa 时温度分布等温线

由图 6-6 可知，压强为 78.3kPa 时，氧气含量分别为 19.5%、21.5%、23.5% 的情况下，达到危险温度 T_1 时，火焰总高度分别上升至 42.38m、43.1m、44m；达到危险温度 T_2 时，火焰总高度分别上升至 45.82m、47.26m、48.71m。

由图 6-7 可知，压强为 91.9kPa 时，氧气含量分别为 19.5%、21.5%、23.5% 的情况下，达到危险温度 T_1 时，火焰总高度分别上升至 43.8m、44.82m、45.6m；达到危险温度 T_2 时，火焰总高度分别上升至 48.2m、49.16m、50.5m。

由图 6-8 可知，压强为 101.3kPa 时，氧气含量分别为 19.5%、21.5%、23.5% 的情况下，达到危险温度 T_1 时，火焰总高度分别上升至 46.8m、47.17m、48.75m；达到危险温度 T_2 时，火焰总高度分别上升至 50.4m、51.6m、53.1m。

6.1.3　纵向连续燃烧五窗口

经数值模拟计算，纵向连续燃烧五窗口温度分布等温线如图 6-9～图 6-11 所示。

由图 6-9 可知，压强为 78.3kPa 时，氧气含量分别为 19.5%、21.5%、23.5% 的情况下，达到危险温度 T_1 时，火焰总高度分别上升至 47m、47.4m、48.6m；达到危险温度 T_2 时，火焰总高度分别上升至 51.54m、51.6m、53.36m。

由图 6-10 可知，压强为 91.9kPa 时，氧气含量分别为 19.5%、21.5%、23.5% 的情况下，达到危险温度 T_1 时，火焰总高度分别上升至 48.53m、49.61m、50.25m；达到危险温度 T_2 时，火焰总高度分别上升至 53.18m、54.29m、55.66m。

由图 6-11 可知，压强为 101.3kPa 时，氧气含量分别为 19.5%、21.5%、23.5% 的情

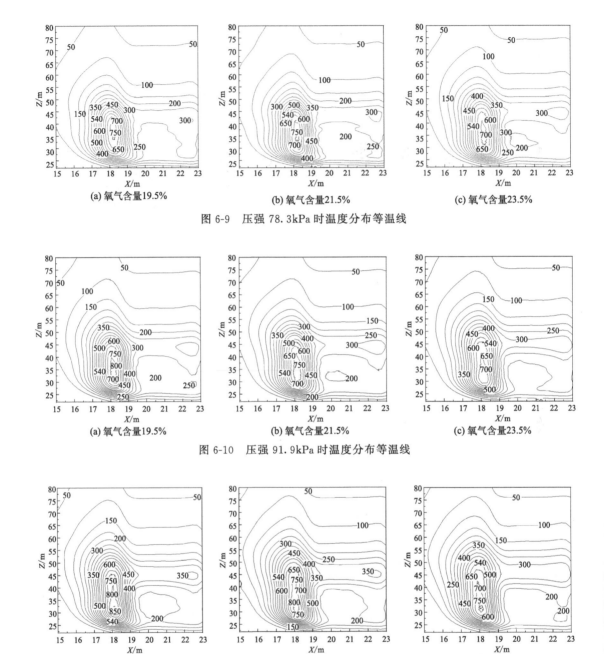

(a) 氧气含量19.5% (b) 氧气含量21.5% (c) 氧气含量23.5%

图 6-9 压强 78.3kPa 时温度分布等温线

(a) 氧气含量19.5% (b) 氧气含量21.5% (c) 氧气含量23.5%

图 6-10 压强 91.9kPa 时温度分布等温线

(a) 氧气含量19.5% (b) 氧气含量21.5% (c) 氧气含量23.5%

图 6-11 压强 101.3kPa 时温度分布等温线

况下，达到危险温度 T_1 时，火焰总高度分别上升至 50.32m、50.9m、51.6m；达到危险温度 T_2 时，火焰总高度分别上升至 56.22m、57.31m、58.17m。

接下来对纵向连续燃烧窗口数量分别为三窗口、四窗口、五窗口，大气压强分别为 78.3kPa、91.9kPa、101.3kPa，氧气含量分别为 19.5%、21.5%、23.5% 的条件下，达到危险温度 T_1 及 T_2 时火焰融合高度进行分析。

当纵向连续三窗口燃烧，达到危险温度 T_1 及 T_2 时火焰融合高度分别如表 6-4、表 6-5 所示。

表 6-4　纵向连续三窗口燃烧达到危险温度T_1时火焰融合高度

大气压强/kPa	氧气含量 19.5％时 火焰融合高度/m	氧气含量 21.5％时 火焰融合高度/m	氧气含量 23.5％时 火焰融合高度/m
78.3	15.7	16.03	16.46
91.9	17.1	17.9	18.5
101.3	20	20.3	20.6

表 6-5　纵向连续三窗口燃烧达到危险温度T_2时火焰融合高度

大气压强/kPa	氧气含量 19.5％时 火焰融合高度/m	氧气含量 21.5％时 火焰融合高度/m	氧气含量 23.5％时 火焰融合高度/m
78.3	19.12	19.44	20.40
91.9	19.42	21.82	23.33
101.3	24.30	25.15	26.22

当连续燃烧窗口数量一定，达到危险温度 T_1 和 T_2 时的火焰融合高度均随大气压强的增大而增大。在纵向连续燃烧三窗口条件下，达到危险温度 T_1，大气压强 101.3kPa 时比大气压强 91.9kPa 时火焰融合高度分别增加 2.9m、2.4m、2.1m，大气压强 91.9kPa 时比大气压强 78.3kPa 时火焰融合高度分别增加 1.4m、1.87m、2.04m；达到危险温度 T_2，大气压强 101.3kPa 时比大气压强 91.9kPa 时火焰融合高度分别增加 4.88m、3.33m、2.89m，大气压强 91.9kPa 时比大气压强 78.3kPa 时火焰融合高度分别增加 0.3m、2.38m、2.93m。

当连续燃烧窗口数量一定，达到危险温度 T_1 和 T_2 时的火焰融合高度均随氧气含量的增大而增大。在纵向连续燃烧三窗口条件下，达到危险温度 T_1，氧气含量 23.5％时比氧气含量 21.5％时火焰融合高度分别增加 0.43m、0.6m、0.3m，氧气含量 21.5％时比氧气含量 19.5％时火焰融合高度分别增加 0.33m、0.8m、0.3m；达到危险温度 T_2，氧气含量 23.5％时比氧气含量 21.5％时火焰融合高度分别增加 0.96m、1.51m、1.07m，氧气含量 21.5％时比氧气含量 19.5％时火焰融合高度分别增加 0.32m、2.4m、0.85m。

办公区域在纵向连续燃烧三窗口条件下，随着大气压强的增加，达到危险温度 T_1 时，火焰融合高度增加了 1.4~2.9m，达到危险温度 T_2 时，火焰融合高度增加 0.3~4.88m；随着氧气含量的增加，达到危险温度 T_1 时，火焰融合高度增加了 0.3~0.8m，达到危险温度 T_2 时，火焰融合高度增加 0.32~2.4m。由此可见火焰融合高度随着大气压强和氧气含量的增加而增加，并且大气压强的影响效果更显著。

当纵向连续四窗口燃烧，达到危险温度 T_1 和 T_2 时火焰融合高度分别如表 6-6、表 6-7 所示。

表 6-6　纵向连续燃烧四窗口达到危险温度T_1时火焰融合高度

大气压强/kPa	氧气含量 19.5％时 火焰融合高度/m	氧气含量 21.5％时 火焰融合高度/m	氧气含量 23.5％时 火焰融合高度/m
78.3	19.48	20.2	20.6
91.9	20.9	21.92	22.7
101.3	23.9	24.27	25.85

表 6-7　纵向连续燃烧四窗口达到危险温度 T_2 时火焰融合高度

大气压强/kPa	氧气含量 19.5%时火焰融合高度/m	氧气含量 21.5%时火焰融合高度/m	氧气含量 23.5%时火焰融合高度/m
78.3	22.92	24.36	25.81
91.9	25.30	26.26	27.60
101.3	28.40	29.10	29.58

当连续燃烧窗口数量一定，达到危险温度 T_1 和 T_2 时的火焰融合高度均随大气压强的增大而增大。在纵向连续燃烧四窗口条件下，达到危险温度 T_1，大气压强 101.3kPa 时比大气压强 91.9kPa 时火焰融合高度分别增加 3m、2.35m、3.15m，大气压强 91.9kPa 时比大气压强 78.3kPa 时火焰融合高度分别增加 1.42m、1.72m、2.1m；达到危险温度 T_2，大气压强 101.3kPa 时比大气压强 91.9kPa 时火焰融合高度分别增加 3.1m、2.84m、1.98m，大气压强 91.9kPa 时比大气压强 78.3kPa 时火焰融合高度分别增加 2.38m、1.9m、1.79m。

当连续燃烧窗口数量一定，达到危险温度 T_1 和 T_2 时的火焰融合高度均随氧气含量的增大而增大。在纵向连续燃烧四窗口条件下，达到危险温度 T_1，氧气含量 23.5%时比氧气含量 21.5%时火焰融合高度分别增加 0.4m、0.78m、1.58m，氧气含量 21.5%时比氧气含量 19.5%时火焰融合高度分别增加 0.72m、1.02m、0.37m；达到危险温度 T_2，氧气含量 23.5%时比氧气含量 21.5%时火焰融合高度分别增加 1.45m、1.34m、0.48m，氧气含量 21.5%时比氧气含量 19.5%时火焰融合高度分别增加 1.44m、0.96m、0.7m。

办公区域在纵向连续燃烧四窗口条件下，随着大气压强的增加，达到危险温度 T_1 时，火焰融合高度增加了 1.42~3.15m，达到危险温度 T_2 时，火焰融合高度增加了 1.79~3.1m；随着氧气含量的增加，达到危险温度 T_1 时，火焰融合高度增加了 0.37~1.58m，达到危险温度 T_2 时，火焰融合高度增加了 0.48~1.45m。由此可见火焰融合高度随着大气压强和氧气含量的增加而增加，并且大气压强的影响效果更显著。

当纵向连续五窗口燃烧，达到危险温度 T_1 和 T_2 时火焰融合高度分别如表 6-8、表 6-9 所示。

表 6-8　纵向连续燃烧五窗口达到危险温度 T_1 时火焰融合高度

大气压强/kPa	氧气含量 19.5%时火焰融合高度/m	氧气含量 21.5%时火焰融合高度/m	氧气含量 23.5%时火焰融合高度/m
78.3	24.12	24.50	25.70
91.9	25.63	26.71	27.35
101.3	27.42	28.00	28.70

表 6-9　纵向连续燃烧五窗口达到危险温度 T_2 时火焰融合高度

大气压强/kPa	氧气含量 19.5%时火焰融合高度/m	氧气含量 21.5%时火焰融合高度/m	氧气含量 23.5%时火焰融合高度/m
78.3	28.64	28.70	30.46
91.9	30.28	31.39	32.76
101.3	33.32	34.41	35.27

当连续燃烧窗口数量一定，达到危险温度 T_1 时的火焰融合高度和达到危险温度 T_2 时

的火焰融合高度均随大气压强的增大而增大。在纵向连续燃烧五窗口条件下，达到危险温度 T_1，大气压强 101.3kPa 时比大气压强 91.9kPa 时火焰融合高度分别增长 1.79m、1.29m、1.35m，大气压强 91.9kPa 时比大气压强 78.3kPa 时火焰融合高度分别增长 1.51m、2.21m、1.65m；达到危险温度 T_2，大气压强 101.3kPa 时比大气压强 91.9kPa 时火焰融合高度分别增长 3.04m、3.02m、2.51m，大气压强 91.9kPa 时比大气压强 78.3kPa 时火焰融合高度分别增长 1.64m、2.69m、2.3m。

当连续燃烧窗口数量一定，达到危险温度 T_1 和 T_2 时的火焰融合高度均随氧气含量的增大而增大。在纵向连续燃烧五窗口条件下，达到危险温度 T_1，氧气含量 23.5% 时比氧气含量 21.5% 时火焰融合高度分别增长 1.2m、0.64m、0.7m，氧气含量 21.5% 时比氧气含量 19.5% 时火焰融合高度分别增长 0.38m、1.08m、0.58m；达到危险温度 T_2，氧气含量 23.5% 时比氧气含量 21.5% 时火焰融合高度分别增长 1.76m、1.37m、0.86m，氧气含量 21.5% 时比氧气含量 19.5% 时火焰融合高度分别增长 0.06m、1.11m、1.09m。

办公区域在纵向连续燃烧五窗口条件下，随着大气压强的增加，达到危险温度 T_1 时，火焰融合高度增长了 1.29～2.21m，达到危险温度 T_2 时，火焰融合高度增加了 1.64～3.04m；随着氧气含量的增加，达到危险温度 T_1 时，火焰融合高度增长了 0.58～1.2m，达到危险温度 T_2 时，火焰融合高度增加了 0.06～1.76m。由此可见火焰融合高度均随着大气压强和氧气含量的增加而增加，并且大气压强的影响效果更显著。

当纵向连续燃烧三、四、五窗口，达到危险温度 T_1 和 T_2 时火焰融合高度对比如图 6-12～图 6-17 所示。

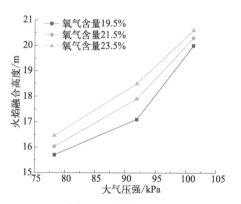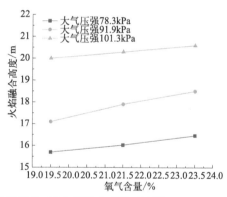

图 6-12　纵向连续燃烧三窗口达到危险温度 T_1 时火焰融合高度对比图

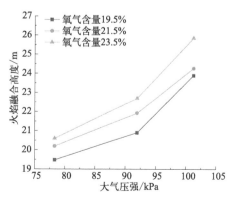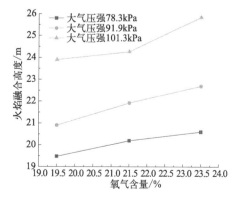

图 6-13　纵向连续燃烧四窗口达到危险温度 T_1 时火焰融合高度对比图

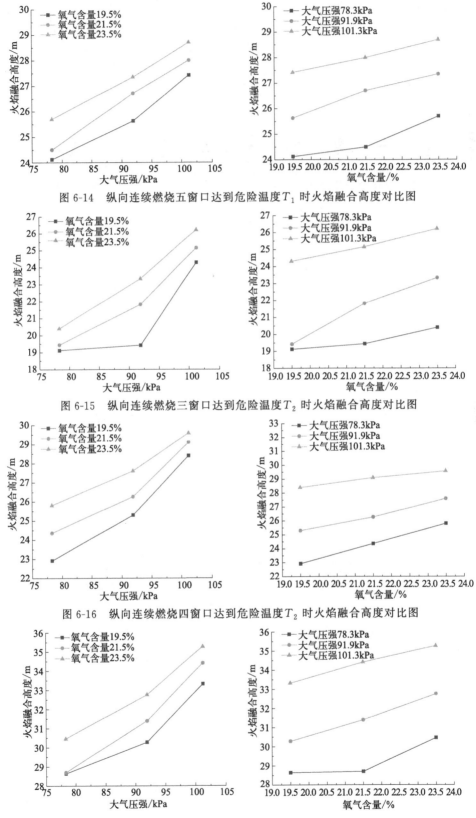

图 6-14　纵向连续燃烧五窗口达到危险温度T_1时火焰融合高度对比图

图 6-15　纵向连续燃烧三窗口达到危险温度T_2时火焰融合高度对比图

图 6-16　纵向连续燃烧四窗口达到危险温度T_2时火焰融合高度对比图

图 6-17　纵向连续燃烧五窗口达到危险温度T_2时火焰融合高度对比图

由图 6-12～图 6-17 可以看出，火焰融合高度随着大气压强和氧气含量的增大而增大。当大气压强为 101.3kPa、氧气含量为 23.5％时火焰融合高度最大；大气压强为 78.3kPa、氧气含量为 19.5％时火焰融合高度最小。

不同连续燃烧窗口数量下，达到危险温度 T_1、T_2 时，在氧气含量为 19.5％、21.5％、23.5％，大气压强为 78.3kPa、91.9kPa、101.3kPa 条件下，火焰融合高度增长幅度如表 6-10、表 6-11 所示。其中，a 为连续燃烧四窗口时相比连续燃烧三窗口时的火焰融合高度增长幅度，b 为连续燃烧五窗口时相比连续燃烧四窗口时的火焰融合高度增长幅度。

表 6-10　连续燃烧多窗口达到危险温度T_1时火焰融合高度增长幅度　　　　单位：％

氧气含量		大气压强为 78.3kPa 时	大气压强为 91.9kPa 时	大气压强为 101.3kPa 时
19.5	a	24.1	22.2	19.5
	b	23.8	22.6	14.7
21.5	a	26.0	22.5	19.6
	b	21.3	21.9	15.4
23.5	a	25.2	22.7	25.5
	b	24.8	20.5	11.0

表 6-11　连续燃烧多窗口达到危险温度T_2时火焰融合高度增长幅度　　　　单位：％

氧气含量		大气压强为 78.3kPa 时	大气压强为 91.9kPa 时	大气压强为 101.3kPa 时
19.5	a	19.9	30.3	16.9
	b	25.0	19.7	17.3
21.5	a	25.3	20.3	17.6
	b	17.8	19.5	16.3
23.5	a	26.5	18.3	11.0
	b	18.0	18.7	16.1

以氧气含量为 19.5％、大气压强为 78.3kPa 的情况为例，连续燃烧四窗口时比连续燃烧三窗口时、连续燃烧五窗口时比连续燃烧四窗口时火焰融合高度增长了 24.1％、23.8％，火焰融合高度增长了 19.9％、25.0％，其余数据表示相似含义。

接下来对氧气含量分别为 19.5％、21.5％、23.5％的条件下，达到危险温度 T_1 和 T_2 时火焰融合高度进行分析。

当氧气含量为 19.5％，达到危险温度 T_1 和 T_2 时火焰融合高度如表 6-12、表 6-13 所示。

表 6-12　氧气含量 19.5％、达到危险温度T_1时火焰融合高度　　　　单位：m

连续燃烧窗口数量	大气压强 78.3kPa 时 火焰融合高度	大气压强 91.9kPa 时 火焰融合高度	大气压强 101.3kPa 时 火焰融合高度
三窗口	15.70	17.10	20.00
四窗口	19.48	20.90	23.90
五窗口	24.12	25.63	27.42

表 6-13   氧气含量 19.5%、达到危险温度 T_2 时火焰融合高度   单位：m

连续燃烧窗口数量	大气压强 78.3kPa 时火焰融合高度	大气压强 91.9kPa 时火焰融合高度	大气压强 101.3kPa 时火焰融合高度
三窗口	19.12	19.42	24.30
四窗口	22.92	25.30	28.40
五窗口	28.64	30.28	33.32

当氧气含量一定，达到危险温度 T_1 和 T_2 时的火焰融合高度均随大气压强的增大而增大。在氧气含量 19.5% 的条件下，达到危险温度 T_1，大气压强 101.3kPa 时比大气压强 91.9kPa 时火焰融合高度分别增长 2.9m、3m、1.79m，大气压强 91.9kPa 时比大气压强 78.3kPa 时火焰融合高度分别增长 1.4m、1.42m、1.51m；达到危险温度 T_2，大气压强 101.3kPa 时比大气压强 91.9kPa 时火焰融合高度分别增长 4.88m、3.1m、3.04m，大气压强 91.9kPa 时比大气压强 78.3kPa 时火焰融合高度分别增长 0.3m、2.38m、1.64m。

当氧气含量一定，达到危险温度 T_1 和 T_2 时的火焰融合高度均随窗口数量的增加而增大。在氧气含量 19.5% 条件下，达到危险温度 T_1，连续燃烧五窗口时比连续燃烧四窗口时火焰融合高度分别增长 4.64m、4.73m、3.52m，连续燃烧四窗口时比连续燃烧三窗口时火焰融合高度分别增长 3.78m、3.8m、3.9m；达到危险温度 T_2 的条件下，连续燃烧五窗口时比连续燃烧四窗口时火焰融合高度分别增长 5.72m、4.98m、4.92m，连续燃烧四窗口时比连续燃烧三窗口时火焰融合高度分别增长 3.8m、5.88m、4.1m。

办公区域在氧气含量 19.5% 的条件下，随着大气压强的增加，达到危险温度 T_1 时，火焰融合高度增长了 1.4～3m，达到危险温度 T_2 时，火焰融合高度增加 0.3～4.88m；随着连续燃烧窗口数量的增加，达到危险温度 T_1 时，火焰融合高度增长了 3.52～4.73m，达到危险温度 T_2 时，火焰融合高度增加了 3.8～5.88m。由此可见火焰融合高度随着大气压强和连续燃烧窗口数量的增加而增加，并且连续燃烧窗口数量的影响效果更显著。

当氧气含量为 21.5%，达到危险温度 T_1 和 T_2 时火焰融合高度如表 6-14、表 6-15 所示。

表 6-14   氧气含量 21.5%、达到危险温度 T_1 时火焰融合高度   单位：m

连续燃烧窗口数量	大气压强 78.3kPa 时火焰融合高度	大气压强 91.9kPa 时火焰融合高度	大气压强 101.3kPa 时火焰融合高度
三窗口	16.03	17.90	20.30
四窗口	20.20	21.92	24.27
五窗口	24.50	26.71	28.00

表 6-15   氧气含量 21.5%、达到危险温度 T_2 时火焰融合高度   单位：m

连续燃烧窗口数量	大气压强 78.3kPa 时火焰融合高度	大气压强 91.9kPa 时火焰融合高度	大气压强 101.3kPa 时火焰融合高度
三窗口	19.44	21.82	25.15
四窗口	24.36	26.26	29.10
五窗口	28.70	31.39	34.41

当氧气含量一定，达到危险温度 T_1 和 T_2 时的火焰融合高度均随大气压强的增大而增

大。在氧气含量 21.5%，达到危险温度 T_1 的条件下，大气压强 101.3kPa 时比大气压强 91.9kPa 时火焰融合高度分别增长 2.4m、2.35m、1.29m，大气压强 91.9kPa 时比大气压强 78.3kPa 时火焰融合高度分别增长 1.87m、1.72m、2.21m；达到危险温度 T_2 的条件下，大气压强 101.3kPa 时比大气压强 91.9kPa 时火焰融合高度分别增长 3.33m、2.84m、3.02m，大气压强 91.9kPa 时比大气压强 78.3kPa 时火焰融合高度分别增长 2.38m、1.9m、2.69m。

当氧气含量一定，达到危险温度 T_1 和 T_2 时的火焰融合高度均随连续燃烧窗口数量的增加而增大。在氧气含量 21.5%，达到危险温度 T_1 的条件下，连续燃烧五窗口时比连续燃烧四窗口时火焰融合高度分别增长 4.3m、4.79m、3.73m，连续燃烧四窗口时比连续燃烧三窗口时火焰融合高度分别增长 4.17m、4.02m、3.97m；达到危险温度 T_2 的条件下，连续燃烧五窗口时比连续燃烧四窗口时火焰融合高度分别增长 4.34m、5.13m、5.31m，连续燃烧四窗口时比连续燃烧三窗口时火焰融合高度分别增长 4.92m、4.44m、3.95m。

办公区域在氧气含量 21.5% 的条件下，随着大气压强的增加，达到危险温度 T_1 时，火焰融合高度增长了 1.29～2.4m，达到危险温度 T_2 时，火焰融合高度增加了 1.9～3.33m；随着连续燃烧窗口数量的增加，达到危险温度 T_1 时，火焰融合高度增长了 3.73～4.79m，达到危险温度 T_2 时，火焰融合高度增加 3.95～5.31m。由此可见火焰融合高度随着大气压强和连续燃烧窗口数量的增加而增加，并且连续燃烧窗口数量的影响效果更显著。

当氧气含量为 23.5%，达到危险温度 T_1 和 T_2 时火焰融合高度如表 6-16、表 6-17 所示。

表 6-16　氧气含量 23.5%、达到危险温度 T_1 时火焰融合高度　　　　单位：m

连续燃烧窗口数量	大气压强 78.3kPa 时火焰融合高度	大气压强 91.9kPa 时火焰融合高度	大气压强 101.3kPa 时火焰融合高度
三窗口	16.46	18.50	20.60
四窗口	20.60	22.70	25.85
五窗口	25.70	27.35	28.70

表 6-17　氧气含量 23.5%、达到危险温度 T_2 时火焰融合高度　　　　单位：m

连续燃烧窗口数量	大气压强 78.3kPa 时火焰融合高度	大气压强 91.9kPa 时火焰融合高度	大气压强 101.3kPa 时火焰融合高度
三窗口	20.40	23.33	26.22
四窗口	25.81	27.60	29.58
五窗口	30.46	32.76	35.27

当氧气含量一定，达到危险温度 T_1 和 T_2 时的火焰融合高度均随大气压强的增大而增大。在氧气含量 23.5%，达到危险温度 T_1 的条件下，大气压强 101.3kPa 时比大气压强 91.9kPa 时的火焰融合高度分别增长 2.1m、3.15m、1.35m，大气压强 91.9kPa 时比大气压强 78.3kPa 时的火焰融合高度分别增长 2.04m、2.1m、1.65m；达到危险温度 T_2 的条件下，大气压强 101.3kPa 时比大气压强 91.9kPa 时的火焰融合高度分别增长 2.89m、1.98m、2.51m，大气压强 91.9kPa 时比大气压强 78.3kPa 时的火焰融合高度分别增长 2.93m、1.79m、2.3m。

当氧气含量一定，达到危险温度 T_1 和 T_2 时的火焰融合高度均随窗口数量的增大而增大。在氧气含量 23.5%，达到危险温度 T_1 的条件下，连续燃烧五窗口时比连续燃烧四窗口时火焰融合高度分别增长 5.1m、4.65m、2.85m，连续燃烧四窗口时比连续燃烧三窗口时火焰融合高度分别增长 4.14m、4.2m、5.25m；达到危险温度 T_2 的条件下，连续燃烧五窗口时比连续燃烧四窗口时火焰融合高度分别增长 4.65m、5.16m、5.69m，连续燃烧四窗口时比连续燃烧三窗口时火焰融合高度分别增长 5.41m、4.27m、3.36m。

办公区域在氧气含量 23.5％的条件下，随着大气压强的增加，达到危险温度 T_1 时，火焰融合高度增长了 1.35～3.15m，达到危险温度 T_2 时，火焰融合高度增加了 1.79～2.93m；随着连续燃烧窗口数量的增加，达到危险温度 T_1 时，火焰融合高度增长了 2.85～5.25m，达到危险温度 T_2 时，火焰融合高度增加了 3.36～5.69m。由此可见火焰融合高度随着大气压强和连续燃烧窗口数量的增加而增加，并且窗口数量的影响效果更显著。

氧气含量为 19.5％、21.5％、23.5％的条件下，达到危险温度 T_1 和 T_2 时火焰融合高度对比如图 6-18～图 6-23 所示。

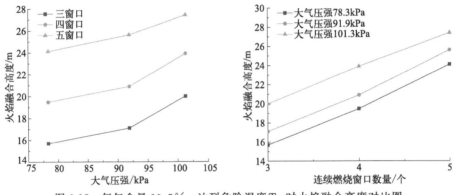

图 6-18　氧气含量 19.5％、达到危险温度 T_1 时火焰融合高度对比图

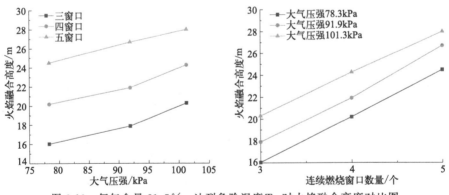

图 6-19　氧气含量 21.5％、达到危险温度 T_1 时火焰融合高度对比图

由图 6-18～图 6-23 可以看出，火焰融合高度随着大气压强和窗口数量的增大而增大。当大气压强为 101.3kPa、连续燃烧五窗口时火焰融合高度最大；当大气压强为 78.3kPa、连续燃烧三窗口时火焰融合高度最小。

不同氧气含量下，达到危险温度 T_1、T_2 时，在纵向连续燃烧三窗口、四窗口、五窗口，大气压强 78.3kPa、91.9kPa、101.3kPa 条件下，火焰融合高度增长幅度如表 6-18、表 6-19 所示。其中，a 为氧气含量 21.5％时相比氧气含量 19.5％时的火焰融合高度增长幅度，b 为氧气含量 23.5％时相比氧气含量 21.5％时的火焰融合高度增长幅度。

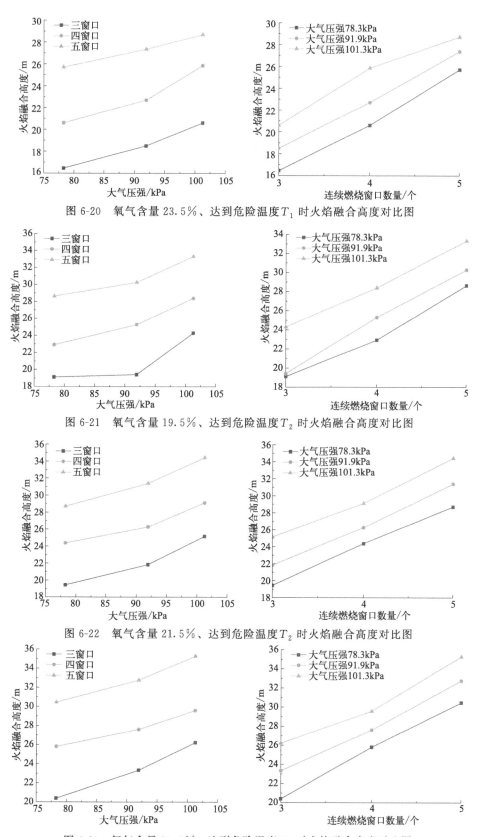

图 6-20　氧气含量 23.5%、达到危险温度 T_1 时火焰融合高度对比图

图 6-21　氧气含量 19.5%、达到危险温度 T_2 时火焰融合高度对比图

图 6-22　氧气含量 21.5%、达到危险温度 T_2 时火焰融合高度对比图

图 6-23　氧气含量 23.5%、达到危险温度 T_2 时火焰融合高度对比图

表 6-18　不同氧气含量下达到危险温度 T_1 时火焰融合高度增长幅度　　　　单位：%

连续燃烧窗口数量		大气压强为 78.3kPa 时	大气压强为 91.9kPa 时	大气压强为 101.3kPa 时
三窗口	a	2.7	4.7	1.5
	b	2.9	3.6	1.5
四窗口	a	3.7	4.9	1.5
	b	2.0	3.6	6.5
五窗口	a	1.6	4.2	2.1
	b	4.9	2.4	2.5

表 6-19　不同氧气含量下达到危险温度 T_2 时火焰融合高度增长幅度　　　　单位：%

连续燃烧窗口数量		大气压强为 78.3kPa 时	大气压强为 91.9kPa 时	大气压强为 101.3kPa 时
三窗口	a	1.7	12.4	3.5
	b	4.9	6.9	4.3
四窗口	a	6.3	3.8	2.5
	b	6.0	5.1	1.6
五窗口	a	0.2	3.7	3.3
	b	6.1	4.4	2.5

　　以连续燃烧三窗口、大气压强 78.3kPa 的情况为例，氧气含量 21.5% 时比氧气含量 19.5% 时、氧气含量 23.5% 时比氧气含量 21.5% 时 T_1 对应火焰融合高度分别增长了 2.7%、2.9%，T_2 对应火焰融合高度增长了 1.7%、4.9%。

　　接下来对不同大气压强条件下，达到危险温度 T_1 和 T_2 时火焰融合高度进行分析。

　　大气压强 78.3kPa，达到危险温度 T_1 和 T_2 时火焰融合高度如表 6-20、表 6-21 所示。

表 6-20　大气压强 78.3kPa、达到危险温度 T_1 时火焰融合高度　　　　单位：m

连续燃烧窗口数量	氧气含量 19.5% 时火焰融合高度	氧气含量 21.5% 时火焰融合高度	氧气含量 23.5% 时火焰融合高度
三窗口	15.7	16.03	16.46
四窗口	19.48	20.2	20.6
五窗口	24.12	24.5	25.7

表 6-21　大气压强 78.3kPa、达到危险温度 T_2 时火焰融合高度　　　　单位：m

连续燃烧窗口数量	氧气含量 19.5% 时火焰融合高度	氧气含量 21.5% 时火焰融合高度	氧气含量 23.5% 时火焰融合高度
三窗口	19.12	19.44	20.4
四窗口	22.92	24.36	25.81
五窗口	28.64	28.7	30.46

　　当大气压强一定，达到危险温度 T_1 和 T_2 时的火焰融合高度均随氧气含量的增大而增大。在大气压强 78.3kPa，达到危险温度 T_1 的条件下，氧气含量 23.5% 时比氧气含量 21.5% 时的火焰融合高度分别增长 0.43m、0.4m、1.2m，氧气含量 21.5% 时比氧气含量 19.5% 时的火焰融合高度分别增长 0.33m、0.72m、0.38m；达到危险温度 T_2 的条件

下，氧气含量 23.5% 时比氧气含量 21.5% 时的火焰融合高度分别增长 0.96m、1.45m、1.76m，氧气含量 21.5% 时比氧气含量 19.5% 时火焰融合高度分别增长 0.32m、1.44m、0.06m。

当大气压强一定，达到危险温度 T_1 和 T_2 时的火焰融合高度均随窗口数量的增大而增大。在大气压强 78.3kPa，达到危险温度 T_1 的条件下，连续燃烧五窗口时比连续燃烧四窗口时的火焰融合高度分别增长 4.64m、4.3m、5.1m，连续燃烧四窗口时比连续燃烧三窗口时火焰融合高度分别增长 3.78m、4.17m、4.14m；达到危险温度 T_2 的条件下，连续燃烧五窗口时比连续燃烧四窗口时的火焰融合高度分别增长 5.72m、4.34m、4.65m，连续燃烧四窗口时比连续燃烧三窗口时火焰融合高度分别增长 3.8m、4.92m、5.41m。

办公区域在大气压强 78.3kPa 的条件下，随着氧气含量的增加，达到危险温度 T_1 时，火焰融合高度增长了 0.33～1.2m，达到危险温度 T_2 时，火焰融合高度增加了 0.06～1.76m；随着连续燃烧窗口数量的增加，达到危险温度 T_1 时，火焰融合高度增长了 3.78～5.1m，达到危险温度 T_2 时，火焰高度增加了 3.8～5.72m。由此可见火焰融合高度随着氧气含量和连续燃烧窗口数量的增加而增加，并且连续燃烧窗口数量的影响效果更显著。

大气压强 91.9kPa，达到危险温度 T_1 和 T_2 时火焰融合高度如表 6-22、表 6-23 所示。

表 6-22　大气压强 91.9kPa、达到危险温度 T_1 时火焰融合高度　　单位：m

连续燃烧窗口数量	氧气含量 19.5% 时火焰融合高度	氧气含量 21.5% 时火焰融合高度	氧气含量 23.5% 时火焰融合高度
三窗口	17.1	17.9	18.5
四窗口	20.9	21.92	22.7
五窗口	25.63	26.71	27.35

表 6-23　大气压强 91.9kPa、达到危险温度 T_2 时火焰融合高度　　单位：m

连续燃烧窗口数量	氧气含量 19.5% 时火焰融合高度	氧气含量 21.5% 时火焰融合高度	氧气含量 23.5% 时火焰融合高度
三窗口	19.42	21.82	23.33
四窗口	25.3	26.26	27.6
五窗口	30.28	31.39	32.76

当大气压强一定，达到危险温度 T_1 和 T_2 时的火焰融合高度均随氧气含量的增大而增大。在大气压强 91.9kPa，达到危险温度 T_1 的条件下，氧气含量 23.5% 时比氧气含量 21.5% 时火焰融合高度分别增长 0.6m、0.78m、0.64m，氧气含量 21.5% 时比氧气含量 19.5% 时火焰融合高度分别增长 0.8m、1.02m、1.08m；达到危险温度 T_2 的条件下，氧气含量 23.5% 时比氧气含量 21.5% 时火焰融合高度分别增长 1.51m、1.34m、1.37m，氧气含量 21.5% 时比氧气含量 19.5% 时火焰融合高度分别增长 2.4m、0.96m、1.11m。

当大气压强一定，达到危险温度 T_1 和 T_2 时的火焰融合高度均随窗口数量的增大而增大。在大气压强 91.9kPa，达到危险温度 T_1 的条件下，连续燃烧五窗口时比连续燃烧四窗口时火焰融合高度分别增长 4.73m、4.79m、4.65m，连续燃烧四窗口时比连续燃烧三窗口时火焰融合高度分别增长 3.8m、4.02m、4.2m；达到危险温度 T_2 的条件下，连续燃烧五窗口时比连续燃烧四窗口时火焰融合高度分别增长 4.98m、5.13m、5.16m，连续燃烧四窗口时比连续燃烧三窗口时火焰融合高度分别增长 5.88m、4.44m、4.27m。

办公区域在大气压强 91.9kPa 的条件下，随着氧气含量的增加，达到危险温度 T_1 时，火焰融合高度增长了 0.6～1.08m，达到危险温度 T_2 时，火焰融合高度增加了 0.96～2.4m；随着连续燃烧窗口数量的增加，达到危险温度 T_1 时，火焰融合高度增长了 3.8～4.79m，达到危险温度 T_2 时，火焰融合高度增加了 4.27～5.88m。由此可见火焰融合高度随着氧气含量和连续燃烧窗口数量的增加而增加，并且连续燃烧窗口数量的影响效果更显著。

大气压强 101.3kPa，达到危险温度 T_1 和 T_2 时火焰融合高度如表 6-24、表 6-25 所示。

表 6-24 大气压强 101.3kPa、达到危险温度T_1时火焰融合高度　　　单位：m

连续燃烧窗口数量	氧气含量 19.5%时火焰融合高度	氧气含量 21.5%时火焰融合高度	氧气含量 23.5%时火焰融合高度
三窗口	20	20.3	20.6
四窗口	23.9	24.27	25.85
五窗口	27.42	28	28.7

表 6-25 大气压强 101.3kPa、达到危险温度T_2时火焰融合高度　　　单位：m

连续燃烧窗口数量	氧气含量 19.5%时火焰融合高度	氧气含量 21.5%时火焰融合高度	氧气含量 23.5%时火焰融合高度
三窗口	24.3	25.15	26.22
四窗口	28.4	29.10	29.58
五窗口	33.32	34.41	35.27

当大气压强一定，达到危险温度 T_1 和 T_2 时的火焰融合高度均随氧气含量的增大而增大。在大气压强 101.3kPa，达到危险温度 T_1 的条件下，氧气含量 23.5%时比氧气含量 21.5%时的火焰融合高度分别增长 0.3m、1.58m、0.7m，氧气含量 21.5%时比氧气含量 19.5%时的火焰融合高度分别增长 0.3m、0.37m、0.58m；达到危险温度 T_2 的条件下，氧气含量 23.5%时比氧气含量 21.5%时的火焰融合高度分别增长 1.07m、0.48m、0.86m，氧气含量 21.5%时比氧气含量 19.5%时的火焰融合高度分别增长 0.85m、0.7m、1.09m。

当大气压强一定，达到危险温度 T_1 和 T_2 时的火焰融合高度均随连续燃烧窗口数量的增大而增大。在大气压强 101.3kPa，达到危险温度 T_1 的条件下，连续燃烧五窗口时比连续燃烧四窗口时的火焰融合高度分别增长 3.52m、3.73m、2.85m，连续燃烧四窗口时比连续燃烧三窗口时的火焰融合高度分别增长 3.9m、3.97m、5.25m；达到危险温度 T_2 的条件下，连续燃烧五窗口时比连续燃烧四窗口时的火焰融合高度分别增长 4.92m、5.31m、5.69m，连续燃烧四窗口时比连续燃烧三窗口时的火焰融合高度分别增长 4.1m、3.95m、3.36m。

办公区域在大气压强 101.3kPa 的条件下，随着氧气含量的增加，达到危险温度 T_1 时，火焰融合高度增长了 0.3～1.58m，达到危险温度 T_2 时，火焰融合高度增加了 0.48～1.09m；随着连续燃烧窗口数量的增加，达到危险温度 T_1 时，火焰融合高度增长了 2.85～5.25m，达到危险温度 T_2 时，火焰融合高度增加了 3.36～5.69m。由此可见火焰融合高度随着氧气含量和连续燃烧窗口数量的增加而增加，并且窗口数量的影响效果更显著。

大气压强 78.3kPa、91.9kPa、101.3kPa，达到危险温度 T_1 和 T_2 时火焰融合高度对比如图 6-24～图 6-29 所示。

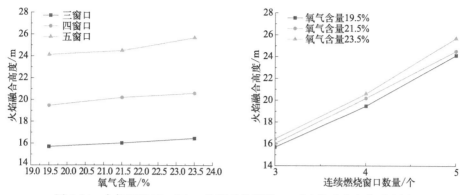

图 6-24　大气压强 78.3kPa、达到危险温度 T_1 时火焰融合高度对比图

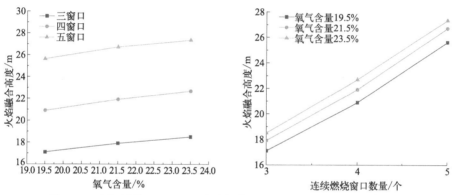

图 6-25　大气压强 91.9kPa、达到危险温度 T_1 时火焰融合高度对比图

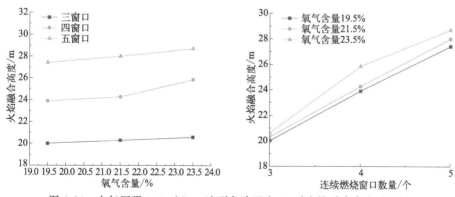

图 6-26　大气压强 101.3kPa、达到危险温度 T_1 时火焰融合高度对比图

由图 6-24～图 6-29 可以看出，火焰融合高度随着氧气含量和窗口数量的增大而增大。当氧气含量 23.5%、连续燃烧五窗口时火焰融合高度最大；氧气含量为 19.5%、连续燃烧三窗口时火焰融合高度最小。

不同大气压强下，达到危险温度 T_1、T_2 时，纵向连续燃烧三窗口、四窗口、五窗口，氧气含量 19.5%、21.5%、23.5% 的条件下，火焰融合高度增长幅度如表 6-26、表 6-27 所

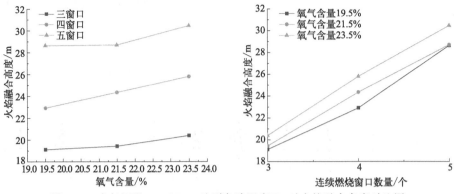

图 6-27 大气压强 78.3kPa、达到危险温度 T_2 时火焰融合高度对比图

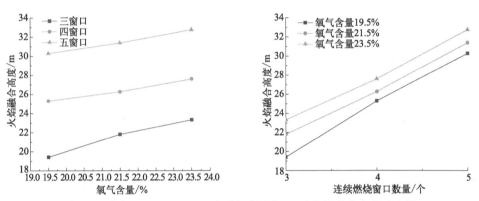

图 6-28 大气压强 91.9kPa、达到危险温度 T_2 时火焰融合高度对比图

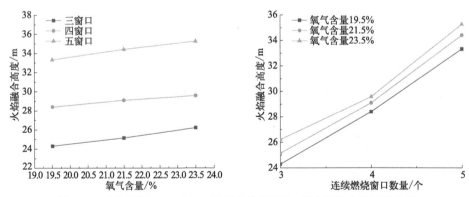

图 6-29 大气压强 101.3kPa、达到危险温度 T_2 时火焰融合高度对比图

示。其中，a 为大气压强 91.9kPa 时相比大气压强 78.3kPa 时的火焰融合高度增长幅度，b 为大气压强 101.3kPa 时相比大气压强 91.9kPa 时的火焰融合高度增长幅度。

表 6-26 不同大气压强下达到危险温度 T_1 时火焰融合高度增长幅度 单位：%

连续燃烧窗口数量		氧气含量 19.5%时	氧气含量 21.5%时	氧气含量 23.5%时
三窗口	a	8.9	11.7	12.4
	b	17.0	13.4	11.4

续表

连续燃烧窗口数量		氧气含量19.5%时	氧气含量21.5%时	氧气含量23.5%时
四窗口	a	7.3	8.5	10.2
	b	14.4	10.8	13.9
五窗口	a	6.3	9.0	6.4
	b	7.0	4.8	4.9

表 6-27　不同大气压强下达到危险温度T_2时火焰融合高度增长幅度　　单位：%

连续燃烧窗口数量		氧气含量19.5%时	氧气含量21.5%时	氧气含量23.5%时
三窗口	a	1.6	12.2	14.4
	b	25.1	15.3	12.4
四窗口	a	10.4	7.8	6.9
	b	12.3	10.8	7.2
五窗口	a	5.7	9.4	7.6
	b	10.0	9.6	7.7

以纵向连续燃烧三窗口、氧气含量为 23.5% 的情况为例，大气压强 91.9kPa 时比大气压强 78.3kPa 时、大气压强 101.3kPa 时比大气压强 91.9kPa 时 T_1 对应火焰融合高度分别增加 12.4%、11.4%，T_2 对应火焰融合高度分别增加 14.4%、12.4%。其余数据表示相似含义。

6.2　纵向连续燃烧窗口数量影响下酒店客房火焰蔓延数值分析

6.2.1　纵向连续燃烧三窗口

经数值模拟计算，纵向连续燃烧三窗口温度分布等温线如图 6-30～图 6-32 所示。

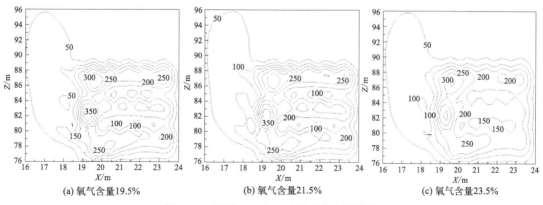

(a) 氧气含量19.5%　　　(b) 氧气含量21.5%　　　(c) 氧气含量23.5%

图 6-30　压强 78.3kPa 时温度分布等温线

由图 6-30 可知，在压强 78.3kPa，氧气含量分别为 19.5%、21.5%、23.5% 的情况下，达到危险温度 T_2 时，火焰总高度分别上升至 87.45m、87.83m、88.28m。

由图 6-31 可知，在压强 91.9kPa，氧气含量分别为 19.5%、21.5%、23.5% 的情况下，达到危险温度 T_2 时，火焰总高度分别上升至 88.28m、88.65m、89.29m。

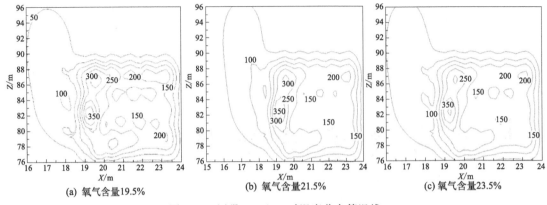

(a) 氧气含量19.5%　　　　(b) 氧气含量21.5%　　　　(c) 氧气含量23.5%

图 6-31　压强 91.9kPa 时温度分布等温线

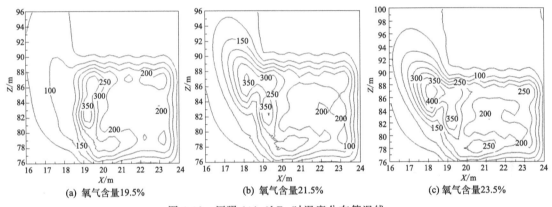

(a) 氧气含量19.5%　　　　(b) 氧气含量21.5%　　　　(c) 氧气含量23.5%

图 6-32　压强 101.3kPa 时温度分布等温线

由图 6-32 可知，在压强 101.3kPa，氧气含量分别为 19.5%、21.5%、23.5% 的情况下，达到危险温度 T_2 时，火焰总高度分别为 89.18m、89.86m、90.6m。

6.2.2　纵向连续燃烧四窗口

经数值模拟计算，纵向连续燃烧四窗口温度分布等温线如图 6-33～图 6-35 所示。

由图 6-33 可知，在压强 78.3kPa，氧气含量分别为 19.5%、21.5%、23.5% 的情况下，

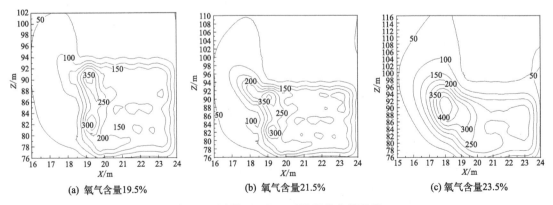

(a) 氧气含量19.5%　　　　(b) 氧气含量21.5%　　　　(c) 氧气含量23.5%

图 6-33　压强 78.3kPa 时温度分布等温线

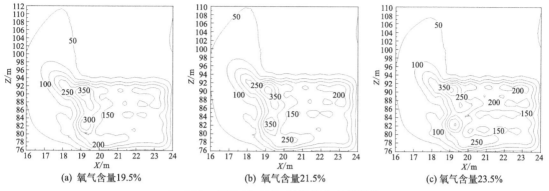

(a) 氧气含量19.5% (b) 氧气含量21.5% (c) 氧气含量23.5%

图 6-34 压强 91.9kPa 时温度分布等温线

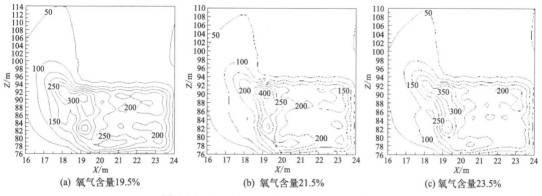

(a) 氧气含量19.5% (b) 氧气含量21.5% (c) 氧气含量23.5%

图 6-35 压强 101.3kPa 时温度分布等温线

达到危险温度 T_2 时,火焰总高度分别为 92.6m、92.8m、93.7m。

由图 6-34 可知,在压强 91.9kPa,氧气含量分别为 19.5%、21.5%、23.5% 的情况下,达到危险温度 T_2 时,火焰总高度分别为 92.95m、93.65m、94.26m。

由图 6-35 可知,在压强 101.3kPa,氧气含量分别为 19.5%、21.5%、23.5% 的情况下,达到危险温度 T_2 时,火焰总高度分别为 93.45m、94.35m、95.96m。

6.2.3 纵向连续燃烧五窗口

经数值模拟计算,纵向连续燃烧五窗口温度分布等温线如图 6-36~图 6-38 所示。

由图 6-36 可知,在压强 78.3kPa,氧气含量分别为 19.5%、21.5%、23.5% 的情况下,达到危险温度 T_1 时,火焰总高度分别为 93.4m、93.7m、95.74m;达到危险温度 T_2 时,火焰总高度上升至 97.31m、97.49m、98.94m。

由图 6-37 可知,在压强 91.9kPa,氧气含量分别为 19.5%、21.5%、23.5% 的情况下,达到危险温度 T_1 时,火焰总高度分别为 94.37m、95.55m、96.25m;达到危险温度 T_2 时,火焰总高度上升至 98.22m、98.82m、99.3m。

由图 6-38 可知,在压强 101.3kPa,氧气含量分别为 19.5%、21.5%、23.5% 的情况下,达到危险温度 T_1 时,火焰总高度分别为 96.25m、96.65m、97.13m;达到危险温度 T_2 时,火焰总高度上升至 98.87m、99.95m、100.32m。

接下来对纵向连续燃烧窗口数量分别为三窗口、四窗口、五窗口的条件下,大气压强分别为 78.3kPa、91.9kPa、101.3kPa,氧气含量分别为 19.5%、21.5%、23.5%,达到危险

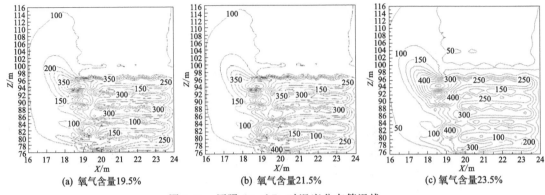

图 6-36 压强 78.3kPa 时温度分布等温线

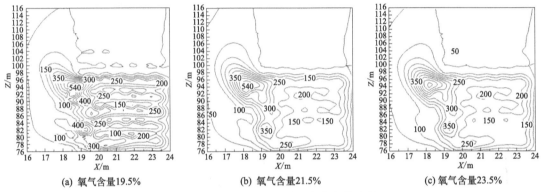

图 6-37 压强 91.9kPa 时温度分布等温线

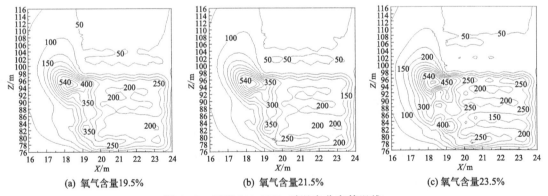

图 6-38 压强 101.3kPa 时温度分布等温线

温度 $T_1 = 540℃$ 和 $T_2 = 250℃$ 时火焰融合高度进行分析。

纵向连续燃烧三窗口，达到危险温度 $T_2 = 250℃$ 时火焰融合高度如表 6-28 所示。

表 6-28 纵向连续燃烧三窗口达到危险温度 T_2 时火焰融合高度

大气压强/kPa	氧气含量 19.5%时 火焰融合高度/m	氧气含量 21.5%时 火焰融合高度/m	氧气含量 23.5%时 火焰融合高度/m
78.3	11.35	11.73	12.18

大气压强/kPa	氧气含量19.5%时火焰融合高度/m	氧气含量21.5%时火焰融合高度/m	氧气含量23.5%时火焰融合高度/m
91.9	12.18	12.55	13.19
101.3	13.08	13.76	14.50

当连续燃烧窗口数量一定，达到危险温度 T_2 时的火焰融合高度随大气压强的增大而增大。在纵向连续燃烧三窗口条件下，达到危险温度 T_2，大气压强 101.3kPa 时比大气压强 91.9kPa 时的火焰融合高度分别增长 0.9m、1.21m、1.31m，大气压强 91.9kPa 时比大气压强 78.3kPa 时的火焰融合高度分别增长 0.83m、0.82m、1.01m。

当连续燃烧窗口数量一定，达到危险温度 T_2 时的火焰融合高度随氧气含量的增大而增大。在纵向连续燃烧三窗口条件下，达到危险温度 T_2，氧气含量 23.5% 时比氧气含量 21.5% 时的火焰融合高度分别增长 0.45m、0.64m、0.74m，氧气含量 21.5% 时比氧气含量 19.5% 时的火焰融合高度分别增长 0.38m、0.37m、0.68m。

带喷淋的酒店客房在纵向连续燃烧三窗口的条件下，达到危险温度 T_2 时，随着大气压强的增加，火焰融合高度增长了 0.82～1.31m；随着氧气含量的增加，火焰高度增长了 0.37～0.74m。由此可见火焰融合高度随着大气压强和氧气含量的增加而增加，并且大气压强的影响效果更显著。

纵向连续燃烧四窗口，达到危险温度 T_2=250℃ 时火焰融合高度如表 6-29 所示。

表 6-29　纵向连续燃烧四窗口达到危险温度 T_2 时火焰融合高度

大气压强/kPa	氧气含量19.5%时火焰融合高度/m	氧气含量21.5%时火焰融合高度/m	氧气含量23.5%时火焰融合高度/m
78.3	16.50	16.70	17.6
91.9	16.85	17.55	18.16
101.3	17.35	18.25	19.86

当连续燃烧窗口数量一定，达到危险温度 T_2 时的火焰融合高度随大气压强的增大而增大。在纵向连续燃烧四窗口条件下，达到危险温度 T_2，大气压强 101.3kPa 时比大气压强 91.9kPa 时的火焰融合高度分别增长 0.5m、0.7m、1.7m，大气压强 91.9kPa 时比大气压强 78.3kPa 时的火焰融合高度分别增长 0.35m、0.85m、0.56m。

当连续燃烧窗口数量一定时，达到危险温度 T_2 时的火焰融合高度随氧气含量的增大而增大。在纵向连续燃烧四窗口条件下，达到危险温度 T_2，氧气含量 23.5% 时比氧气含量 21.5% 时的火焰融合高度分别增长 0.9m、0.61m、1.61m，氧气含量 21.5% 时比氧气含量 19.5% 时的火焰融合高度分别增长 0.2m、0.7m、0.9m。

带喷淋的酒店客房在纵向连续燃烧四窗口的条件下，达到危险温度 T_2 时，随着大气压强的增大，火焰融合高度增长了 0.35～1.7m；随着氧气含量的增加，火焰融合高度增长了 0.2～1.61m。由此可见火焰融合高度随着大气压强和氧气含量的增加而增加，并且大气压强的影响效果更显著。

纵向连续燃烧五窗口，达到危险温度 T_1=540℃ 和 T_2=250℃ 时火焰融合高度如表 6-30、表 6-31 所示。

表 6-30　纵向连续燃烧五窗口达到危险温度T_1时火焰融合高度

大气压强/kPa	氧气含量 19.5%时火焰融合高度/m	氧气含量 21.5%时火焰融合高度/m	氧气含量 23.5%时火焰融合高度/m
78.3	17.30	17.60	19.64
91.9	18.27	19.45	20.15
101.3	20.15	20.55	21.03

表 6-31　纵向连续燃烧五窗口达到危险温度T_2时火焰融合高度

大气压强/kPa	氧气含量 19.5%时火焰融合高度/m	氧气含量 21.5%时火焰融合高度/m	氧气含量 23.5%时火焰融合高度/m
78.3	21.21	21.39	22.84
91.9	22.12	22.72	23.20
101.3	22.77	23.85	24.22

当连续燃烧窗口数量一定，达到危险温度 T_1 和 T_2 时的火焰融合高度均随大气压强的增大而增大。在纵向连续燃烧五窗口条件下，达到危险温度 T_1，大气压强 101.3kPa 时比大气压强 91.9kPa 时的火焰融合高度分别增长 1.88m、1.1m、0.88m，大气压强 91.9kPa 时比大气压强 78.3kPa 时的火焰融合高度分别增长 0.97m、1.85m、0.51m；达到危险温度 T_2，大气压强 101.3kPa 时比大气压强 91.9kPa 时的火焰融合高度分别增长 0.65m、1.13m、1.02m，大气压强 91.9kPa 时比大气压强 78.3kPa 时的火焰融合高度分别增长 0.91m、1.33m、0.36m。

当连续燃烧窗口数量一定时，达到危险温度 T_1 和 T_2 时的火焰融合高度均随氧气含量的增大而增大。在纵向连续燃烧五窗口条件下，达到危险温度 T_1，氧气含量 23.5%时比氧气含量 21.5%时的火焰融合高度分别增长 2.04m、0.7m、0.48m，氧气含量 21.5%时比氧气含量 19.5%时的火焰融合高度分别增长 0.3m、1.18m、0.4m；达到危险温度 T_2，氧气含量 23.5%时比氧气含量 21.5%时的火焰融合高度分别增长 1.45m、0.48m、0.37m，氧气含量 21.5%时比氧气含量 19.5%时的火焰融合高度分别增长 0.18m、0.6m、1.08m。

带喷淋的酒店客房在纵向连续燃烧五窗口的条件下，达到危险温度 T_1 时，随着大气压强的增大，火焰融合高度增长了 0.51~1.88m；随着氧气含量的增加，火焰融合高度增长了 0.3~2.04m。达到危险温度 T_2 时，随着大气压强的增加，火焰融合高度增加了 0.36~1.33m；随着氧气含量的增加，火焰融合高度增加了 0.18~1.45m。由此可见火焰融合高度随着大气压强和氧气含量的增加而增加，并且大气压强的影响效果更显著。

纵向连续燃烧三窗口、四窗口、五窗口达到危险温度 T_2 时火焰融合高度对比如图 6-39~图 6-41 所示。

由图 6-39~图 6-41 可以看出，火焰融合高度随着大气压强和氧气含量的增大而增大。当大气压强为 101.3kPa、氧气含量为 23.5%时火焰融合高度最大，大气压强为 78.3kPa、氧气含量为 19.5%时火焰融合高度最小。不同连续燃烧窗口数量，达到危险温度 T_2，氧气含量为 19.5%、21.5%、23.5%，大气压强为 78.3kPa、91.9kPa、101.3kPa 的条件下，火焰融合高度增长幅度如表 6-32 所示。其中，a 为连续燃烧四窗口相比连续燃烧三窗口在达到危险温度 T_2 时的火焰融合高度增长幅度，b 为连续燃烧五窗口相比连续燃烧四窗口在达到危险温度 T_2 时的火焰融合高度增长幅度。

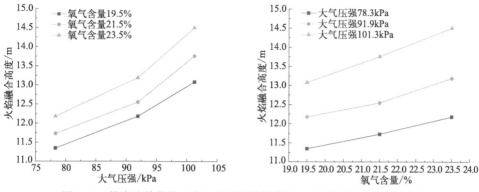

图 6-39　纵向连续燃烧三窗口达到危险温度 T_2 时火焰融合高度对比图

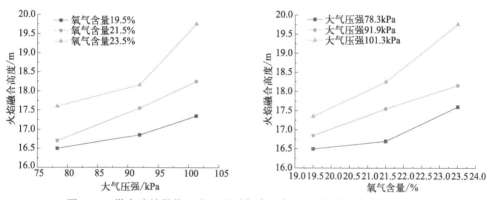

图 6-40　纵向连续燃烧四窗口达到危险温度 T_2 时火焰融合高度对比图

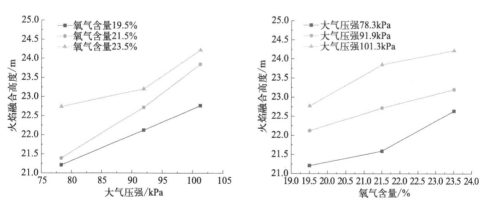

图 6-41　纵向连续燃烧五窗口达到危险温度 T_2 时火焰融合高度对比图

表 6-32　连续燃烧多窗口达到危险温度 T_2 时火焰融合高度增长幅度　　单位：%

氧气含量		大气压强为 78.3kPa 时	大气压强为 91.9kPa 时	大气压强为 101.3kPa 时
19.5	a	45.4	38.3	32.6
	b	28.6	31.3	31.2
21.5	a	42.4	39.8	32.6
	b	28.0	29.5	30.7

氧气含量		大气压强为 78.3kPa 时	大气压强为 91.9kPa 时	大气压强为 101.3kPa 时
23.5	a	44.5	37.7	37.0
	b	29.8	27.8	22.0

以氧气含量为 19.5%，大气压强为 78.3kPa 为例，连续燃烧四窗口比连续燃烧三窗口、连续燃烧五窗口比连续燃烧四窗口火焰融合高度增长了 45.4%、28.6%。其余数据表示相似含义。

接下来分析不同大气压强下，达到危险温度 T_2 时的火焰融合高度。

当大气压强为 78.3kPa，达到危险温度 T_2 时的火焰融合高度如表 6-33 所示。

表 6-33 大气压强 78.3kPa、达到危险温度T_2 时火焰融合高度 单位：m

连续燃烧窗口数量	氧气含量 19.5%时 火焰融合高度	氧气含量 21.5%时 火焰融合高度	氧气含量 23.5%时 火焰融合高度
三窗口	11.35	11.73	12.18
四窗口	16.50	16.70	17.60
五窗口	21.21	21.39	22.84

大气压强一定，达到危险温度 T_2 时的火焰融合高度随窗口数量的增大而增大。在大气压强 78.3kPa，达到危险温度 T_2 的条件下，连续燃烧五窗口时比连续燃烧四窗口时的火焰融合高度分别增长 4.71m、4.69m、5.24m，连续燃烧四窗口时比连续燃烧三窗口时的火焰融合高度分别增长 5.15m、4.97m、5.42m。

大气压强一定，达到危险温度 T_2 时的火焰融合高度随氧气含量的增大而增大。在大气压强 78.3kPa，达到危险温度 T_2 的条件下，氧气含量 23.5%时比氧气含量 21.5%时的火焰高度分别增长 0.45m、0.9m、1.45m，氧气含量 21.5%时比氧气含量 19.5%时的火焰融合高度分别增长 0.38m、0.2m、0.18m。

带喷淋的酒店客房在大气压强 78.3kPa 的条件下，达到危险温度 T_2 时，随着连续燃烧窗口数量的增加，火焰融合高度增长了 4.69～5.42m；随着氧气含量的增加，火焰融合高度增长了 0.18～1.45m。由此可见火焰融合高度随着连续燃烧窗口数量和氧气含量的增加而增加，并且连续燃烧窗口数量的影响效果更显著。

当大气压强为 91.9kPa，达到危险温度 T_2 时的火焰融合高度如表 6-34 所示。

表 6-34 大气压强 91.9kPa、达到危险温度T_2 时火焰融合高度 单位：m

连续燃烧窗口数量	氧气含量 19.5%时 火焰融合高度	氧气含量 21.5%时 火焰融合高度	氧气含量 23.5%时 火焰融合高度
三窗口	12.18	12.55	13.19
四窗口	16.85	17.55	18.16
五窗口	22.12	22.72	23.20

大气压强一定，达到危险温度 T_2 时的火焰融合高度随连续燃烧窗口数量的增加而增大。在大气压强 91.9kPa，达到危险温度 T_2 的条件下，连续燃烧五窗口时比连续燃烧四窗口时的火焰融合高度分别增长 5.27m、5.17m、5.04m，连续燃烧四窗口时比连续燃烧三窗口时的火焰融合高度分别增长 4.67m、5.0m、4.97m。

大气压强一定，达到危险温度 T_2 时的火焰融合高度随氧气含量的增大而增大。在大气压强 91.9kPa，达到危险温度 T_2 的条件下，氧气含量 23.5% 时比氧气含量 21.5% 时的火焰融合高度分别增长 0.64m、0.61m、0.48m，氧气含量 21.5% 时比氧气含量 19.5% 时的火焰融合高度分别增长 0.37m、0.7m、0.6m。

带喷淋的酒店客房在大气压强 91.9kPa 的条件下，达到危险温度 T_2 时，随着连续燃烧窗口数量的增加，火焰融合高度增长了 4.67～5.27m；随着氧气含量的增加，火焰融合高度增长了 0.37～0.7m。由此可见火焰融合高度随着连续燃烧窗口数量和氧气含量的增加而增加，并且连续燃烧窗口数量的影响效果更显著。

当大气压强为 101.3kPa，达到危险温度 T_2 时的火焰融合高度如表 6-35 所示。

表 6-35　大气压强 101.3kPa、达到危险温度 T_2 时火焰融合高度　　　单位：m

连续燃烧窗口数量	氧气含量 19.5% 时火焰融合高度	氧气含量 21.5% 时火焰融合高度	氧气含量 23.5% 时火焰融合高度
三窗口	13.08	13.76	14.50
四窗口	17.35	18.25	19.86
五窗口	22.77	23.85	24.22

大气压强一定，达到危险温度 T_2 时的火焰融合高度随连续燃烧窗口数量的增加而增大。在大气压强 101.3kPa，达到危险温度 T_2 的条件下，连续燃烧五窗口时比连续燃烧四窗口时的火焰融合高度分别增长 5.42m、5.6m、4.36m，连续燃烧四窗口时比连续燃烧三窗口时的火焰融合高度分别增长 4.27m、4.49m、5.36m。

大气压强一定，达到危险温度 T_2 时的火焰融合高度随氧气含量的增大而增大。在大气压强 101.3kPa，达到危险温度 T_2 的条件下，氧气含量 23.5% 时比氧气含量 21.5% 时的火焰融合高度分别增长 0.74m、1.61m、0.37m，氧气含量 21.5% 时比氧气含量 19.5% 时的火焰融合高度分别增长 0.68m、0.9m、1.08m。

带喷淋的酒店客房在大气压强 101.3kPa 的条件下，达到危险温度 T_2 时，随着连续燃烧窗口数量的增加，火焰融合高度增长了 4.27～5.6m；随着氧气含量的增加，火焰融合高度增加了 0.37～1.61m。由此可见火焰融合高度随着连续燃烧窗口数量和氧气含量的增加而增加，并且连续燃烧窗口数量的影响效果更显著。

大气压强为 78.3kPa、91.9kPa、101.3kPa，达到危险温度 T_2 时火焰融合高度对比如图 6-42～图 6-44 所示。

由图 6-42～图 6-44 可以看出，火焰融合高度随着氧气含量和窗口数量的增大而增大。

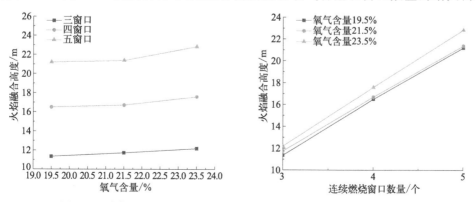

图 6-42　大气压强 78.3kPa、达到危险温度 T_2 时火焰融合高度对比图

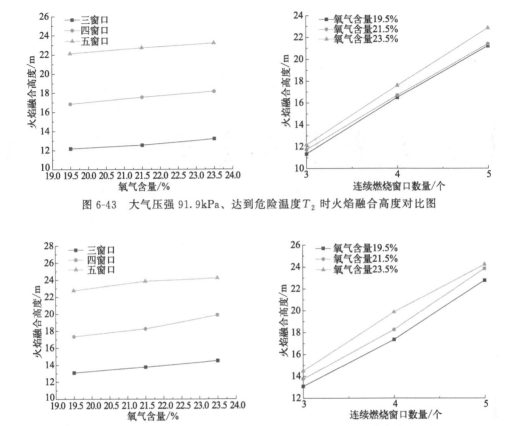

图 6-43 大气压强 91.9kPa、达到危险温度 T_2 时火焰融合高度对比图

图 6-44 大气压强 101.3kPa、达到危险温度 T_2 时火焰融合高度对比图

当氧气含量为 23.5%、纵向连续燃烧五窗口时火焰融合高度最大，氧气含量为 19.5%、连续燃烧三窗口时火焰融合高度最小。

不同大气压强下，达到危险温度 T_2 时，连续燃烧三窗口、四窗口、五窗口，氧气含量为 19.5%、21.5%、23.5% 的条件下，火焰融合高度变化幅度如表 6-36 所示。其中，a 为大气压强 91.9kPa 时相比大气压强 78.3kPa 时的火焰融合高度增长幅度，b 为大气压强 101.3kPa 时相比大气压强 91.9kPa 时的火焰融合高度增长幅度。

表 6-36 不同大气压强下达到危险温度 T_2 时火焰融合高度增长幅度 单位：%

连续燃烧窗口数量		氧气含量 19.5% 时	氧气含量 21.5% 时	氧气含量 23.5% 时
三窗口	a	7.3	7.0	8.3
	b	7.4	9.6	9.9
四窗口	a	2.1	5.1	3.2
	b	3.0	4.0	9.4
五窗口	a	4.3	6.2	1.6
	b	2.9	5.0	4.4

以纵向连续燃烧三窗口、氧气含量为 19.5% 的情况为例，大气压强 91.9kPa 时相比大气压强 78.3kPa 时、大气压强 101.3kPa 时相比大气压强 91.9kPa 时火焰融合高度增长了 7.3%、7.4%。其余数据含义相似。

接下来分析不同氧气含量下，达到危险温度 T_2 时的火焰融合高度。

当氧气含量为 19.5%，达到危险温度 T_2 时的火焰融合高度如表 6-37 所示。

表 6-37　氧气含量 19.5%、达到危险温度 T_2 时火焰融合高度　　　　单位：m

连续燃烧窗口数量	大气压强 78.3kPa 时 火焰融合高度	大气压强 91.9kPa 时 火焰融合高度	大气压强 101.3kPa 时 火焰融合高度
三窗口	11.35	12.18	13.08
四窗口	16.50	16.85	17.35
五窗口	21.21	22.12	22.77

当氧气含量一定，达到危险温度 T_2 时的火焰融合高度随窗口数量的增加而增大。在氧气含量 19.5%，达到危险温度 T_2 的条件下，连续燃烧五窗口时比连续燃烧四窗口时的火焰融合高度分别增长 4.71m、5.27m、5.42m，连续燃烧四窗口时比连续燃烧三窗口时的火焰融合高度分别增长 5.15m、4.67m、4.27m。

当氧气含量一定，达到危险温度 T_2 时的火焰融合高度随大气压强的增大而增大。在氧气含量 19.5%，达到危险温度 T_2 的条件下，大气压强 101.3kPa 时比大气压强 91.9kPa 时的火焰融合高度分别增长 0.9m、0.5m、0.65m，大气压强 91.9kPa 时比大气压强 78.3kPa 时的火焰融合高度分别增长 0.83m、0.35m、0.91m。

带喷淋的酒店客房在氧气含量 19.5% 的条件下，达到危险温度 T_2 时，随着连续燃烧窗口数量的增加，火焰融合高度增长了 4.27~5.42m；随着大气压强的增加，火焰融合高度增长了 0.35~0.91m。由此可见火焰融合高度随着连续燃烧窗口数量和大气压强的增加而增加，并且连续燃烧窗口数量的影响效果更显著。

当氧气含量为 21.5%，达到危险温度 T_2 时的火焰融合高度如表 6-38 所示。

表 6-38　氧气含量 21.5%、达到危险温度 T_2 时火焰融合高度　　　　单位：m

连续燃烧窗口数量	大气压强 78.3kPa 时 火焰融合高度	大气压强 91.9kPa 时 火焰融合高度	大气压强 101.3kPa 时 火焰融合高度
三窗口	11.73	12.55	13.76
四窗口	16.70	17.55	18.25
五窗口	21.39	22.72	23.85

当氧气含量一定，达到危险温度 T_2 时的火焰融合高度随窗口数量的增加而增大。在氧气含量 21.5%，达到危险温度 T_2 的条件下，连续燃烧五窗口时比连续燃烧四窗口时的火焰融合高度分别增长 4.69m、5.17m、5.6m，连续燃烧四窗口时比连续燃烧三窗口时的火焰融合高度分别增长 4.97m、5.0m、4.49m。

当氧气含量一定，达到危险温度 T_2 时的火焰融合高度随大气压强的增大而增大。在氧气含量 21.5%，达到危险温度 T_2 的条件下，大气压强 101.3kPa 时比大气压强 91.9kPa 时的火焰融合高度分别增长 1.21m、0.7m、1.13m，大气压强 91.9kPa 时比大气压强 78.3kPa 时的火焰融合高度分别增长 0.82m、0.85m、1.33m。

带喷淋的酒店客房在氧气含量 21.5% 的条件下，达到危险温度 T_2 时，随着连续燃烧窗口数量的增加，火焰融合高度增长了 4.49~5.6m；随着大气压强的增加，火焰融合高度增长了 0.7~1.33m。由此可见火焰融合高度随着连续燃烧窗口数量和大气压强的增加而增加，并且连续燃烧窗口数量的影响效果更显著。

当氧气含量为 23.5%，达到危险温度 T_2 时的火焰融合高度如表 6-39 所示。

表 6-39　氧气含量 23.5%、达到危险温度T_2时火焰融合高度　　　单位：m

连续燃烧窗口数量	大气压强 78.3kPa 时 火焰融合高度	大气压强 91.9kPa 时 火焰融合高度	大气压强 101.3kPa 时 火焰融合高度
三窗口	12.18	13.19	14.50
四窗口	17.60	18.16	19.86
五窗口	22.84	23.20	24.22

当氧气含量一定，达到危险温度 T_2 时的火焰融合高度随窗口数量的增加而增大。在氧气含量 23.5%，达到危险温度 T_2 的条件下，连续燃烧五窗口时比连续燃烧四窗口时的火焰融合高度分别增长 5.24m、5.04m、4.36m，连续燃烧四窗口时比连续燃烧三窗口时的火焰融合高度分别增长 5.42m、4.97m、5.36m。

当氧气含量一定，达到危险温度 T_2 时的火焰融合高度随大气压强的增大而增大。在氧气含量 23.5%，达到危险温度 T_2 的条件下，大气压强 101.3kPa 时比大气压强 91.9kPa 时的火焰融合高度分别增长 1.31m、1.7m、1.02m，大气压强 91.9kPa 时比大气压强 78.3kPa 时的火焰融合高度分别增长 1.01m、0.56m、0.36m。

带喷淋的酒店客房在氧气含量 23.5% 的条件下，达到危险温度 T_2 时，随着连续燃烧窗口数量的增加，火焰融合高度增长了 4.36～5.42m；随着大气压强的增加，火焰融合高度增长了 0.36～1.7m。由此可见，火焰融合高度随着连续燃烧窗口数量和大气压强的增加而增加，并且连续燃烧窗口数量的影响效果更显著。

氧气含量为 19.5%、21.5%、23.5%，达到危险温度 T_2 时火焰融合高度对比如图 6-45～图 6-47 所示。

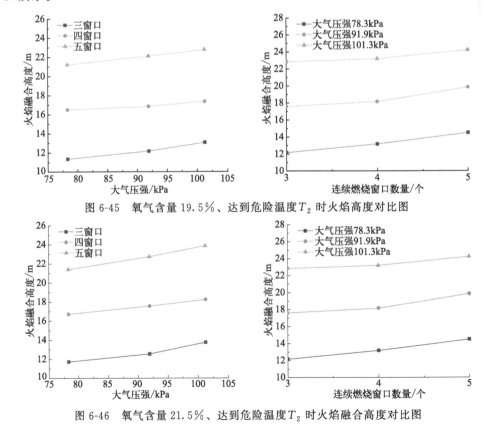

图 6-45　氧气含量 19.5%、达到危险温度T_2时火焰高度对比图

图 6-46　氧气含量 21.5%、达到危险温度T_2时火焰融合高度对比图

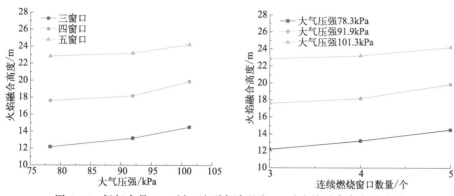

图 6-47 氧气含量 23.5%、达到危险温度 T_2 时火焰融合高度对比图

由图 6-45～图 6-47 可以看出，火焰融合高度随着大气压强和窗口数量的增大而增大。当大气压强为 101.3kPa、纵向连续燃烧五窗口时火焰融合高度最大，大气压强 78.3kPa、纵向连续燃烧三窗口时火焰融合高度最小。

不同氧气含量，危险温度达到 T_2 时，连续燃烧三窗口、四窗口、五窗口，大气压强 78.3kPa、91.9kPa、101.3kPa 的条件下，火焰融合高度增长幅度如表 6-40 所示。其中，a 为氧气含量 21.5% 时相比氧气含量 19.5% 时的火焰融合高度增长幅度，b 为氧气含量 23.5% 时相比氧气含量 21.5% 时的火焰融合高度增长幅度。

表 6-40 不同氧气含量、达到危险温度 T_2 时火焰融合高度增长幅度   单位：%

连续燃烧窗口数量		大气压强 78.3kPa 时	大气压强 91.9kPa 时	大气压强 101.26kPa 时
三窗口	a	3.3	3.0	5.2
	b	3.8	5.1	5.4
四窗口	a	1.2	4.2	5.2
	b	5.4	3.5	8.8
五窗口	a	0.8	2.7	4.7
	b	6.8	2.1	1.6

以纵向连续燃烧三窗口、大气压强 101.3kPa 的情况为例，氧气含量 21.5% 时比氧气含量 19.5% 时、氧气含量 23.5% 时比氧气含量 21.5% 时火焰融合高度增加了 5.2%、5.4%。其余数据表示相似含义。

6.3 塔楼距裙房边缘距离影响下火焰蔓延数值分析

为研究综合体建筑塔楼距裙房边缘的距离对火焰蔓延的影响，本节通过改变塔楼纵向连续燃烧窗口数量进行数值模拟分析。火源位置设置于第 1 层，热释放速率为 10MW，火灾类型为超快速火，火灾增长系数为 0.1878，房间面积为 70m²，裙房窗口数量为 6，当达到最大热释放率 10MW 时，时间为 213s。纵向连续燃烧窗口数量选取三窗口、四窗口、五窗口。塔楼距裙房边缘的距离如图 6-48 所示。具体工况如表 6-41 所示。

图 6-48 塔楼距裙房边缘距离

表 6-41 塔楼距裙房边缘距离工况设置

工况编号	塔楼距裙房边缘距离/m	连续燃烧窗口数量
9	1	3
		4
		5
10	2	3
		4
		5
11	3	3
		4
		5
12	4	3
		4
		5
13	5	3
		4
		5
14	6	3
		4
		5

6.3.1 纵向连续燃烧三窗口

经数值模拟计算，塔楼距裙房边缘不同距离下纵向连续燃烧三窗口温度分布等温线如图 6-49 所示。

由图 6-49 可知，塔楼距裙房边缘的距离分别为 1m、2m、3m、4m、5m、6m 情况下，达到危险温度 T_1 时，火焰融合高度分别为 43.05m、42.46m、40.6m、38.6m、36.18m、32.06m；达到危险温度 T_2 时，火焰融合高度分别为 54.2m、53.52m、50.8m、48.65m、45.73m、42.82m。

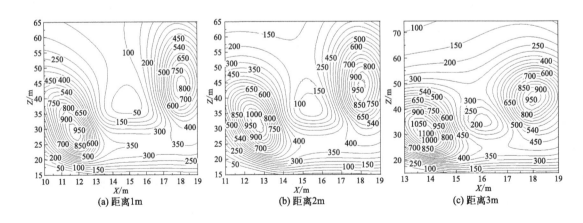

(a) 距离1m   (b) 距离2m   (c) 距离3m

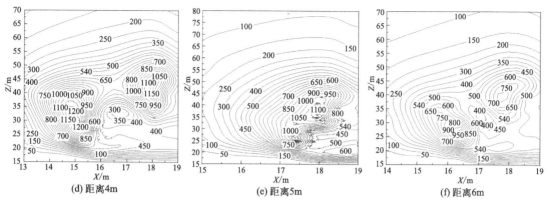

图 6-49　塔楼距裙房边缘不同距离下纵向连续燃烧三窗口温度分布等温线

6.3.2　纵向连续燃烧四窗口

经数值模拟计算，塔楼距裙房边缘不同距离下纵向连续燃烧四窗口温度分布等温线如图 6-50 所示。

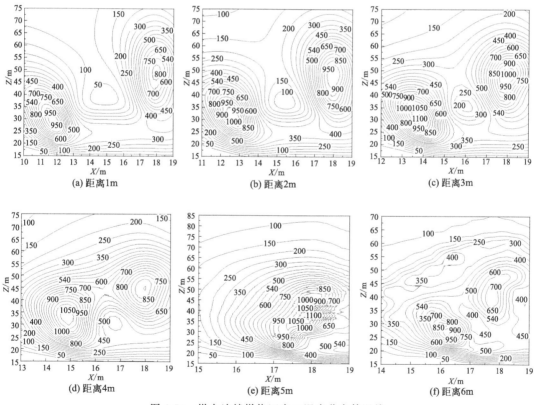

图 6-50　纵向连续燃烧四窗口温度分布等温线

由图 6-50 可知，塔楼距裙房边缘距离分别为 1m、2m、3m、4m、5m、6m 情况下，达到危险温度 T_1 时，火焰融合高度分别 47.95m、47.14m、45.24m、42.52m、40.6m、36.05m；达到危险温度 T_2 时，火焰融合高度分别为 59.4m、57.50m、55.82m、53.22m、52.72m、46.25m。

6.3.3　纵向连续燃烧五窗口

经数值模拟计算，塔楼距裙房边缘不同距离下纵向连续燃烧五窗口温度分布等温线如图 6-51 所示。

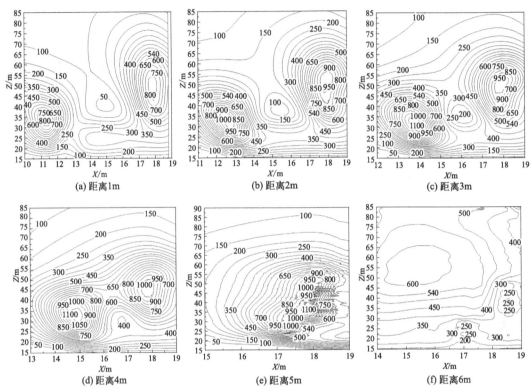

图 6-51　纵向连续燃烧五窗口温度分布等温线

由图 6-51 可知，塔楼距裙房边缘的距离分别为 1m、2m、3m、4m、5m、6m 情况下，达到危险温度 T_1 时，火焰融合高度分别为 51.23m、50.52m、48.1m、45.79m、45.1m、44.29m；达到危险温度 T_2 时，火焰融合高度分别为 62.00m、62.02m、59.21m、56.84m、56.30m、55.28m。

达到危险温度 T_1、T_2，塔楼距裙房边缘的距离分别为 1m、2m、3m、4m、5m、6m，纵向连续燃烧三窗口、四窗口、五窗口条件下的火焰融合高度如表 6-42、表 6-43 所示。

表 6-42　达到危险温度 T_1 时火焰融合高度　　　　　　单位：m

塔楼距裙房边缘距离	连续燃烧三窗口时火焰融合高度	连续燃烧四窗口时火焰融合高度	连续燃烧五窗口时火焰融合高度
1	43.05	47.95	51.23
2	42.46	47.14	50.52
3	40.60	45.24	48.10
4	38.60	42.52	45.79
5	36.18	40.60	45.10
6	32.06	36.05	44.29

表 6-43　达到危险温度 T_2 时火焰融合高度　　　　　单位：m

塔楼距裙房边缘距离	连续燃烧三窗口时火焰融合高度	连续燃烧四窗口时火焰融合高度	连续燃烧五窗口时火焰融合高度
1	54.27	59.40	62.02
2	53.52	57.50	62.00
3	50.84	55.82	59.21
4	48.65	53.22	56.84
5	45.73	52.72	56.30
6	42.82	46.25	55.28

　　达到危险温度 T_1 时，在纵向连续燃烧三窗口条件下，距离 2m 时比 1m 时、距离 3m 时比 2m 时、距离 4m 时比 3m 时、距离 5m 时比 4m 时、距离 6m 时比 5m 时的火焰融合高度分别降低 0.59m、1.86m、2m、2.42m、4.12mm；在纵向连续燃烧四窗口条件下，分别降低 0.81m、1.9m、2.72m、1.92m、4.55m；在纵向连续燃烧五窗口条件下，分别降低 0.71m、2.42m、2.31m、0.69m、0.81m。

　　达到危险温度 T_2 时，在纵向连续燃烧三窗口条件下，距离 2m 时比 1m 时、距离 3m 时比 2m 时、距离 4m 时比 3m 时、距离 5m 时比 4m 时、距离 6m 时比 5m 时的火焰融合高度分别降低 0.75m、2.68m、2.19m、2.92m、2.91m；在纵向连续燃烧四窗口条件下，分别降低 1.90m、1.68m、2.60m、0.50m、6.47m；在纵向连续燃烧五窗口条件下，分别降低 0.02m、2.79m、2.37m、0.54m、1.02m。由此可知窗口数量一定时，达到危险温度 T_1 和 T_2 时的火焰融合高度均随塔楼距裙房边缘距离的增大而减小。

　　达到危险温度 T_1 和 T_2 时火焰融合高度对比如图 6-52、图 6-53 所示。

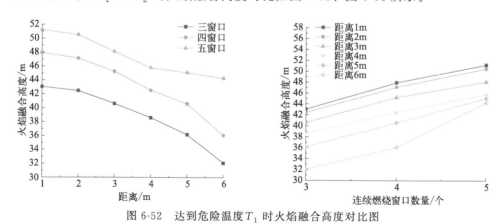

图 6-52　达到危险温度 T_1 时火焰融合高度对比图

　　由图 6-52、图 6-53 可知，达到危险温度 T_1 和 T_2 时的火焰融合高度随连续燃烧窗口数量的增加而增大，随塔楼距裙房边缘的距离的增加而降低。

　　不同塔楼距裙房边缘距离下，达到危险温度 T_1、T_2 时，纵向连续燃烧三窗口、四窗口、五窗口火焰融合高度下降幅度如表 6-44、表 6-45 所示。

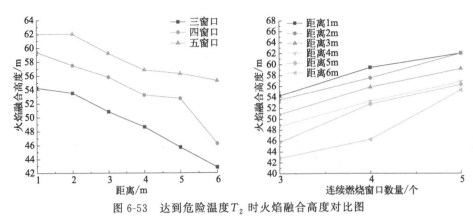

图 6-53 达到危险温度 T_2 时火焰融合高度对比图

表 6-44 温度达到 T_1 时火焰融合高度下降幅度 单位：%

比较情形	连续燃烧三窗口时	连续燃烧四窗口时	连续燃烧五窗口时
距离 2m 比距离 1m	1.39	1.72	1.41
距离 3m 比距离 2m	4.58	4.20	5.03
距离 4m 比距离 3m	5.18	6.40	5.04
距离 5m 比距离 4m	6.69	4.73	1.53
距离 6m 比距离 5m	12.85	12.62	1.83

表 6-45 温度达到 T_2 时火焰融合高度下降幅度 单位：%

比较情形	连续燃烧三窗口时	连续燃烧四窗口时	连续燃烧五窗口时
距离 2m 比距离 1m	1.40	3.30	0.03
距离 3m 比距离 2m	5.27	3.01	4.71
距离 4m 比距离 3m	4.50	4.89	4.17
距离 5m 比距离 4m	6.39	0.95	0.96
距离 6m 比距离 5m	6.80	13.99	1.85

随着塔楼距裙房边缘距离依次增大，达到危险温度 T_1 时，在连续燃烧三窗口条件下，火焰融合高度依次下降了 1.39%、4.58%、5.18%、6.69%、12.85%；在连续燃烧四窗口条件下，火焰融合高度依次下降了 1.72%、4.20%、6.40%、4.73%、12.62%；在连续燃烧五窗口条件下，火焰融合高度依次下降了 1.41%、5.03%、5.04%、1.53%、1.83%。

随着塔楼距裙房边缘距离依次增大，达到危险温度 T_2 时，在连续燃烧三窗口条件下，火焰融合高度依次下降了 1.40%、5.27%、4.50%、6.39%、6.80%；在连续燃烧四窗口条件下，火焰融合高度依次下降了 3.30%、3.01%、4.89%、0.95%、13.99%；在连续燃烧五窗口条件下，火焰融合高度依次下降了 0.03%、4.71%、4.17%、0.96%、1.85%。

由此可见，达到危险温度 T_1 和 T_2 时的火焰融合高度均随塔楼距裙房边缘距离增大而减小。随着塔楼距裙房边缘距离依次增大，达到危险温度 T_1 时的火焰融合高度下降了 1.39%~12.85%，达到危险温度 T_2 时的火焰融合高度下降了 0.03%~13.99%。

6.4　综合体建筑外部蔓延阻隔区布置建议

本章对综合体建筑外墙火焰蔓延规律进行研究。对于塔楼部分，研究了办公区域及酒店客房在不同氧气含量、大气压强以及连续燃烧窗口数量等因素下，在达到危险温度时的火焰融合高度的变化规律；对于裙房部分，研究了塔楼距裙房边缘距离不同时外部火焰蔓延情况，为综合体建筑外部蔓延阻隔区的设计提供参考依据。主要结论与建议如下：

（1）对于办公区域和酒店客房区域，纵向连续多窗口燃烧的情况下，达到危险温度时的火焰融合高度均随着大气压强和氧气含量的增加而增加。

（2）对于办公区域，达到危险温度时，随着大气压强的增加，火焰融合高度增长了 4.8%～17.0%；随着氧气含量的增加，火焰融合高度增长了 1.5%～6.5%，大气压强对火焰融合高度的影响效果更显著。

（3）对于办公区域，达到危险温度时，随着大气压强的增加，火焰融合高度增长了 1.6%～25.1%；随着氧气含量的增加，火焰融合高度增长了 0.2%～12.4%。对于酒店客房，达到危险温度时，随着大气压强的增加，火焰融合高度增长了 1.6%～9.9%；随着氧气含量的增加，火焰融合高度增长了 0.8%～8.8%，大气压强对火焰融合高度的影响效果更显著。

（4）随着塔楼距裙房边缘距离依次增大，达到危险温度 T_1 时火焰融合高度下降了 1.39%～12.85%；达到危险温度 T_2 时火焰融合高度下降了 0.03%～13.99%。达到危险温度时，火焰融合高度随着塔楼距裙房边缘距离的增加而减小。

（5）对于办公区域和酒店客房区域，达到危险温度 T_1 和 T_2 时的火焰融合高度均随着连续燃烧窗口数量、大气压强和氧气含量的增加而增加。综合体建筑办公区域在压强 101.3kPa、氧气含量 23.5% 的情况下火焰融合高度达到最高值，且火焰融合高度随着连续燃烧窗口数量的增加持续提高。

参考文献

[1] 张彤彤，樊乐，吴苏皖，等．火灾环境下的超高层建筑标准层疏散走道优化设计 [J]. 灾害学，2024 (03)：1-11.

[2] 顾栋炼，吴小宾，张庆林，等．489 米超高层建筑抗倒塌分析案例研究 [J]. 工程力学，2024 (03)：1-11.

[3] Ohlemiller T J，Shields J R. The effect of surface coatings on fire growth over composite materials in a corner configuration [J]. Fire Safety Journal，1999，32 (2)：173-193.

[4] Kannan P，Joseph J，Donald B，et al. Kinetics of thermal decomposition of expandable polystyrene in different gaseous environments [J]. Journal of Analytical and Applied Pyrolysis，2009，84 (2)：139-144.

[5] 杨峻平，朱敬华，杜尘．对央视新址北配楼火灾的思考 [J]. 武警学院学报，2009，25 (08)：73-75.

[6] 中华人民共和国住房和城乡建设部．建筑设计防火规范（2018 年版）：GB 50016—2014 [S]. 北京：中国计划出版社，2018.

[7] 中华人民共和国住房和城乡建设部．建筑防火通用规范：GB 55037—2022 [S]. 北京：中国计划出版社，2022.

[8] 中华人民共和国住房和城乡建设部．建筑防烟排烟系统技术标准：GB 51251—2017 [S]. 北京：中国计划出版社，2017.

[9] 霍然，袁宏永．性能化建筑防火分析与设计 [M]. 合肥：安徽科学技术出版社，2003.

[10] 范维澄，王清安，姜冯辉，等．火灾学简明教程 [M]. 北京：中国科学技术大学出版社，1995.

[11] Karlsson B，Quintiere，J G . Enclosure Fire Dynamics [M]. Boca Raton：CRC Press，2000.

[12] 崔嵛．竖直壁面条件下常用有机外墙保温材料的火灾行为研究 [D]. 合肥：中国科学技术大学，2012.

[13] 李世鹏．高层建筑纵向多窗口羽流火焰融合的数值模拟研究 [D]. 沈阳：沈阳建筑大学，2018.

[14] 王宇，李世鹏，张敬义．侧墙结构纵向多窗口羽流火焰融合的数值模拟 [J]. 安全与环境学报，2018，18 (02)：532-536.

[15] 苏燕飞，王青松，赵寒，等．中空玻璃受热破裂行为规律研究 [J]. 火灾科学，2015，24 (01)：1-8.

[16] 李胜利，李孝斌．FDS 火灾数值模拟 [M]. 北京：化学工业出版社，2019.

[17] 黄友波，吕淑然．建筑火灾仿真工程软件——PyroSim 从入门到精通 [M]. 北京：化学工业出版社，2018.

[18] 田佳鑫．风作用下高层建筑外墙火焰蔓延模拟研究 [D]. 沈阳：沈阳建筑大学，2022.

[19] 王宇，邢佳，周盈彤．不同温度下超高层建筑窗口火蔓延模拟分析 [J]. 中国安全科学学报，2021，31 (03)：121-127.

[20] 杨舜博．火灾环境下凹型高层建筑羽流火焰的数值模拟研究 [D]. 沈阳：沈阳建筑大学，2019.

[21] 宋岩升，李自军，王浩宇．基于 FDS 的高层建筑外墙火火势蔓延的仿真模拟 [C] 第十三届沈阳科学学术年会论文集（理工农医），2016：362-367.

[22] 王宇，周盈彤，曲志鹏．带连廊高层建筑外墙火竖向蔓延数值模拟研究 [J]. 沈阳建筑大学学报（自然科学版），2020，36 (06)：1020-1026.

[23] 王宇，王馨瑶，齐琳，等．不同结构因子下带连廊高层建筑外墙火竖向蔓延数值模拟 [J]. 沈阳建筑大学学报（自然科学版），2024，40 (02)：293-301.

[24] 王宇，田佳鑫，王君伟，等．综合体建筑裙房进深区域火焰蔓延研究 [J]. 沈阳建筑大学学报（自然科学版），2023，39 (06)：1115-1121.

[25] 张强．连体高层建筑外墙火焰横向蔓延数值模拟研究 [D]. 沈阳：沈阳建筑大学，2023.